第一次全国环境信息化工作会议
文件汇编

环境保护部办公厅
环境保护部信息中心 编

中国环境科学出版社·北京

图书在版编目（CIP）数据

第一次全国环境信息化工作会议文件汇编/环境保护部办公厅，环境保护部信息中心编. —北京：中国环境科学出版社，2010.6

ISBN 978-7-5111-0247-8

Ⅰ. ①第… Ⅱ. ①环…②环… Ⅲ. ①信息技术—应用—环境工程—文件—汇编—中国 Ⅳ. X5-39

中国版本图书馆 CIP 数据核字（2010）第 073916 号

责任编辑　高速进
责任校对　尹　芳
封面设计　龙文视觉

出版发行　中国环境科学出版社
（100062　北京崇文区广渠门内大街 16 号）
网　　址：http://www.cesp.com.cn
联系电话：010-67112765（总编室）
发行热线：010-67125803
印　　刷　北京中科印刷有限公司
经　　销　各地新华书店
版　　次　2010 年 6 月第 1 版
印　　次　2010 年 6 月第 1 次印刷
开　　本　787×1092　1/16
印　　张　21.25　彩插 28
字　　数　485 千字
定　　价　78.00 元

环境保护部周生贤部长出席第一次全国环境信息化工作会议并发表重要讲话

工业和信息化部杨学山副部长出席第一次全国环境信息化工作会议并致辞

环境保护部周建副部长出席第一次全国环境信息化工作会议并作工作报告

环境保护部党组成员、办公厅主任胡保林出席并主持第一次全国环境信息化工作会议

2010 年 1 月 5 日—6 日，第一次全国环境信息化工作会议在京召开，图为北京主会场

环境保护部周生贤部长向获得信息化工作优秀集体和优秀个人称号的代表颁奖

环境保护部周生贤部长、工业和信息化部杨学山副部长等领导参观地方环境信息化建设成果展览

环境保护部周生贤部长现场指导环境信息化工作

2010 年 1 月 6 日，国家环境信息与统计能力建设项目管理办公室第一次会议在京召开

环境保护部周建副部长出席国家环境信息与统计能力建设项目管理办公室第一次会议并作重要讲话

前 言

2010 年是“十一五”的收官之年，是“十二五”的谋划之年，值此新年伊始，第一次全国环境信息化工作会议在北京隆重召开。环境保护部部长周生贤出席会议并发表重要讲话，环境保护部副部长周建作了工作报告。此次会议是回顾历史、总结成绩、站在新的历史起点上、谋划新时期环境信息化工作的一次重要会议，对于开创环境信息化新局面具有承前启后、继往开来的重要意义。

信息化是当今世界经济与社会发展的大趋势，信息化水平愈来愈成为衡量一个国家综合实力和国际竞争力的关键因素。环境信息化是国家信息化建设的重要组成部分，也是环保能力建设的重要组成部分。环境信息化就是在国家及环保部门的统一规划和组织下，应用现代通信、计算机网络等先进的技术手段，充分整合应用与环保有关的信息资源，为环境保护综合管理决策提供有力的保障和支撑，加速实现“数字环保”的过程。

近年来，党中央、国务院把环境保护摆上更加突出的重要位置，提出建设生态文明、推进环保历史性转变、让江河湖泊休养生息、探索中国环保新道路等一系列新理念，把环境保护作为生态文明建设的主阵地和根本措施，进一步明确了新时期环境保护的战略定位，给环境保护提出了更高的要求，也为环保信息化建设带来新的机遇和新的挑战。深入推进环境信息化建设是全球信息化发展的客观要求，是建设服务型机关的重要手段，是实现环境管理科学决策和提升监管效能的基本保障。

为贯彻落实第一次全国信息化工作会议精神，进一步促进环保系统信息化工作的建设和发展，加强环境信息化工作经验交流，我们特编辑

《第一次全国环境信息化工作会议文件汇编》一书。本书分为七个部分：领导讲话、大会发言、大会表彰、能力建设项目相关要求、工作进展、新闻报道和成果展示。本书对于环保系统广大干部职工提高环境信息化认识，推进环境信息化工作将发挥重要作用。

目 录

第一部分　领导讲话

深入推进环境信息化建设
为探索中国环保新道路提供重要支撑
——在第一次全国环境信息化工作会议上的讲话

环境保护部部长　周生贤

（2010年1月5日）

同志们：

在环境保护事业快速发展的新形势下，我们召开第一次全国环境信息化工作会议，主要任务是，总结近年来环境信息化建设经验，深入分析环境信息化建设面临的新情况新问题，研究部署当前和今后一个时期环境信息化建设工作，进一步提高环境信息化服务水平，为探索中国环保新道路提供重要支撑。刚才，会议表彰了全国环境信息化工作优秀集体和个人。我代表环境保护部向受表彰的集体和个人，表示热烈祝贺！希望受表彰的单位和个人谦虚谨慎，再接再厉，不断提高；希望各单位认真学习借鉴他们的经验和做法，努力推动环境信息化建设工作迈上新台阶。

下面，我讲三点意见。

一、充分认识当前形势下深入推进环境信息化建设的重要意义和有利条件

信息化是充分利用信息技术，开发应用信息资源，促进信息交流和共享，推动经济社会发展转型和改进决策管理的历史进程。随着信息技术的飞速发展和广泛应用，信息化日益成为推动生产力发展、促进生产关系变革的重要力量。充分认识深入推进环境信息化建设在加强环境保护、推动科学发展、促进社会和谐中的重要作用，对于驾驭信息化，以信息化促发展，具有十分重要的意义。

（一）深入推进环境信息化建设是全球信息化发展的客观要求

当前，信息化正在全球范围内向更深层次和更广范围深入推进。信息技术和信息资源作为生产要素进入再生产的全过程，给生产方式、生活方式和经济社会发展带来前所未有的深刻变革，推动传统经济向新兴经济转型。信息化水平愈来愈成为衡量一个国家综合实力和国际竞争力的关键因素。发达国家纷纷将信息化作为一项

重要战略深入推进，并取得显著成效。美国实现从“轮子上的国家”到“网络上的国家”的重大转变，欧盟完成从“工业社会”到“信息社会”的整体转型，日本实施从“工业化赶超”到“信息化赶超”的战略转变。

党中央、国务院一直非常重视信息化工作，把信息化提升到国家战略的高度，作为促进生产力跨越式发展、增强综合国力和国际竞争力、维护国家安全的关键领域，作出以信息化带动工业化、以工业化促进信息化、走新型工业化道路的战略部署。环境信息化是国家信息化建设的重要组成部分，必须按照中央的决策部署，主动顺应信息化发展的潮流，采取有力措施，深入加以推进，为环境保护充分发挥在生态文明建设中的主阵地作用、推动科学发展提供强有力的基础支撑。

（二）深入推进环境信息化建设是建设服务型政府的重要手段

建设服务型政府，是落实科学发展观、构建和谐社会的一项重要任务。党的十七大明确提出，“要健全政府职责体系，完善公共服务体系，推行电子政务，强化社会管理和公共服务”。环境保护电子政务作为环境信息化的重要领域之一，承担着环境保护公共服务的重要职能。通过电子政务这个载体，推行网上办事和政务公开，规范行政权力运行，提高环境管理和公共服务水平，既开辟了新的为社会服务的途径，也便于广大人民群众行使民主监督权利。目前，环保部门政务公开领域还不够广，网上办事能力还不够强，服务相对滞后，不能完全适应环保工作和人民群众的需要。深入推进环境信息化建设，为推行电子政务创造更好条件，有利于提高环保服务网络化、办事便捷化程度，有利于保障公众的知情权、参与权和监督权，有利于建立更加高效、规范、廉洁的服务型政府。

（三）深入推进环境信息化建设是实现环境管理科学决策和提升监管效能的基本保障

环境问题是世界问题复杂体，是人与自然、人与人、经济与环境利益矛盾冲突的结果，是一个多层次、多纬度、多视角的复杂问题。从经济角度看，涉及三次产业的各行各业和生产、流通、分配、消费各个环节；从社会角度看，涉及行政机关、学校教育、科研院所和家庭生活的多个方面；从技术角度看，涉及自然、物理、化学、生物、地质等学科领域；从业务管理角度看，涉及污染防治、生态保护、环境质量、环境监测、总量控制、环境影响评价、执法监督等业务板块；从人文角度看，涉及生态文化和伦理道德；从国际角度看，涉及国际政治、国际贸易、国家外交和国家安全等。环境信息种类繁多、数量巨大，仍凭原有的人工模式，势必捉襟见肘、难以为继。只有通过深入推进环境信息化建设，实现环境信息采集、传输和管理的数字化、智能化、网络化，才能从大量繁杂的信息中发现趋势、把握重点，使环境管理决策体现时代性、把握规律性、富于创造性，提高环境管理决策的水平和能力，推动各类环境问题的有效解决。实践证明，环境信息化是环保能力建设的重要组成部分，是覆盖环保各领域的一项综合性工作，是环境管理决策的基本保障。离开环境信息化，势必影响环境管理决策科学化，制约环境监管的效能和水平。

（四）深入推进环境信息化建设时机成熟条件具备

近年来，党中央、国务院把环境保护摆上更加突出的重要位置，提出建设生态文明、推进环保历史性转变、让江河湖泊休养生息、探索中国环保新道路等一系列崭新的理念，把环境保护作为生态文明建设的主阵地和根本措施，进一步明确了新时期环境保护的战略定位，给环境保护提出了更高要求，也为环境信息化建设带来新的机遇和新的挑战。

经过多年努力，环境信息化建设取得明显成效。一是发展规划和管理制度不断完善，先后制定“九五”“十五”“十一五”环境信息化建设规划、指导意见和管理办法等文件；二是组织管理体系不断健全，基本形成了国家、省、市三级环境信息化组织架构；三是信息网络基础设施有较大发展，已初步建成涵盖 31 个省（自治区、直辖市）环保厅（局）、新疆生产建设兵团环保局和 5 个计划单列市环保局的广域网系统，除西藏以外的各省级环保厅（局）和多数地级市环保局已建立门户网站和局域网办公系统；四是环境管理业务应用系统形成一定规模，组织开发了环境质量监测、污染源监控、环境应急管理、排污收费、污染投诉、建设项目审批、核与辐射管理等一批业务应用系统。所有这一切，为深入推进环境信息化建设创造了有利条件，打下了良好基础。

我们也要清醒地看到，环境信息化建设还存在不少困难和问题，一些部门和地方领导不够重视，环境信息化工作还存在着边缘化倾向；工作机制不顺，统筹协调不够，信息化建设各自为政，低水平重复建设突出，数据资源不能共享；基础能力薄弱，网络覆盖面不足，传输能力偏低；机构队伍不够健全，全国还有三分之二的市级环保部门没有信息中心，整个系统人员不足千人。对这些问题，必须立足现有基础，创造条件，尽快加以解决。

二、进一步明确环境信息化建设的工作定位和目标任务

环境信息化建设要始终紧紧围绕环境保护的主要任务，服务和推动环境保护事业的科学发展，为环境保护优化经济增长、改善民生提供更好的平台。

当前和今后一个时期环境信息化建设的指导思想是：以邓小平理论和“三个代表”重要思想为指导，深入贯彻落实科学发展观，紧密围绕环境保护中心工作，实施“信息强环保”战略，加快推进信息化与环境保护业务工作相融合，以信息网络设施和能力建设为基础，以环境保护电子政务和业务应用系统建设为重点，以提高信息服务质量和应用效能为核心，坚持统一规划建设、统一标准规范、统一归口管理的原则，全面整合、广泛共享和充分利用环境信息资源，提升环境保护监管体系的信息化水平，构建先进完备的“数字环保”体系，为探索中国环境保护新道路提供坚实保障。

环境信息化建设的总体目标是：到 2015 年，建立适应新时期环境保护工作需要的环境信息化管理体制，形成合理顺畅的工作机制，环境信息网络系统覆盖全国，环境信息基础设施整体完善，环境信息化与环保业务紧密融合，重点核心业务全面信息化，环境信息资源得到合理开发和广泛共享，环境信息服务覆盖环保业务全流程，实现环境业务管理信息化、管理信息资源化和信息服务规范化，基本构建“数字环保”体系。

要实现上述目标，当前和今后一个时期环境信息化建设的主要任务是：紧紧围绕实现环境信息化的“四个转变”，着力强化“三种能力”，完善“三个体系”，抓好一个重点工程。

（一）实现四个转变，继续深化对环境信息化建设的认识

一是从重环境管理业务建设轻环境管理信息化建设，向环境管理业务建设与环境管理业务信息化建设并重转变，在建立先进的监测体系和完备的执法体系的同时，建立全面的信息化支撑体系。二是从环境管理业务与环境信息化脱节分离，向环境管理业务和环境信息化有机融合转变，加快实现环境管理业务信息化。三是从各业务板块自成体系，向整体推进和业务协同转变，在统一规划的原则下更好地兼顾和统筹环境管理核心业务信息化建设。四是从数据重复采集、不能共享向环境信息一数一源、一源多用、数据共享转变，减少工作量，提高工作效率。

（二）强化三种能力，进一步提高推进环境信息化水平

一是强化统筹规划能力。既立足当前又着眼长远，既突出重点又兼顾全局，确保环境信息化建设的科学性、前瞻性和可行性，使信息化建设有序推进。二是强化基础能力建设。完善网络设施，扩大网络覆盖范围，提高信息传输能力；丰富采集内容，增强采集时效；提高系统利用效率，满足环境管理业务应用的信息需求。三是强化资源开发利用能力。建设环境信息资源目录体系和互通平台，形成统一管理、分布存储、合作共建、资源共享的工作布局。

（三）完善三个体系，不断健全环境信息化服务保障机制

一是完善业务应用信息体系。实施环境管理业务信息化工程，促进信息化与环境管理核心业务融合，推进各业务应用板块的优化和协同，提高环境管理效能。二是完善标准规范体系。加强标准规范的先导和基础地位，将环境信息化标准规范体系纳入环保科技标准体系，按照急用先行、全面推进的原则，尽快建立健全。三是完善信息安全保障体系。研究建立适用有效的环境信息安全等级保护制度，积极利用先进技术手段建设网络信任体系，制定环境信息安全应急处置预案。

（四）抓好一个重点工程，夯实环境信息化建设基础

国家环境信息与统计能力建设项目是环境信息化建设的一项重大基础工程，将

建设覆盖国家、省、市、县四级环保部门的信息化基础网络和应用系统，不仅是实现污染减排目标的重要基础，也是今后信息化整体推进的重要支撑，在环境信息化建设进程中占有重要位置。项目的实施是深入推进环境信息化建设的突破口，将对环境信息化水平的全面提升产生重要影响。各级环保部门要切实加强对项目实施的领导，做到领导到位、责任到位、资金到位、措施到位、监管到位，注重廉洁自律，确保项目建设顺利进行，如期完成。

三、切实加强环境信息化建设的组织领导和保障工作

环境信息化建设是一项重要任务，也是一项复杂工程，各级环保部门要高度重视，强化保障措施，扎实加以推进。

（一）加强组织保障

环境信息化建设作为“一把手”工程，各级环保部门的主要负责同志和各业务司局的主要负责同志要高度重视。环境信息化建设领导小组要切实加强对信息化建设的领导和指导，加大组织协调力度，及时解决存在问题。

（二）健全工作机制

一是坚持“统一规划建设、统一标准规范、统一归口管理”的原则，完善管理机制。环境信息化工作由环境信息化建设领导小组统一领导，办公厅组织协调，业务部门提供需求，信息中心具体实施。当前最紧迫的任务就是要在现有的基础上，对基础设施、应用系统进行有效的整合，使其发挥更大的作用，进一步提高工作效率，节约成本，节约开支，减少浪费，使国家有效的资源发挥更大的作用。二是健全运行机制。建立信息维护分级负责制度，明确各业务部门职责，保证环境信息的统一管理。三是完善信息共享交换机制。在统一共享管理模式下，建立合理的环保系统内部、外部信息资源共享交换机制，保障环境信息的共享与利用。

（三）加大资金投入

环境信息化建设周期长、投入高。各级环保部门要重视资金投入，理顺投入渠道，建立稳定的专项资金。积极争取将国家和地方环境信息化建设分别纳入国家和地方信息化总体规划，取得国家和地方政府政策与资金支持。

（四）强化人才队伍建设

高素质的队伍是信息化建设的保障。要进一步扩大环境信息化人才队伍规模，改善人才队伍结构。按照《环境信息机构规范化建设标准》的要求，设置和装备环境信息中心，对这项工作，将根据各地建设情况适时开展考核。把人才培养作为环境信息化建设的一项长期任务，将信息化培训纳入年度培训计划，不断加大力度，

努力提高环境信息化人才队伍整体素质。

同志们！环境保护正站在新的历史起点上向前迈进，迎来了又一个春天。我们要进一步抓住机遇，开拓进取，加快推进，扎扎实实做好环境信息化工作，为积极探索中国环境保护新道路，为环保事业大发展作出新的更大贡献。

全面推进　重点突破
不断开创环境信息化工作新局面
——在第一次全国环境信息化工作会议上的工作报告

环境保护部副部长　周建

（2010年1月5日）

同志们：

刚才，生贤部长发表了重要讲话，全面阐述了环境信息化工作的重要意义，深入分析了环境信息化工作面临的形势，进一步明确了指导思想和目标任务，对做好新形势下环境信息化工作提出了明确要求，我们一定要认真学习领会，切实抓好贯彻落实，推进环境信息化工作不断取得新进展。

下面，我向大会作工作报告。

一、环境信息化工作的回顾与总结

我国的环境信息化工作起步于 20 世纪 80 年代中期，20 多年来，环境信息化工作同环境保护事业一道，走过了一条不断探索发展的道路。进入新世纪以来，互联网、移动通信技术的快速发展为环境信息化应用提供了外部条件，各级环保部门对环境信息化工作重要性的认识逐步提高，建设资金投入逐年增加，建设进程逐年加快，特别是近年来一系列重大建设项目的实施，环境信息化建设取得了明显成效，为推进环境保护历史性转变、实现“数字环保”奠定了良好基础。

（一）环境信息化发展战略及目标逐步确立

为加快推进环境信息化建设，环境保护部加强环境信息化发展战略研究，先后制定环境信息化“十五”指导意见、“十一五”发展规划等文件，明确了“加强领导，统一规划；归口管理，协调一致；需求主导，突出重点；整合资源，协同共享；统一标准，保障安全”的发展思路，提出了“信息强环保”战略，确立了“数字环保”总体目标。提出环境信息化建设要“以管理体制和机制创新为动力，以队伍和制度建设为根本，以信息网络基础设施和能力建设为基础，以环境保护电子政务和业务应用系统建设为重点，以提高信息服务质量和应用效能为核心，统一规划设计、统一规范标准、统一归口管理，全面整合、广泛共享和充分利用环境信息资源，加快推进信息化与环境保护相融合，明显提升环境保护监管体系的信息化水平，为提高环境保护管理与决策科学化水平提供信息技术和信息服务”，环境信息化工作有了行动依据和指南。

山东省、福建省、深圳市等进行了“数字环保”探索实践，率先开展了“数字环保”工程建设，通过建立环境管理业务数字化模型和环境信息综合应用平台，逐步向数字化环境管理转变，实现环境数据标准化、业务管理一体化、环境监控可视化、综合办公自动化、绩效评估规范化、环境服务公众化、环境决策科学化。

（二）环境信息化发展的保障条件日益具备

经过多年的发展，环境信息化在组织机构、人才队伍和基础能力建设方面打下了良好基础，为环境信息化建设的强势推进提供了保障条件。

一是初步建立了环境信息化组织管理体系。环境保护部成立了信息化建设领导小组和信息化办公室，加强了对环境信息化工作的统一领导、统一规划、统一管理，一些省级环保部门也先后成立了环境信息化领导小组和办公室。进一步加强了各级环境信息中心建设，成立了 27 个省级环境信息中心，113 个市级环境信息中心，基本建成了国家、省、重点城市的三级架构，形成了以环境保护部信息中心为中枢、省级环境信息中心为骨干、地市级环境信息中心为基础的技术支撑和管理体系。

二是努力打造了一支高素质的环境信息化人才队伍。依托环境信息化建设项目，各级环保部门加强了环境信息技术人才的引进、培养与队伍建设工作，通过实施管理与技术培训、应用交流，不断提高从业人员的素质和能力，在全国范围内初步形成了一支业务能力强、管理水平高的环境信息化人才队伍。

（三）环境信息化基础设施建设稳步推进

一是网络系统建设初具规模。近年来，通过重点工程项目的带动，全国环保系统网络基础设施建设稳步推进，内网、外网建设已初具规模，为环境信息化应用奠定了基础。环境保护部机关、部分直属单位、各省以及大部分地市环保部门均建成了内部局域网络系统，为内部办公和业务应用提供了基础网络支撑。下一步，通过国家环境信息与统计能力建设，全国环保系统信息传输网络将进一步拓展和延伸，项目将建设并完善覆盖国家、省、市、县以及重点污染源的专用网络，实现环保电子政务专网全覆盖，实现大气、水质自动监测和污染源在线监测数据采集站点联网。

二是信息采集设施逐步完善。“十一五”以来，通过国控重点污染源自动监控项目建设，在全国范围内建设了 8 000 多个污染源信息采集点，在 5 000 多家废水排放口、3 000 多个废气排放口安装了污染源信息采集设备、自动监控设备，对 7 800 多家企业实施污染源自动监控，为环境监督执法提供了重要依据。

2008 年 9 月，环境与灾害监测小卫星成功发射，使环境信息采集进入了由“平面”向“立体”发展的新阶段，利用小卫星星座采集的数据，可以逐步实现大范围、快速、动态的生态环境监测，跟踪、预警突发环境污染事件的发生和发展，全面提升我国的环境监测预警能力和水平。

（四）环境信息化标准规范体系不断完善

完善的标准规范体系是环境信息化建设总体框架下最基础的保障体系，标准规范体系建设是信息化建设的基础性工作。“十一五”期间，以污染减排“三大体系”能力建设项目为契机，按照急用先行、全面推进的原则，环境保护部组织实施了环境信息化标准规范体系建设工程，制定了《环境信息化标准指南》，编制出台《环境信息分类与代码》等 8 项环境信息标准规范，目前，15 项标准规范正在编制之中，27 项标准列入编制计划，《环境污染源自动监控信息传输、交换技术规范》，被列为“国控重点污染源自动监控能力建设项目”的执行标准，规范了项目建设的运行管理，为环境信息共享与交换奠定了技术基础。

（五）业务信息化应用不断深入

一是业务应用领域不断拓展。环境保护部通过组织一系列建设项目的实施，陆续开展了环境质量自动监测数据管理、卫星遥感监测、环境统计、建设项目环境影响评价管理、排污申报与收费、污染源在线监测管理、生物多样性管理、自然保护区管理、核电厂在线监测管理、环境应急管理、固体废弃物管理等业务应用系统的建设工作。据不完全统计，环境保护部机关和在京直属单位在运行的业务应用系统已达 30 余个，这些系统为环保业务管理工作提供了重要技术支撑。地方各级环保部门结合自身需要，在建设项目环境管理、重点流域污染防治、环境自动监控等领域积极开展应用系统建设工作，提高了信息资源开发利用水平。全国性的信息化应用系统——国控重点污染源自动监控系统建设已经形成了能力，固体废弃物管理实现了与海关互连进行数据交换，全国固体废弃物管理信息系统正在建设之中。

二是环境管理手段迈向现代化。信息技术与监测预警、执法监督等环境管理手段日益融合，提高了管理的效率效能。各地大力推进污染源在线监控系统建设，运用自动控制、无线通信、地理信息系统、数据库及网络工程等技术手段，完成了自动监控系统的联网集成，建立了各级环境监控中心和应急指挥调度中心。特别是环境与灾害监测小卫星的成功发射，为环境污染监测、生态变化监测、自然灾害监测、预警评估和应急处置提供了先进的平台，成为环境信息化水平显著提升的重要标志。

三是信息化支撑污染源普查活动。利用信息技术，完成了普查数据采集、核查、汇总、分析，建成了重点污染源空间数据库及管理平台，建立了重点污染源档案和数据库，为综合利用普查成果、制定完善环境管理政策提供了基本依据。

（六）环保电子政务建设成效显著

近年来，围绕环保政务信息化的需要，环保电子政务建设和应用取得显著成效。**一是政府门户网站建设有声有色**，环境保护部和 30 个省级环保厅（局）建立

了政府门户网站。各地不断加大网站建设力度，进一步深化政府环境信息公开，增强环保部门为企业、公众和社会服务的效能，以网站为载体提升环保部门政府形象。环保部政府网站的信息量、时效性、功能性不断增强，社会公众认可度不断提高，日均访问人次达到四万人次。2004 年以来，多次在各种社会性评选、评奖活动中获得奖项，位居国务院部门网站先进行列。2007 年以来，环境保护部已连续三年组织实施了省级环保部门政府网站绩效评估，取得显著成效，涌现了一批信息公开透明、在线办事方便、互动交流顺畅的优秀网站，已有北京、广东等 9 省市实现了行政许可事项百分百网上申报、查询和公示，极大地方便了企业和公众办事，提高了办事效率，实现了服务型政府建设的重大突破。

二是机关办公自动化程度不断提高。环境保护部机关公文运转、信息处理普遍实现了信息化、网络化，利用网络年处理公文、信息达 10 万余件。通过政务信息交换平台，实现了环境保护部与地方环保部门之间的政务信息交流与共享，建成了非涉密文档传输系统，实现了环保公文、简报等政务类信息的网络传输和交换，节约了文件传输成本，提高了公文执行的时效。通过电子政务综合平台，实现了政府办公、应用集成、数据共享和信息服务一体化，综合平台被评为全国“办公自动化典型应用系统”。部分省、市级环保部门以实现办公自动化和环保行政审批工作的网络化、电子化为核心，也陆续开展了环保电子政务综合平台建设，对各类环境保护行政审批业务流程进行集成管理，促进了环保行政管理工作的规范和高效。

三是环保视频会议系统建设与应用富有实效。全国环保视频会议系统已建成 37 个接入点，覆盖了 31 个省级环保厅（局）、新疆生产建设兵团环保局和 5 个计划单列市环保局，北京、天津、浙江等省市已将视频会议系统逐步扩展到所属市、区、县。环境保护部以及地方环保部门以此为载体多次召开全国性、地方性环保工作会议，大大降低了环保行政成本，提高了工作效率和处理环境应急事件的能力。

总体来看，环境信息化工作近年来取得较快发展，与环境管理需求结合日益紧密，在实践中积累了许多宝贵经验，我们的体会是：

一是推进环境信息化，领导重视是前提。环境信息化是环境保护的一项基础能力，提升的是整个环境保护工作的水平，这决定了环境信息化建设必然是一项事关全局的系统工程、管理工程，覆盖面广、综合性强，要取得良好效益，必须依靠领导重视，把信息化建设作为“一把手”工程，“一把手”总揽全局，加强保障，整体推进。从各地、各部门的实践看，只有主要领导高度重视，信息化建设才能顺利进行，才能取得实效。

二是推进环境信息化，理顺机制是关键。环境信息化事关环境管理现代化建设的全局，涉及环境管理方方面面的业务，有很多具体的工作需要协调，没有一个健全的机制和强有力的组织保障，各部门各自为政，互不沟通，必然会一盘散沙，陷入低水平重复建设的不利局面，信息化效益很难显现。要实现环境信息化的可持续发展，切实提升环境信息化工作的效能，就必须理顺工作机制、完善管理体制，明确环境信息化建设的牵头部门和归口管理部门，统一规划建设、统一规范标准、统一归口管理。从国内外的经验和环保工作多年的实践看，建立并完善符合实际情况的信息化管理体制与机制，有利于信息化工作的长效发展，有利于信息化能力的全面提升。

三是推进环境信息化，业务应用是核心。环境信息化的根本目的是提高环境信息资源的开发与利用水平，为环境管理与决策提供环境信息技术支持和服务。环境信息化效益的体现，归根结底离不开环境管理业务应用。离开核心业务应用，信息化手段在环境保护工作中就会永远处在边缘地带。对于环境信息化而言，只有融入环保主流业务，才能充分发挥其加强环境监管、服务管理决策等方面的作用。满足业务需要，将业务流程与应用系统开发相结合，提高工作效率和管理决策水平，是衡量信息化建设成效的主要标准。

四是推进环境信息化，网站建设是抓手。环境信息服务是环境信息化的重要组成部分，政府网站建设是提高信息服务能力的重要抓手。当前，社会公众对环境的要求已经上升到与物质、文化需求同等的地位，环境问题危害群众健康、影响社会稳定。满足社会公众对环境的知情权，同时接受群众监督，引导公众参与环境保护，共同构建和谐社会，是新时期环境保护工作的迫切需要。建设网上政府，不断提升公共服务水平，是符合政府职能转变要求，实现科学决策、民主决策的有效途径。

五是推进环境信息化，机构队伍是保障。完善的组织机构、高素质的人才队伍是信息化建设取得成功的保障。要做好环境信息化工作，必须充实加强环境信息化机构设置，扩大环境信息化机构规模，扩充环境信息化人员队伍，为环境信息化工作的统一管理提供坚实的保障。人才培养和人员培训是推进环境信息化的一项长期任务，必须努力提高环境信息化队伍的整体素质和业务人员的应用水平，既要着眼长远，注重人才引进，更要注重现有技术人员的知识更新和能力提高，发挥好现有人才作用。

二、当前和今后一段时期重点工作

今后一段时期是环保事业大发展的关键时期，也是环境信息化大有作为的重要机遇期。我们要围绕环境信息化总体目标，科学规划、完善机制、强化能力、促进应用、完善标准、落实保障，建立先进的环境信息化基础支撑体系，支撑构建先进的监测预警体系和完备的执法监督体系，推进信息化与环境保护工作的融合发展，提高环境保护科学决策水平。环境信息化工作要坚持全面推进、重点突破的工作思路，着重抓好以下几方面工作：

（一）着力编制实施环境信息化发展规划

规划是信息化顶层设计的关键，是指导和规范信息化工作的重要依据。要从全局的高度出发，深入把握环境信息化的发展规律，立足当前，着眼长远，对环境信息化建设进行统筹部署和科学安排。《全国环境信息化中期发展规划（2008—

2015)》即将发布，各级环保部门要以国家环境信息化发展规划为指导，结合各地实际情况，抓紧编制出台地方环境信息化中长期发展规划。明确核心业务信息系统建设、信息资源开发利用的重点，确立规划实施的技术路线，将保障体系建设贯穿其中，制定落实相应的保障措施，理顺保障机制，确保规划的顺利实施。

（二）着力完善环境信息化标准规范体系

标准规范体系是网络互联、数据互通、系统共融、资源共享的重要基础，对环境信息化建设具有先导性作用，构建完善的环境信息化标准规范体系是一项紧迫而重要的任务。要着力加强标准规范的编制和执行，组织实施环境信息化标准规范体系建设工程，将环境信息化标准规范切实纳入环保科技标准体系建设之中，按照“急用先行、全面推进”的原则，下大力气健全环境信息化标准规范体系，并把标准规范的宣贯和执行放到更加突出的位置，涉及环境信息与统计能力建设项目的标准规范要优先制定。

（三）着力推进环境管理核心业务信息化建设

围绕环境保护中心工作，重点加强环境监测、污染监控、生态保护、核安全与辐射、环境应急等环境管理核心业务领域的信息化建设，以核心业务信息化带动环境管理工作的现代化。要以环境质量自动监测、国控重点污染源自动监控等环境监管领域的信息化建设为抓手，加快推进环境信息化与环境管理业务的融合发展。根据环境管理业务需求，组织核心业务数据库和应用系统开发，同时加强对已建业务信息系统的运维管理，强化应用，充分发挥信息化对环境管理的支撑保障作用。推进环境管理业务协同工作，不断提高环境管理的效率和效能，实现环境管理水平的跨越式发展。

（四）着力推动环境信息资源共享利用

要建立环境信息资源共享机制，建立健全环境信息资源共享的政策和技术保障体系，推进环境信息资源的共享利用。加强环境信息资源整体规划，建设环境信息资源目录体系，整合环境信息资源。构建环境信息资源管理与共享服务体系，加强环境信息资源综合开发利用。大力开展环境数据中心建设，整合分散在相关部门和单位的环境数据资源，形成统一管理、分布存储、合作共建、资源共享的工作机制，提高共享水平。

（五）着力加强环保政府网站建设

要充分认识政府网站在实现政府职能转变、推行政务公开、建设服务型政府中的重要作用。进一步加强环保政府网站建设管理和内容保障工作，建设网站数据中心，深化信息公开；贴近企业与公众需求，增强网站在线办事和公众互动功能，充分发挥服务企业和公众的作用；继续开展网站绩效评估工作，积极推动各级环保部门政府网站建设，提高环保系统公众服务水平。

（六）着力加强网络和信息安全体系建设

当前，信息安全保密工作受到严峻挑战，我们的安全保障体系建设还存在薄弱环节。在做好环境信息化建设、促进环境信息公开的同时，要进一步提高安全防范意识，加强网络和信息系统安全防护工作。要按照国家相关要求，结合环保系统实际情况，加快完善网络与信息安全保障体系，确保环境信息网络与信息系统达到相应安全防护级别的要求。要积极应用数据加密、身份认证、访问控制、安全检测、数据备份等技术，建立可信任网络体系，增强环境信息系统的安全性。建立并执行完善的安全管理制度和信息安全责任体系，从管理、技术、应急处理等各个方面，不断提高信息系统的安全防御能力和应对、处理各种信息安全突发事件的能力，为环境信息化的健康发展提供坚实的保障。

各级环保部门要积极落实保障措施，努力推进环境信息化重点工作取得更大进展。一是加强组织领导，成立由“一把手”挂帅的环境信息化工作领导小组，有关部门负责同志积极参与，共同研究确定信息化建设的重大事项；二是理顺工作机制，统一规划建设，统一规范标准，统一归口管理，促进环境信息化建设科学、健康发展；三是完善组织机构，按照《全国环境信息机构规范化建设标准》的要求，充实完善各级环境信息中心，明确机构职能，落实人员经费；四是培养人才队伍，大幅度扩大队伍规模，优化人员结构，加强人才培养，不断提高从业人员的信息化素质，不断增强技术人员的应用技能；五是稳定资金投入，积极落实配套资金，在保障项目建设投资的同时，落实运行管理、升级换代、应用培训等方面的投资。

三、全力以赴推进环境信息与统计能力建设项目

国家环境信息与统计能力建设项目是污染减排“三大体系”能力建设的重要组成部分，是环境信息化发展的重要突破口，是当前环境信息化建设的重中之重。建设目标是要构建覆盖国家、省、市、县四级三层的环境信息网络系统，建立国家和省两级污染减排综合数据库、数据交换与共享平台以及各级环境信息管理与应用协同工作平台，提高能力，实现污染减排数据的传输、交换与共享。项目建成后形成的能力是污染减排工作的重要支撑条件，也是环境信息化整体推进的重要基础。这个项目一定要执行好，否则监测、监控数据的传输、交换、分析就无法到位，整个“三大体系”能力建设就会受到影响。我们一定要充分认识这项任务的重要性和艰巨性，把项目建设摆上突出位置，调动全国环境信息化建设的精英队伍，全力以赴推进项目实施。各地要精心组织，周密安排，严格按程序规范组织实施，确保项目按时限高标准完成。

（一）各部门“一把手”挂帅，切实加强组织领导

省级环保部门要建立健全组织管理机构，成立领导小组和专项工作组，“一把手”亲自挂帅，相关部门负责同志作为成员，明确任务分工，落实工作责任制，及时研究解决项目实施进程中遇到的重大问题，调动一切积极因素推动项目实施。

（二）相关部门积极参与，充分发挥指导协调作用

参与项目实施的各部门各单位，要本着分工不分家、互相支持配合的原则，上下联动、目标一致，紧密团结、协同作战，密切跟踪项目实施情况，把握好实施流程。

（三）科学规范管理项目，确保项目实施优质高效

按照项目总体安排和实施方案，科学合理地安排项目实施进度，使局部实施计划与整体安排相协调，务求项目的整体目标和成效。省级环保部门要根据环保部下发的项目建设方案和实施方案，结合本地实际情况，认真制订详细的项目实施方案，并会同财政部门落实好项目配套资金，组织好省级和市、县级项目的具体实施。加强项目实施全过程管控，科学制定并严格考核各流程指标，遇到重大问题时，及时向上级部门报告，积极与相关部门协调解决，确保项目按既定目标和标准落实到位。

（四）严格执行招标采购有关制度，积极防范工程建设领域突出问题

在项目实施过程中，要加强廉洁自律和自我约束。各地、各部门要严格遵守国家有关制度规定，按照项目实施方案的要求，切实把好设备选型关，按程序、按要求、保质量、保进度，规范高效地做好项目招标、采购工作，确保设备优质适用、价格合理。规划财务部门要认真做好项目资金使用的监督管理，实行专款专用，其他部门做好本部门项目的实施、运行、维护和管理工作，切实做到任务明确、责任明确。对项目实施过程中发现的违规使用、以权谋私等问题，发现一起，处理一起，绝不姑息。

同志们，做好环境信息化工作意义深远、责任重大。让我们坚持以科学发展观为指导，深入贯彻落实党的十七大、十七届四中全会和中央经济工作会议精神，开拓进取，务实创新，全力推进环境信息化建设，为探索环保新道路、推进环保事业大发展作出新的更大贡献！

在第一次全国环境信息化工作会议上的致辞

工业和信息化部副部长　杨学山

（2010 年 1 月 5 日）

尊敬的周生贤部长、尊敬的周建副部长，各位领导，同志们：

大家下午好！首先我谨代表工业和信息化部对第一次全国环境信息化工作会议的召开表示热烈的祝贺！对环境信息化工作所取得的成绩表示热烈的祝贺！对为环境信息化工作作出努力和贡献的同志们表示崇高的敬意！

信息化是当今世界发展的大趋势，在应对金融危机、思考危机后经济和社会发展模式转变的过程中，世界各个国家都把发展信息技术、推进信息化作为一个重要的手段和重要的方向。在过去一年多时间里，世界有几十个国家针对信息基础设施、信息技术应用、信息化发展出台了国家级的战略，都把建设宽带的信息网络延伸到各个角落，连接到所有民族。作为一个发展的方向，都把信息技术在经济和社会各个领域不断地深化和广泛应用。作为应对金融危机的重要手段，都把基于网络的新兴产业的发展和新的就业岗位作为发展转变的方式。

党中央、国务院对这样一个趋势高度重视。2009 年下半年，几位中央领导对信息技术和信息化网络发展新的趋势作出了重要批示，要我们针对互联网传感器、互联网新的发展、“智慧地球”这样一系列信息技术和信息化发展新的动向、新的趋势进行研究。

在研究的过程中，我们感到信息技术的普及应用、信息化的发展，是应对金融危机在危机后经济和社会发展引擎的重要方向。互联网传感器以及工作的结合，是我们经济和社会的各项工作，效率进一步提升，手段进一步加强，新的技术和传统的产业结合在一起，进一步提升传统产业发展的竞争力，为经济结构的调整起到重要的作用，特别是传感网、互联网相结合，将产生一批新兴产业。而这些产业将成为今后一个阶段经济结构调整的重要方向。所以，我们说信息化是当今社会的大趋势，这个发展的趋势还将继续延续下去。

我相信在第一次全国环境信息化工作会议之后，环境信息化工作在环保部党组的领导下，在我们环保战线广大同志的共同努力下，一定能够走上一个新的台阶，提升到一个新的水平。我在这里表一个态，在环境信息化发展过程中，需要工业和信息化部配合的，我们一定全力支持、全力配合，共同为环境信息化工作的开展作出努力。

谢谢大家！

在第一次全国环境信息化工作会议上的总结讲话

环境保护部党组成员、办公厅主任　胡保林

（2010 年 1 月 6 日）

同志们：

第一次全国环境信息化工作会议即将结束，这次会议开得非常成功、非常圆满。生贤部长作了重要讲话，周建副部长作了工作报告，会议讨论了环保系统信息化建设的一系列重要文件，进行了地方交流发言，内容非常丰富。

刚才，四个组的代表把各自讨论的情况向大会作了汇报，并对环境信息化建设、对环境保护部提出了一些建议。会后，我们会认真梳理，在今后工作中加以解决。在会上，7 个地方环保厅局负责同志作了交流发言，都很精彩，凝聚了他们工作的成果、经验，各有特色。

在这个时候召开这次大会，把环保系统的信息化建设掀起一个高潮，推向深入，正当其时。一方面，外部环境促使我们必须要把信息化建设搞上去。当前，社会经济快速发展，我们生活在信息社会的环境里，信息化已深入经济社会发展各个领域，信息化与环境管理、环保工作的融合已是大势所趋。另一方面，从环保工作内因来讲，环境事业发展、环境管理的深入，也必须实现“数字环保”，把信息化建设搞上去，这也是我们工作的需要。所以，这次会议非常重要、及时。

这次会议的特点归纳起来有以下几个方面。

一是意义重大，影响深远。这次会议是 30 多年来我国环保历史上的第一次，也是我国环境信息化发展进程中的第一次，也是环境保护部 2010 年召开的第一个工作会议，意义十分重大。会议系统地总结和回顾了环境信息化工作近年来取得的显著成绩和成功经验，深刻分析了面临的形势，全面部署了当前和今后一个时期的工作任务，承前启后，继往开来。目前，国家社会经济发展处在重要战略机遇期，我们环境保护实现历史性转变，探索中国环保新道路也处在一个重要战略机遇期，环境信息化建设发展同样也处在重要战略机遇期。机遇一定要牢牢抓住，只要机遇抓住了，抓得准，推得有力，这项工作就能迅速打开局面。

二是大家谈到这次会议领导重视，规格很高。部党组高度重视这次会议，生贤部长亲自到会并作重要讲话，充分肯定了近年来环境信息化建设取得的重大进展，深刻阐述了加强环境信息化建设的重要意义，明确提出了环境信息化工作的指导思想、目标任务和保障措施；工业和信息化部杨学山副部长到会致辞；周建副部长作工作报告，提出了当前和今后一个时期的工作任务。参加这次会议除了部机关各司局和各派出机构、有关直属单位以外，各省（区、市）环保厅（局）、新疆生产建设兵团环保局、解放军环保局、各计划单列市环保局和副省级城市环保局的负责同志都来参会，有的还是“一把手”，力度非常大。此外，相关部门也很支持，国办、发改委、财政部等部门有关负责同志应邀参加，媒体及宣传部门的同志也参加了会议。

三是内容丰富，时间紧凑。在这次会议期间，除了生贤部长到会作重要讲话，周建副部长作工作报告外，还举办了《部分省市环境信息化建设成果展》；表彰了优秀集体和个人；与会同志围绕两位部长的讲话精神进行了深入学习和讨论；刚才又进行了经验交流，内容形式丰富多样。

四是高效、环保。这次会议采用视频会议向全国环保系统直播的方式，具有很强的信息化特点。不仅让大家在会议期间充分感受到了信息化对管理创新的强大推动作用，也使得会议更加高效、节约和环保。中国政府网、环境保护部网站对大会进行在线直播，使得各级环保系统职工和社会公众可实时了解会议实况。

这次会议的收获主要体现在三个方面。

第一，统一了思想认识。环境信息化建设不仅是一场技术革命，更是一场思想变革，经过多年来的不断探索与努力，取得了一定成绩，但在一些地方和部门仍然存在信息化意识淡薄，对环境信息化在环境保护工作中的作用和意义认识不足、重视不够的现象。这次会议，特别是生贤部长的重要讲话，从全球趋势、环境形势、环保工作、政府建设等多角度，分析了推进环境信息化的重要意义，用大量的数据、实例说明了加快推进环境信息化的必要性，思路开阔，观点新颖，说服力强，使大家深受教育和启发，清楚地看到了环境信息化未来发展的形势，提高了思想认识，增强了责任感和紧迫感。

第二，明确了建设目标。会议指出，今后一段时期是环保事业大发展的关键时期，也是环境信息化可以大有作为的重要机遇期。环境信息化建设要以邓小平理论和“三个代表”重要思想为指导，深入贯彻落实科学发展观，实施“信息强环保”战略，紧密围绕环境保护中心工作，坚持全面推进、重点突破的工作思路，逐步构建先进完备的“数字环保”体系，实现“数字环保”战略目标，为推进环境保护历史性转变，探索中国环保新道路提供坚实保障。这一建设目标具有很强的前瞻性、系统性和实践性，为环境信息化建设指明了方向。

第三，部署了工作任务。会议明确提出，当前和今后一个时期全国环境信息化建设的工作任务，就是要按照生贤部长提出的“四个转变”要求，通过合理规划、健全机制、强化能力、完善标准、落实保障，建立先进的环境信息化支撑体系，推进信息化与环境保护工作的融合发展，以信息化促进环境管理业务的协同化与现代化，提高环境保护科学决策水平。任务明确，重点突出，措施切实可行。

关于加快推进环境信息化工作，生贤部长和周建副部长提出了要求，讲得非常明确。下面我就抓好这次会议精神的贯彻落实再讲几点意见。

一是要认真学习传达会议精神。大家回去后，要立即组织传达和学习这次会议精神，及时向环保厅（局）党组作一次全面汇报，使党政领导更加了解国家对环境信息化工作的总体部署。要认真把会议精神传达到广大环保干部职工，使大家深刻领会会议精神，进一步认清当前环境信息化工作面临的形势，准确把握当前和今后一段时期的工作要求和主要任务，统一思想，坚定信心，推动工作，促进发展。

二是要结合当地实际贯彻落实会议精神，制订工作方案。当前和今后一段时期环境信息化的重点工作，目标措施都明确了，关键是抓落实。各地各部门要在认真学习领会会议精神的基础上，紧密结合各自实际，按照会议精神研究制订明确的、切实可行的落实方案，把会议的各项工作真正落到实处。并且，明确完成时间和措施，提出质量要求。

三是切实加强领导。刚才地方交流也讲了，信息化建设是“一把手”工程，涉及环保的各项业务，需要协调的事情很多，任务很重，所以“一把手”要亲自抓，分管领导要分工负责，各个部门都要积极参与。要建立和充实完善环境信息化管理机构，切实做到统一规划、统一标准、统一管理，分工负责。要加大资金投入，不断推进环境信息化建设。

四是要着力抓好环境信息与统计能力建设项目的实施工作。环境信息与统计能力建设项目是污染减排“三大体系”能力建设的重要组成部分，是当前环境信息化建设的重中之重，也是环保部门成立以来第一个系统性、整体性的信息化项目。项目成功与否，对“三大体系”能力建设和污染减排任务的如期完成将产生重要影响。国家这么大的投入，我们一定要把这笔经费用好，真正把环境信息与统计能力提高到一个新的水平，把环境信息系统建设得更好。接下来还要召开“环境信息与统计能力建设项目办公室第一次会议”，周建副部长还将亲自参加并对项目进行全面部署。各地各部门必须高度重视，加强领导，严格项目和资金管理，加强相关部门协作，及时掌握项目进度，解决实施过程中存在的问题，确保项目顺利实施。

同志们，抓好环境信息化工作，任务艰巨，责任重大，使命光荣。我们是实现“数字环保”“智能环保”的开拓者、实践者，也是推动者，更是受益者。所以，我们一定要以这次会议为契机，进一步以科学发展观为统领，统一思想，明确目标，加强领导，更好、更快地推进环境信息化建设工作，为建设生态文明、探索环保新道路作出更大的贡献。

第二部分　大会发言

注重实效　精心谋划
大力推进北京环境信息化建设

北京市环境保护局

（2010年1月6日）

近几年来，我局按照环保部和市委市政府要求，注重实效，精心谋划，大力推进环境信息化建设，在信息化基础设施建设、环境监测监控能力和电子政务等方面取得了显著成效，促进了环境监管方式的转变，提高了环境决策能力、监管能力、工作效率和服务水平。

一、统一思想，加强领导

在实践工作中，我局领导班子深刻认识到，大力加强环境信息化建设是创新管理方式，提高工作水平和效率，提高自身能力建设的客观需要。环境信息化，不仅仅是把环保工作流程计算机化，而是要将先进的管理思想，通过信息化技术固化到业务流程中去，使现代管理和信息化技术相互融合、相互推动、交互提升，实现由简单粗放的管理向精细集约的监管方式转变。随着认识的不断提高，局领导重视信息化工作的程度，也在不断提高。成立了以局长为组长的信息化建设工作领导小组和局信息化办公室，明确了工作职责，理顺了信息化办公室与局信息中心的工作关系。信息化办公室主要负责全局信息化工作规划、管理、监督、考核和相关协调工作；信息中心主要负责信息化工作的技术保障，并组织信息化建设项目的实施。通过建立有效的工作机制，加强了对全局信息化工作的统一领导、规划管理和技术支撑，加强了业务部门和技术部门在信息化建设过程中的沟通协调，确保了信息化建设工作的有序开展。

二、抢抓机遇，开拓进取

北京奥运会申办成功后，对环境质量提出了更高的要求，环保工作面临着巨大的挑战和压力，同时也是难得的历史发展机遇。为兑现申奥环保承诺，北京开展了大规模的污染治理，出台了许多阶段性治理措施。在这种情况下，转变环境监管方式，提高监管水平和效率，就成为了加强环保部门自身能力建设的迫切要求。我局紧紧把握奥运机遇，顺应信息化迅猛发展的大趋势，依托“数字北京”建设平台，以只争朝夕的精神，想方设法，克服困难，争取项目，争取资金，大力开展了环境信息化建设工作。

三、统筹规划，分步实施

在环境信息化建设工作中，我局首先制定了建设规划，明确了阶段性建设目标和重点建设任务，努力创造条件，抓好规划落实。自 2001 年以来，逐步建设完善信息化基础设施和环境监测、污染源监控、电子政务等系统。

一是环境质量自动监测系统覆盖全市各区县。目前全市共有大气、地表水、噪声、辐射环境质量自动监测站点 187 个。

二是污染源在线监控能力明显增强。市环保监测中心、辐射中心、机动车中心和部分区县环保局建起了监控中心，全市 20 蒸吨以上燃煤锅炉、城市污水处理厂和部分垃圾焚烧厂、工业窑炉等重点污染源，安装了污染物排放在线监测设备，并与市和区县环保监控中心联网。

三是环境管理核心业务基本实现信息化支撑。开发建设了环境监察管理、排污申报与收费管理、固体废物管理、信访管理等业务应用系统。99%的行政许可事项，实现了全流程网上办理，三分之一在用业务应用系统，实现了市和区县环保部门共用。

四是官方网站和内部办公系统不断完善。围绕“信息公开、在线服务和公众参与”的定位，进行了多次改版。官方网站，在市政府主管部门考核中，被评为 2009 年度北京市优秀政务网站。围绕“行政办公、信息发布、综合服务”的定位，建设内部办公系统，内部办公系统具备了相应功能。

四、完善制度，严格管理

为了保证信息化系统正常运行和数据安全，我局重点抓了以下三项工作。

一是加强制度建设。制订实施了《信息应用系统建设运行管理办法》《网站管理办法》《网站信息发布审批管理办法》《机房管理规定》《信息化考核办法》等管理制度，为环境信息化规范运行、规范管理提供了保障。

二是规范运维管理。办公室设立网络监督岗位，负责对网络实时监督，每周以简报形式，向局领导和有关部门报告网络运行情况；信息中心设立运维岗位，负责信息化系统运维管理；聘请第三方具体承担信息化系统运行维护，保证了各系统的正常运行。

三是确保信息安全。制订实施了《信息安全保障工作实施方案》，建立了定时检查和日常防范相结合的安全管理制度。定期对网络及应用系统进行安全风险评估、对重要信息系统进行安全测评，根据评估、测评结果，及时对信息系统进行安全加固。

五、注重实效，深化应用

为确保信息化系统在环保工作中充分发挥效益，一方面，通过建立信息化系统应用考核机制，推动和鼓励各部门充分运用信息化系统开展工作。另一方面，信息化管理部门也注意在应用中根据需求完善系统，不断提高信息化系统的实用性，使信息化系统切实发挥作用。现在，信息化系统已成为我局各部门离不开的环境管理支撑手段，特别是在奥运会和国庆60周年环境管理中发挥了显著作用。

一是提高了工作效率。通过信息化技术的应用，进一步优化了工作流程、明确了责任分工、促进了资源整合、提高了工作效率。例如，我局建设的信访应用系统，将群众通过不同渠道反映的环境信访信息，进行统一采集，通过系统转交各承办单位，实现了网上交办、网上回复和自动提醒、督办、考核，做到了“立接立传、瞬间到达”，并对处理全过程进行监督，大大减少了推诿扯皮，提高了信访事项办理效率。

二是提升了业务管理水平。通过信息化技术的应用，将信息技术与环境监管业务紧密结合，切实推动了监管方式的转变，提高了监管水平。例如，我局建设的机动车I/M制度监管系统，采用先进的检测过程和检测数据跟踪技术，以及先进的读写技术，与配套的视频监控等系统组成了集远程在线视频监控、数据分析处理等功能为一体的管理平台，对全市42家检测场209条检测线的参检车辆进行实时监控，实现了从参检车辆进场到检测合格后发放环保标志的全过程监控，有效地提升了机动车排放监管水平。

三是方便了群众办事。随着网络技术的应用，我局将和群众关系密切的各项环保业务集成，打造了不受空间、地域限制的高效便捷的网络服务平台，在我局的官方网站上，建立了具有环保特色的在线查询和35项不同深度的在线办理事项。例如，建设项目环评审批验收，以“外网申报—内网办公—外网发布”的工作模式，实现了市和区县共用一套信息化业务应用系统，整合了全市建设项目环评数据，简化了审批程序，为群众提供了方便的一体化服务，平均办理时限缩短了32.5%。

四是促进了环境信息公开。充分利用网络平台优势，大力宣传环保工作，加强环境信息公开。2009年我局官方网站，围绕全局中心工作，公开环境信息2 600多条，网站年访问量不断提高，为环保工作的开展奠定了基础。

会后，我们将认真学习贯彻周生贤部长的重要讲话和周建副部长的工作报告，积极学习、借鉴兄弟省市的好经验、好做法，按照环保部的要求，认真抓好各项工作的落实，进一步提高我局信息化管理水平。

打造数字环保　推动监控突破

山西省环境保护厅

（2010 年 1 月 6 日）

污染源自动监控系统是信息化与环保执法的智能化结晶，是检验节能减排工程减排绩效、监管环保治理设施正常运行、核定企业主要污染物年度排放总量、打击违法超标超量排污行为的有效手段。“十一五”以来，山西省累计投资 11.7 亿元，致力打造数字环保，推动监控系统建设，不仅有效地提升了全省环保的信息化能力，而且推进了污染减排、“蓝天碧水”工程和全省环境质量的改善，我省的主要做法是：

一、自动监测、监视、控制三位一体，全信息监控航母初具规模

山西是全国能源大省，煤炭、电力、冶金、化工、焦化等超重型工业结构污染严重。面对严峻的环境污染形势和落后的环境监管水平，山西省委、省政府把信息化能力建设作为加强环境保护工作的重要内容，全力推进自动监控系统建设。

山西省委、省政府先后制定出台了《山西省人民政府贯彻国务院关于落实科学发展观加强环境保护的决定的实施意见》《山西省人民政府关于实施蓝天碧水工程的决定》等一系列法律法规文件，对环境监管能力建设提出了明确规划与要求，尤其在 2007 年出台的《山西省重点工业污染源监督条例》地方性法规中规定，环保部门有权通过污染源自动监控系统对企业排污实施监管，对超标超量排放执行行政处罚。这为污染源自动监控系统远程执法提供了法律保障。山西省委书记张宝顺两次视察自动监控系统建设情况，作出了“尽快完成建设，尽快投入运行，尽快见到成效”“真正建成这项合乎科学和法律要求的污染源自动监控系统工程”的指示。王君省长对监控系统建设给予了高度重视和支持。

从 2007 年起，山西省依据国家“三大体系”能力建设有关规定和程序，按照统一招标、统一采购、统一安装标准、统一监管的原则，投资 5.8 亿元，已在全省 758 家重点工业企业建成了既监又控的污染源自动监控系统，一次性安装废气在线监测设施 912 个、废水在线监测设施 403 个，环保治理设施运行记录仪 1 315 套，警告装置 645 套，分级断电设施 645 套。同时，在无线自动监控基础上，正在建设的视频监控内容包括 147 个重点企业、10 个工业园区以及 13 个城市高空视频等。

环境自动监控系统是政府监管手段，同时也是污染治理和防治设施的一部分，是节能减排的重要抓手，山西各级政府高度重视，从建设和运行资金方面大力支持。省财政配套 18 959 万元，市财政配套 5 975 万元用于环境监控中心和现场端建设。其中，省财政对现场端建设给予 20%的补助，并对系统运行和维护方面每年补助达 3 845 万元。

在建设过程，我省将污染源自动监控系统建设和信息化应用纳入各级政府目标责任制考核内容，打破了过去“管理靠经验，污染靠眼看，收费靠估算，处罚凭感觉”的格局，全面打造了监控、监视和控制三位一体的监控量化执法体系。

二、数据处理、统计、交换全面运行，环保数字管理强势推进

山西省重点污染源点多面广，过去先后投资 700 多亿元，建成的 15 多万台套治污设施，近四成不能正常运行，违法排污、偷排、暗排现象非常普遍。我省污染源自动监控系统的建成，将盘活全省总投资约 700 多亿元的环保治理设施的正常运行，对超标排污、违法排污和设施停运适时发出预警信号，使污染减排核查有了依据，环保治理设施停运有了证据，有效地遏制了违法排污和设施停运现象。山西省建成的污染源自动监控系统致力于如下方面进行应用：

1．既监结果，又监过程

山西省在所有重点国控省控重点企业安装了环保治理设施运行情况记录仪。可根据各类典型环保治理设施的净化原理与工艺特征，通过实时采集和录入各种环保治理设施的关键参数，记录环保治理设施的运行状况。选取的关键参数包括曝气风机电流、混合液回流泵电流、脱硫装置 pH 值、喷淋液水泵电流、引风机电流、压差、电除尘二次电流等。

2．既监浓度，又控总量

结合环保达标或“三同时”验收标准，经全省统一审核确认，省监控平台录入了 600 余家排污单位各个排污口的排放标准和许可排放量。如排放浓度超标，平台将发出不同等级的警告信号，进行远程行政执法；一旦在线监测的累计排污总量超过了排污许可量，系统将对排污企业断电停产，迫使企业缴纳超标罚款、申请排污许可和购买污染物排放交易指标。

3．既作执法，又作管理

为科学管理使用在线监控数据，我省建立了数据掉线处理工作流程、排污超标处理工作流程、污染治理设施记录数据异常处理工作流程、数据报表审核工作流程。一旦企业超标或排污设施运行不正常，监控系统可以发出声光报警，对违法企业采取远程警告、派送电子处罚单等信息化手段，实施远程环境执法，这使近期我省企业主要污染物超标排放率有了明显降低。在应用于环境管理方面，我厅规定必须按月汇总排污总量作为征收排污费的依据，按季统计减排结果，按年核定排污许可量。目前山西省正逐步开展通过实时联网传输的环保治理设施运行情况和污染物排放浓

度情况来进一步核定环保设施运行率和污水处理率，与脱硫电价、污水处理费和排污收费挂钩。

三、门禁、专网、反控全方位安防，监控信息质量保障有力

山西省的监控系统是经省移动数据中心 APN 专线接入省市监控平台，并屏蔽 SIM 卡短信接收功能，确保数据传输环节安全。在严把自动监控设施质量关、规范数据传输协议、建立计量强检与强制退役制度、实施第三方运营、协同季比对监测等的基础上，通过抓两端、监过程，有力保障自动监控数据真实可靠。

一是严格设备准入，确保信息质量。为避免稳定性差、质量性能不可靠的监测仪器进入山西环保市场，山西省按照统一招标、统一采购的原则，出台了严格的技术标准，严把仪器设备质量关，在质量得以保障的前提下，采购价格比市场同期供货价降低了 15%以上。省厅统一制定了一系列地方性技术规范，确保了在线监控设备运行可靠、比对合格，特别是《山西省污染源自动监控系统数据采集传输仪检测结果及相关技术要求》的制定，统一了数据传输协议，对数据采集传输仪设备性能与软件程序进行标准化管理。

二是规范运行管理，保障系统运维。为防止运行机构与排污企业串通作弊，保障数据真实有效性，省厅对第三方运营统一招标，规范了环保部门对监控设施的管理。对全省各级监控中心人员多次组织数采仪培训、软件操作技术培训等，并建立了监控设备年度计量强检制度、强制退役制度和日常巡检制度等。此外，落实了监控站房“三把锁”门禁和数采仪二级门禁制度，形成环保部门、企业、运营机构三方制衡机制，从而有效地保障了全省污染源自动监控系统的运行、维护和管理。

四、依法创新环保远程监控手段，及时控制环境事故应急风险

当前突发环境事件居高不下，环境应急管理面临严峻挑战。加强环境应急管理，积极防范环境风险，妥善应对突发环境事件已成为保障环境安全最紧迫、最直接、最现实的任务。为做好环境污染事故的预警和防范工作，我省可通过监控平台的远程控制系统，实现既做预警，又做控制的功能。一旦发现排污企业短时间严重超标，可能引发重大环境污染事故时，能够及时采取监控措施。视排污情况，启动报警控制系统，对排污企业办公用电、进料系统用电、备料系统用电及废水排放阀门等进行分级控制。并在监控中心启动紧急预案，调出应急方案，安置应急人员。

此外，监控平台中还融入了全省空气质量和地表水质发布系统和 12369 环境举报管理系统，基于 GIS 的污染物分析和模拟系统将充分发挥应急指挥作用。

五、深入挖掘监控信息资源潜力，不断丰富信息整体化建设内容

结合新形势下信息技术的飞速发展和环境管理要求的不断提高，我省拟进一步推进环保监控信息整体化建设。通过整合现有监控和网络信息资源，不断完善系统服务功能，建设并完善环保执法系统、环保信息发布系统、排污交易系统、环保监控功能扩展系统等，建立集在线监控、监控信息发布、公众参与和环境执法等多功能于一身、多部门联动的综合机制，从而有效提高环保管理和环境执法工作水平。

一是实现实时监控信息查询，整合监控平台与执法平台，实现数据从 PC 端向移动客服端的延伸。正建设的环保执法通系统将排污口浓度监控、工况监控、视频监控、应急监测、车载定位、业务管理和执法查询处理系统按不同管理权限移植到移动终端上，以获取环保实时动态信息，为环保执法人员应对各种紧急突发事件和日常的外出检查提供基础。

二是将环保信息应用系统服务于公众，可以使公众快速获取环保信息，了解环保动态和政策法规，拓展环保宣传。正在建设的环境信息平台发布系统包括全省景区、城市空气质量发布和预报，居民环保投诉与奖励、公益环保信息发送等，通过短信、彩信、手机网站等多种方式实时、方便、快捷地获取环保信息。

三是依托在线监控平台，搭建交易中心，推行排污交易。按照省政府《关于在全省开展排污权有偿使用和交易的意见》的要求，我厅将自动监控平台的基础上，进一步搭建排污交易平台，全面推行排污交易。目前已从电力行业开始了第一批二氧化硫交易，设计交易 9 000 万元，二氧化硫交易量 1.46 万吨。实时在线的总量统计系统将为今年推动排污交易的实施和交易事后监管提供技术支持。

环保信息化是政府高效管理的平台、是公众参与的纽带，是环保执法的有效支撑。细化监控系统全方位架构、量化数字海量集成、强化数字环保管理必将成为当前与今后环保工作的热点与重点，将对实现环境管理模式创新，确保节能减排工作取得实效具有十分重要的意义。山西省环保厅将贯彻环保部的要求，学习兄弟省份宝贵经验，继续将全省自动监控整体化建设作为节能减排工作的一项重要抓手，扎实推进污染减排和“蓝天碧水”工程实现全省环境质量的提升和改善，确保“十一五”各项环保目标的全面完成。

以太湖流域信息共享平台建设为抓手
努力探索环境信息一体化新道路

江苏省环境保护厅

（2010年1月6日）

胡锦涛总书记从战略的高度提出让江河湖泊休养生息的重要指示后，江苏省委、省政府高度重视太湖的环境综合治理，制定了“铁腕治污、科学治太”的方针。我厅把太湖流域环境信息化管理作为重要突破口，从2008年开始开展了“太湖流域水环境信息共享平台”（以下简称“太湖平台”）建设，取得了初步成效，在流域水环境管理与决策中发挥巨大的支撑作用。通过“太湖平台”建设，也带给我们许多探索环境信息一体化建设新道路的新启示，为全面推进我省环境管理现代化奠定了坚实的基础。

下面，我向各位领导、各位代表汇报一下我省“太湖平台”建设情况、取得的成效以及积累的一些经验体会。

一、抓住机遇，把“科学治太”作为实施环境信息化管理的舞台

20世纪90年代以来，随着经济社会的快速发展，太湖流域面临着污染负荷重、环境容量小的制约，经济发展与水环境保护的矛盾日益突出，太湖水环境形势日益严峻。2007年4—5月的太湖蓝藻暴发事件，更引起了人们对太湖水环境安全问题的高度关注。太湖流域水环境管理涉及多个地区和多个部门，长期以来，各相关部门围绕太湖开展了多年工作，积累了大量关于污染源、环境质量、生态背景、水文、气象等方方面面的信息。但由于缺乏在政府综合管理与决策层面的信息集成、共享、集中管理与统一发布机制，无法为太湖治理与决策提供有力的信息支撑。

江苏省在太湖治理实践过程中认识到，要治理好太湖，必须构建上下游相互协调、各部门密切协作，横向到边、纵向到底的合作体系，形成治污合力，因此必须依靠环境信息化手段的支撑，建立流域环境一体化监管体系和环境信息共享机制，充分发挥环境信息化在流域环境管理工作中的能动作用。

先进的环境信息采集与传输技术是科学治太的实施基础。太湖蓝藻暴发是一个复杂的生物过程，传统的手工数据采集传输方式采集数据量比较小，传输效率低，数据时效性、代表性较差，不能满足太湖污染控制与蓝藻机理研究的需求。江苏省政府提出要在太湖流域建成世界上最先进的水环境监控体系，按照“高标准、全覆

盖、最先进”要求推进太湖流域监测监管网络建设，为先进的环境信息采集与传输技术的应用实施提供了舞台。

跨部门数据资源共享协同是提高流域管理效率的有效途径。利用现代信息技术，制订数据收集、传输、处理的标准和流程，高度整合流域范围内环保、水利、农林、建设、渔业、气象等部门现有的与太湖水环境监管有关的信息系统与数据资源，建设水环境信息共享平台，将大大提高流域环境管理的效率。

基于海量数据的蓝藻应急综合分析模型为科学治太提供了技术手段。通过对海量历史数据的科学分析与挖掘，发现蓝藻暴发的规律及必要条件，建立蓝藻应急综合分析模型，是实现抑制蓝藻暴发、保障饮水安全的有力武器。

因此，江苏省委、省政府高度重视太湖流域水环境信息共享平台建设，提出以统一规划，科学布局；统一标准，分头建设；统一主体，委托管理；统一平台，资源共享为原则，紧扣为太湖流域治理提供科学、高质量综合决策信息服务的目标，大力推进太湖流域水环境信息共享平台建设，为太湖流域水环境综合整治、蓝藻应急决策指挥提供及时高效的数据和信息支撑服务，使之成为“铁腕治污、科学治太”的推进器。

二、务实创新，以一流的标准建设太湖流域水环境信息共享平台

（一）规划高起点

一是规划投入大，按照江苏省太湖流域水环境监控系统建设规划，两年内总投资额达 11.19 亿元，其中信息平台建设经费达 2 982 万元。二是监控范围广，要求基本建成覆盖江苏太湖全流域的 180 个水环境自动监测站，建设蓝藻预警监测系统，建成 50 个省、市、县和区域四级重点污染源监控中心并实现联网。三是集成要素多，要求集成包括太湖流域水质自动监测、太湖蓝藻预警监测、重点污染源监测、53 个国家考核断面和 21 个湖体监测点位信息等十多个方面的信息和系统，承担流域范围内所有相关水环境监测、监控、预警和应急等信息集中处理分析任务。四是规划目标要求高，平台以“服务管理、先进实用，标准规范、接口开放，信息集成、资源共享，设计创新、效益经济”为原则，目标兼顾决策支持、部门协同与信息共享。五是用户层次多，第一层为领导层，要求系统为领导准确及时提供太湖水环境问题决策依据，满足领导对太湖水环境形势的综合研判需求，提高太湖流域环境管理决策水平。第二层为部门层，要求为各级政府、部门提供信息共享与协同工作环境，形成科学监管、联动治污的合力，提高太湖水污染防治信息化监管水平。第三层为公众层，要求为社会公众发布流域水环境信息，便于公众参与流域污染治理与监督。

（二）设计高标准

一是利用二维与三维 GIS 技术的集成，建立了统一的二维和三维电子地图数据服务系统，实现流域水环境信息的动态可视化展现。系统以大量高分辨率遥感影像数据为底图，图幅数、分辨率、数据量均突破了常规地理信息系统的设计标准。二是可视化程度要求高，采用虚拟现实等多种信息表征手段的集成，集成流域三维地形数据库、远程视频监控、建立流域水质监控点位和污染源企业的三维立体模型以及 360 度全景视频，实现三维场景漫游和自动监控数据的空间叠加，对流域水环境进行全方位立体化监控。三是利用多种数字交互技术的集成，搭建流域水环境信息展示与应急指挥环境，实现对流域水环境监控信息的集中控制和各种信号源画面的实时显示。四是借助先进的移动信息技术，建立基于 3G 网络环境的移动信息平台，实现对水环境信息的实时传输和信息查询，满足流域水环境应急处置需求。

（三）建设高速度

按照省委省政府有关太湖管理决策要求，平台建设要在短时间内实现多部门、多系统的数据整合与系统集成，实现流域高精度环境地理信息数据的处理与多维度展现，具有时间短、要求高、技术难度大等困难。在各级领导的关怀下，在相关部门的紧密配合下，平台建设得以高速度推进，并取得预期成效。在平台建设资金尚未正式下达前，平台关键技术预研及主体架构便已搭建完成。除去平台建设所需的大容量高分辨影像数据转换与集成处理耗时 19 天，流域水质自动监测系统、重点污染源自动监控系统、三维地理环境与遥感信息系统等业务子系统集成仅用了 48 天。

我省“太湖平台”建设得以高速度推进，关键在于领导重视、部门联动与责任落实。领导重视是平台建设取得成功的前提。在平台建设初期，省委省政府领导多次作出批示，并协调省发改委、省财政厅等部门，要求尽快立项，尽早实施。平台建设过程中，环保部及省委省政府领导多次亲临现场，观看“太湖平台”演示，听取工作汇报，在对平台先进性做出充分肯定的同时，对平台建设工作提出进一步的期望要求。部门联动是流域水环境信息集成共享的保障。为推进太湖平台建设进程，省里专门成立领导小组，由省环保厅主要负责同志任组长，省发展改革委、国土资源厅、建设厅、财政厅、水利厅、农林厅、环保厅、海洋渔业局、气象局、测绘局等有关部门分管负责同志担任副组长，并发文对责任主体予以明确，由省环保厅牵头，会同有关部门共同建设太湖流域水环境信息共享平台。指挥有力是系统顺利实施的关键。省环保厅成立了以主要领导任组长、省环境信息中心、监测中心、环境监察局、太湖流域各市环保局、电信运营商、系统开发公司等单位、部门主要业务骨干组成的工作领导小组，负责项目的指挥、协调与调度，定期召开会议，督促项目实施。对平台建设采用倒排工期的做法，将整体建设任务分解为 22 大项、66 个子项、243 项具体工作内容，将任务具体落实到每一天，并明确各项任务的责任单位、责任人及完成时限要求，明确各相关单位的配合内容及配合方式，定期汇总通报各项任务进展情况，及时解决建设过程中遇到的问题，保证了项目的顺利实施。

（四）技术最先进

平台采用物联网传感技术理念，运用先进的虚拟实境、视频监控、远程反控、通讯组网等信息化技术，力求建成高标准、最先进的信息共享平台。一是遵循国家标准、采用消息中间件技术，建立了独立的数据交换平台，实现跨部门、多源异构数据的集中交换和统一管理。二是基于三维 GIS 技术创建水环境信息展现的三维交互式环境。根据太湖流域航空影像、卫星数据、数字高程模型创建流域三维地形景观数据库，为流域水环境信息的立体化分析和空间展现提供环境支撑。三是采用联机分析处理技术和数据挖掘技术，实现水环境数据的多角度综合分析。从时间、地区、行业、水系等不同角度，对水环境数据及相关社会经济数据进行深入研究与关联性分析，为环境管理与决策提供依据。四是基于先进的远程控制技术与 360 度全景视频采集技术，实现对污染源现场排污设施的远程控制，以及全方位监控与跟踪。

三、乘势而上，以“太湖平台”建设为基础推进环境信息一体化进程

（一）以平台建设提升流域水环境一体化监管水平

一是通过联网整合，对流域水质自动监测站点实行统一监控。完成流域水质自动监控传输系统与视频监控系统联网建设，建成省环境监测中心与 75 个水质自动监测站点的数据传输 VPN 网络，以及 20 个水质自动监测站点的 40 路视频监控网络，实现流域水质和视频监控数据的集中、统一、快速接入与共享。新建或改建的自动监测站点数据也将通过数据交换平台逐步纳入该监控系统进行集中管理。

二是通过集成建设，对流域重点污染源实行一体化监管。严格按照国家有关污染源自动监控系统建设与数据传输、交换标准，实现太湖流域 282 家重点污染源联网集成与集中监管。通过建立统一的传输网络，统一的污染源自动监控中心，统一的数据交换平台，统一的数据交换与共享机制，使全省重点污染源基础信息和监控数据快速顺畅地传输到省、市环境监控中心，实现污染源监控信息的资源共享，一旦发现企业超标排污或违法排污行为，即可通过污染源在线监控系统远程关闭其排污装置，做到“看、管、控、用”一体化。

（二）以平台建设带动环境信息化建设理念的转变

解决环境问题，需要技术创新和实践创新，更需要理念创新和制度创新。“太湖平台”的建设过程，也是我省环境信息一体化建设理念逐渐形成的过程。由于平台建设涉及多个部门、方方面面，是对以往环境信息化分散管理、多头建设局面的全面革新，需要在建设过程中加强部门间沟通，形成共同开展需求分析、确定系统

目标和共同开展建设的协调机制，必须实行统一归口管理、各部门协作共享。

实践证明，通过“太湖平台”建设，一方面暴露了过去环境信息化建设中存在的问题与不足，另一方面使参与建设各方的环境信息化理念得到了根本扭转。从过去各自为政、分散建设、搞部门小信息化，逐渐认识到环境信息一体化建设的重要性，认识到只有实行“统筹规划、归口管理、资源共享、集中运维”，才能有效发挥环境信息化对环境管理的支撑作用，从根本上提升环境管理工作效率与行政效能。

（三）以平台建设推进全省环境信息一体化建设进程

当前环保工作迫切需要统一、及时、准确、有效、全面和权威的信息支撑。“太湖平台”建设涉及多系统、多部门，我省以环境信息资源和环境管理业务系统的集成为突破口，采用统一的技术标准、数据交换规范，全面整合环保系统现有各类电子政务及业务信息资源，建设统一的环境数据中心及环境管理综合业务平台，实现环境数据服务一致化与业务协同化，提高环境管理水平与工作效率。在纵向上，综合采用政策、管理和技术的手段避免“数出多门”；在横向上，污控、计财、监测、监察、自然生态等环保业务部门要实现业务数据在数据中心的共建共享，做到数据“一次采集，多层级、多业务复用”。通过推动环境信息资源的共建共享，我省逐步建立起以环境信息统一管理为特征的信息管理体系。同时，环境信息一体化建设又将从根本上提升信息化对污染源自动监控、监督执法、环境监测、综合决策等环境管理工作的支撑力度，加强我省环境监管能力。

环境信息化是环保工作实现新跨越、迈上新台阶的重要战略手段。我省以“太湖平台”建设为抓手，在环境信息资源共建共享及信息一体化建设方面进行了一些尝试，积累了一些经验，也取得了一些成效，但离探索环保新道路、实现环保工作历史性转变的需求还有很大差距。我们将进一步按照国家有关信息化工作部署要求，不断学习兄弟省市环境信息化建设的先进经验，真抓实干，大胆创新，努力探索环境信息一体化建设的新道路、新模式，为提高环境保护工作现代化水平作出新贡献！

以队伍建设为基础
着力推进环境信息化工作

安徽省环境保护厅

（2010 年 1 月 6 日）

近年来，随着环保事业的蓬勃发展，环境信息化建设在推动污染减排和加强环境监管中的作用日益凸显。安徽省委、省政府对环境保护及信息化建设高度重视，2003 年，作出了建设数字安徽的重大决策，将环境信息化建设作为重要组成部分，切实加以推进。2006 年，时任安徽省省长王金山在第六次全省环保大会上指出，要优化投入结构，提高投入效率，重点抓好水质、空气和企业排污自动监控系统、环境监测预警体系建设，全面加强以信息技术为支撑的环境保护能力建设。倪发科副省长强调，要抓好以环境监控中心为核心的信息化建设，依靠现代高科技手段，全面提升环境监管水平。“十一五”以来，按照省委、省政府的要求和部署，在环保部的正确领导和大力支持下，我们始终坚持在机构建设中壮大队伍，在能力建设中锻炼队伍，在培训再教育中提升队伍，安徽省环境信息化建设步入前所未有的快速发展时期。2008 年，省环保厅荣获“数字安徽”五年建设先进单位。

我们的主要做法是：

一、抢抓机遇，在能力建设中健全环境信息机构

建立健全环境信息机构，是确保环境信息化工作正常开展、实现持续发展的重要前提和组织保障。1993 年，我省成立了省环境信息中心，标志着环境信息工作开始起步。之后，通过实施世行和日援环境信息化项目，到 2000 年，合肥等 6 市也相继成立了市级环境信息中心。但是，随着环境保护形势的发展和环保任务的日趋繁重，特别是我省属于国家污染防治的重点流域和区域范围，我们清醒地认识到，迫切需要发挥环境信息化建设在污染减排和环境监管中的重要作用，而环境信息化机构建设的短板，严重制约了全省环境信息化工作水平的提高。为此，省环保厅审时度势，抢抓机遇，以环境信息机构标准化建设为抓手，努力建立健全省市两级环境信息机构。

在省政府的重视和关心下，经过与省编办、省财政厅的沟通，2006 年年底，省编委会批准省环境信息中心由无级别、自收自支的事业单位，改为正县级建制的全额拨款事业单位，核定编制 12 人，其中，领导职数一正两副，为全省环境信息

机构建设起到了很好的引导和示范作用。与此同时，省环保厅主动作为，积极争取，切实加大了对市级环境信息机构建设的指导和督促，紧紧抓住贯彻全国六次环保大会的重要机遇，将环境信息机构标准化建设与环境监察、环境监测机构标准化建设，一并纳入省政府与各市政府签订的“十一五”环保目标责任书，要求各市政府分批完成市级环境信息机构标准化建设达标工作。

为了抓好督促落实，省环保厅按照原环保总局起草的《全国环保系统环境信息机构规范化建设标准》，结合我省实际，制定了《安徽省市级环境信息机构标准化建设考核细则》，从机构设置、人员编制、经费保障、设备配置 4 个方面，细化了考核内容，量化了相关指标，明确要求各市必须设立独立的信息机构，否则，在验收中予以“一票否决”。这一举措，进一步强化了各政府对环境信息化建设的责任，也为各市环境部门加强信息机构建设创造了有利条件。截至目前，安徽省 17 个市中已有 13 个市独立设置了信息机构，核定编制 80 名；2 个市有望近期解决，其余 2 个市正在积极争取之中。2008 年，已有合肥、淮南、蚌埠、铜陵 4 市通过了由省环保厅组织的信息标准化建设达标验收。目前正在组织对安庆等 8 市环境信息机构标准化建设的达标验收工作。近五年来，省市两级用于环境信息化建设的投入达 1.5 亿元。

二、围绕中心，在强化应用中切实加强信息化队伍

信息技术的生命在于应用，信息队伍只有贴近并服务于环保中心工作，才能够不断发展壮大，富有生机和活力。近年来，我省信息机构找准工作的切入点，充分利用信息技术手段，着力打造信息技术服务平台，服务环境管理，推进信息公开，宣传生态文明，不断提升信息队伍整体水平。

一是把环境监控中心建设作为重中之重，使信息队伍真正进入了环保工作的主战场。全省环境监控中心建设是“十一五”期间我省环境信息化工作的核心，实施这项工程，不仅集聚了一批较高素质的专业人员，壮大了队伍；而且使环境信息化建设上了一个新的层次。在省信息中心的指导下，2005 年，淮南市环境监控中心率先建成并投入使用。在有了成功的案例后，本着“统一规划、分步实施、整合资源、信息共享”的原则，在省环保厅的统一部署下，2006 年，启动了全省环境监控系统建设，通过建设重点流域水质在线监控子系统，初步建成了在线监控数据交换中心，实现了全省在线监控数据的统一传输。在此基础上，2007 年，按照环保部的统一部署，全省集中实施了国控重点污染源自动监控中心建设项目，扩充原有系统的监控内容，完善相关服务功能，既满足了国家项目的要求，又避免了重复建设和资源浪费。到 2008 年底，省市两级环境监控中心建设圆满完成，实现了对全省 465 家国控、省控污染源，以及 25 个地表水自动监测站、44 个城市空气自动监测站的在线监控，为掌握全省重点流域、区域的环境质量和重点污染源的排污状况提供了及时、准确的信息。值得一提的是，2008 年，淮南市在已有的监控中心基

础上，充分发挥现有专业人员的作用，大胆创新，建成了目前全省第一、国内领先的电厂脱硫监控系统，不仅做到了对二氧化硫排放常规指标的监控，而且通过整合相关参数，实现了对电厂脱硫工艺的全过程监控，有效地防止了脱硫设施的不正常运行，从源头上杜绝了违法排污行为，实现了对电厂真正意义上的总量控制，同时也为排污权交易提供了真实有效的数据。

二是把环保门户网站建设作为重要窗口，使信息化队伍在稳定中得到提高。“安徽环境热线”网站建于 1998 年，依靠自身的技术力量，经过了多轮较大规模的改版，现已实现了“信息公开、在线办事、公众参与”等多项服务功能，启用了辐射安全行政许可网上审批。2008 年，省环保厅门户网站被环保部评为全国环保系统第四名，在全省政府网站评比中荣获“优秀政府网站”。在抓好省级门户网站的同时，自 2002 年起，安徽省连续 7 年对市级环保门户网站开展了考核评比，通过考核评优，促进了各市信息队伍从无到有，从小到大，从弱到专，逐步形成了一支稳定的专业技术队伍。目前，全省 17 个市均建成了功能齐全、内容丰富、专人负责的环保门户网站。经过努力，部分县也开通了环保门户网站，为网站向县级环保部门延伸，积累了经验。

三是把环保专网建设作为重要基础，使信息化队伍不断跟踪先进技术。环保专网是信息化应用的基础工程。2005 年，省环保厅克服资金不足等困难，建成了全省环保虚拟专用网。2006 年，又将虚拟网升级为 2 兆带宽的专网，形成了以省厅为枢纽，上连环保部，下通 17 个市环保局的环保专网，并开展了在线监控数据传输、协同办公、视频会议等多项应用。对改进管理方式、降低行政成本、提高工作效能，发挥了重要的作用。专网的建成，为环境信息化发展和应用奠定了坚实的基础，也促使各级信息化队伍必须不断追踪先进技术，拓展应用范围，更加有效地为环保工作服务。

实践充分证明，环境信息化建设的过程，也就是信息队伍能力和素质不断提高的过程。经过多年的努力，全省从事环境信息工作的人员，已由 2000 年的 20 余人，发展到近百人，全省从事信息化工作的人员，具有中级以上职称的占 56.4%，大学本科以上学历的占 84%，为全省信息化建设提供了有力的智力支撑。

三、以人为本，在加强培训中提升信息化人员专业技能

信息行业是当今社会技术密集度最高、更新发展最快的行业。做好信息化工作，关键在人，特别是高技术人才。安徽省在优化结构，引进人才的同时，适应信息化建设的需要，注重加强对现有人员的专业培训。近年来，省环保厅积极筹划，精心组织，围绕全省环保专网、环境监控中心和视频会议系统建设及应用，采取“应用培训＋认证培训”相结合，先后开展了各类培训达 10 余次，培训人员达 500 余人次。省信息中心积极创造条件，采取激励措施，选派优秀人才参加全球认证培训，已有 15 人次先后获得微软、甲骨文、华三等公司的专业技术认证证书。依托现有

技术力量，省信息中心承担了环保部《污染源编码》《废水排放去向代码》《水域功能区代码》的编制工作。

今天，我们在这里召开第一次全国环境信息化工作会议，回顾历史，总结成绩，谋划未来。我们深受鼓舞，倍感责任重大，也清醒地看到工作的差距和不足。我们将以此次会议为新的起点，深刻领会部领导的重要讲话和大会精神，认识学习借鉴兄弟省区市的先进经验，乘势而为，勇于创新，大胆实践，为提高我省环境保护工作科学化、现代化水平，作出更大的贡献。

积极探索环保公众网站建设模式
树立服务型政府形象

广东省环境保护厅

（2010年1月6日）

加强政府网站建设是我国推进政府管理方式创新，建设服务型政府的重要举措。在环境保护部的正确引导和悉心指导下，广东省高度重视环保政府网站建设和管理，认真贯彻落实《国务院办公厅关于加强政府网站建设和管理工作的意见》，按照每年国家环保部省级环保局网站评比和广东省省直部门公众网站评估研究报告的指导意见，转变工作理念，不断创新建设模式，以关注民生、畅通民意、公众参与、政民互动为重点，努力将公众网站建设成为我厅政务发布的窗口，在线办事的平台，交流互动的桥梁，公益服务的门户，取得较好成效。

一、广东省环境保护公众网站建设情况

自1999年正式开通运行以来，广东省环境保护公众网站紧密结合广东环保工作实际，以面向公众、服务社会、政务公开为宗旨，开拓创新，每年对网站栏目结构、后台发布、政务功能等进行一次以上的全面的改版和技术升级，并分别在2002年6月、2003年6月、2004年6月、2005年9月、2007年5月进行了大规模的内容重组改版。目前，网站主要由环保业务政务信息、环保新闻动态信息、信息公开、在线服务、政民互动、专题专栏、业务系统动态信息7个板块组成，设置了2009民声热线、大气污染防治、2009全国“两会”、极端天气与环境等共78个专栏；开辟了“网上办事”“在线咨询”“网络问政”“领导信箱”“征集意见”“业务咨询”“信访投诉”“网上留言”“网上调查”“民声热线”“领导接待日”等10多个互动交流板块，网站信息总量达15万多条，总信息量超过16 G，总访问量560多万次，较好地实现了公开信息、联系群众、为民服务的网站功能，对树立广东环境保护政府部门形象、公开政务信息、开展环境宣传等起到了良好的推动作用。广东省环境保护公众网站建设得到了环保部和省政府的充分肯定，在2007—2008年国家环保总局组织的省级环保局（厅）政府网站绩效评估工作中均获第一名；2004—2007年在广东省省直部门公众网站评比中连续四年获得第一名，2008年在广东省省直部门公众网站评比中获得第二名。

二、主要做法和经验

（一）加强领导，理顺工作机制

为了提高环境管理水平，我省“十五”期间就明确提出了建设“数字环保”的信息化发展方向，成立了由厅长亲自任组长的广东省环保信息化工作领导小组，先后出台了广东省环保厅网站信息发布管理办法、“网络发言人”实施方案、信息公开办法、政务公开信息更新和报送制度等一系列规章制度，理顺工作机制，规范信息发布。一是建立了网站管理组织机构。厅办公室负责网站建设的指导、监督、协调和信息发布审核；信息中心负责门户网站的规划、设计、改版、培训、技术保障、日常管理等具体事宜；厅各处室及下属单位设立了信息管理员，负责为门户网站提供业务内容保障。二是建立了高效有序的信息发布流程。各处室根据网站内容和职能分工，对分管栏目进行信息采编，一般信息由处室负责人审核签字后，即可登录网站后台加入信息，重要信息需经厅办公室、分管厅领导审核后才可发布，这样既保障了网上信息发布的时效性，又切实保障了正确性、准确性、规范性、安全性。三是建立了严格的监督考核工作机制。由信息中心负责日常监测，检查各单位信息发布的数量、质量和及时性，特别是严密监控上网信息的安全性；由厅办公室组织对信息公开的规范性，信息发布和更新的及时性，在线服务的准确性，与公众互动的主动性等进行考核。今年，我们共组织了三次大的拉网式检查，对发现的问题及时予以通报，敦促各单位及时改正，保证了网站信息的质量与安全。截至目前，未发生一起信息安全事故。

（二）服务公众，突出互动功能

我厅注重准确把握政府网站发展新形势，努力提升网站建设理念，在网站设计、栏目设置、功能定位等方面突出体现以人为本、服务公众的理念，体现管理型政府向服务型政府转变的特点。

一是网站设计简洁易用。网站总体设计力求美观、布局合理、页面简洁、庄重大方，体现了政府网站的特色。在首页布局、栏目设置、页面层级等方面设计较合理，站内、站外实现了很好的导航链接，易用性好，查阅信息方便，最多三次点击即可找到信息。

二是栏目设置科学合理。我们按照“以公开为原则、以服务为根本、以便民为宗旨”的原则设置网站栏目。根据《中华人民共和国政府信息公开条例》、环境保护部《环境信息公开办法（试行）》的要求，我厅对关系民生的各类环保业务信息事项进行了梳理，整合了多项服务资源，这些资源涉及环保行业各个部门的特色服务，提供了 10 多种公众沟通渠道。几年来，广东省环保厅的公众网站信息总量超过了 15 万条，其中主动公开政务类的信息有 8.5 万条；接受网上政府信息公开申请约 500 人次，有效地保障了公众的知情权，并为人民群众的生活、生产和经济活动提供了便利。

三是建立网上互动渠道。目前广东省环保公众网站已经形成了厅领导信箱、网络问政、信访投诉、业务咨询、网上留言、网上调查、意见征集、民声热线、领导接见日等多层次、多渠道的互动服务体系。网络问政就环境污染、环境业务咨询等热点民生问题，与公众面对面对话，公众可直接通过热线栏目向我厅反映情况。几年来，我厅受理网上咨询约 2 800 人次，网上投诉约 3 200 件，办结率达 90%；网络问政平台从今年 9 月份建成开通至今，共计收到投诉举报、咨询求助、建言献策 700 多件，并且件件做到有落实，网友还可以对我厅网络发言人作出的答复进行跟帖评论，有效地推动了环保部门越来越多地通过网络等渠道问政于民，政务信息公开也更加透明畅通。

四是拓展网上办事服务功能。我厅为企业和公众提供网上办事服务，对 18 项省级环保部门行政审批，按照业务类型不同，梳理划分为四类不同范畴的网上办事，并且每个事项的网上办理都是场景式的服务，变过去公众在网上找服务，为现在导向型人性化的服务，大大方便了群众的需求。同时，网上办事与我厅的办公窗口信息系统衔接，受理后直接进入内部业务信息管理系统和电子监察系统，保障了行政许可的公平、公正。除行政审批事项外，我厅还在网站特色服务上下工夫，应用空间地理信息等先进技术，提供了粤港珠三角洲区域空气污染变化图、自然保护区查询、优美乡镇查询、国三机动车标准车型查询、环保专项资金管理等个性化的网上查询及办事系统，此举既为企业和公众提供了便捷、有效的信息化服务，同时也提高了省厅环境管理的信息应用水平。

（三）整合资源，推进“一站式”服务

一是整合省市环保网站资源。广东环境保护网站集群由省、市两级环保局公众网组成统一整体，各地市的网站各有侧重，各有分工，内容和功能互为补充，共同发展，服务范围覆盖我省环境保护所有部门行业、专业和地域，充分体现环保网站群信息资源优势，网站后台使用功能强大的信息发布管理系统做后台管理，并与多个业务应用平台无缝连接，实现数据的实时交互，保证了大量业务信息的更新与同步，为公众提供及时的信息服务。

二是整合应用系统资源。做好网站与后台业务应用系统建设的无缝连接工作，是保证重要环境信息及时发布到公众网站的重要保障。目前，广东省环境保护公众网已与环境管理的空气质量在线监测系统、粤港珠江三角洲区域空气质量系统、主要江河水质自动监测监控系统、环境质量管理系统、建设项目环境信息管理系统、固体废弃物信息管理系统、环保资金环境信息系统、空间地理数据中心等十多个业务系统连接。这些系统不间断地为公众网站提供业务信息，确保了环境业务信息的及时发布，丰富了公众网站的信息资源。

尽管我省环保公众网站建设取得了初步的成绩，但离国家对电子政务服务的要

求和社会的需求仍有不小的差距和不足。我们认为，政府公众网站绝对不仅是一个政府信息发布的窗口，而应当建设成为一个规范政府审批业务流程，着力服务民生，提高政府公共服务水平，改善政府监管的平台。下一步，我们将以关注民生、提高政府公共管理和服务水平为重点，在网站建设上牢固树立为人民服务的宗旨，着重做好以下四个方面的工作：一是以便民利民为目标，进一步规范深化我厅公众的服务内容，尤其要加强对地市环保局公众网站的指导工作，全面梳理网上的公共服务目录，形成以省厅网站为龙头，地市各环保局网站为主体的网上公共服务体系，并逐步将网站建设向县（区）环保局延伸。二是以关注民生为前提，以提高人民群众知情权为重点，优化政府公开信息目录，加强关键性的政务信息的公开，强化政府网站作为信息公开主渠道作用，提升信息公开水平和成效。三是以保障人民群众的参与权、表达权、监督权为目标，加强公众网站政民互动建设，建立高效及时的政民互动处理机制，以公众门户网站为主要窗口，有机整合构建网上“一站式”的政民互动渠道。四是建设一流环保网站，服务社会公众，提高行政水平，为创建服务型政府、建设管理创新型环保行业发挥更大的作用。

谢谢大家！

强力实施环境信息化战略
推动数字环保向智能环保转变

重庆市环境保护局

（2010年1月6日）

在推进环境保护历史性转变，探索中国环保新道路的征途中，在信息化时代的今天，环境信息化是革命性手段。重庆市环境保护局高度重视并大力实施环境信息化战略，对传统的业务流程进行梳理、规范和再造，不断开拓创新，推进数字环保向智能环保转变，建设支撑科学决策、统一监管、宏观调控、公共服务的信息化平台，取得了一定效果。

一、突出三大特点，着力构建环境信息化基础平台

（一）强化空间数据，构建“数字环保一张图”

信息化的基础是数据，鉴于80%以上的环境管理对象与空间有关，我局在实现管理部件的全要素数字化和持续更新的基础上，围绕全市环境信息数据资源，以空间数据应用为重点，全面实现污染源普查数据的空间定位，整合业务系统审批成果、环境质量和污染源自动监测系统等数据，强化基于GIS的海量数据空间展现，全面应用于建设项目审批流程带图运行、日常监管、环境应急和综合数据统计分析等业务中，随需查看环境管理对象污染状况等，着力构建“数字环保一张图”。

（二）瞄准智能环保，提升环境监管水平

随着环保业务的发展和信息化应用的不断深入，简单的数据查询和流程电子化已无法满足工作需要。因此，我局立足高起点谋划，邀请IBM、ORACLE等国际知名企业对我市环境信息化二期建设进行全面策划和整体设计，构建更智能、自动化、更集成和更有效率的动态架构，为环境管理提供便捷畅通高效的数据采集智能渠道，全方位提升环境感知能力，实现高层次的信息互通关联，提升随需应变能力和辅助决策的洞察力，实现业务决策空间化和信息服务智能化。

（三）立足信息共享，发挥数据资源价值

我们通过多方信息资源共享，节约了数据采集成本，提升了数据质量，发挥了

数据资源价值，形成了多方“共赢”、社会广泛支持环境信息化建设的良好格局。我们重点从技术、制度规范、经济投入、组织管理等层次上建立了共享机制，通过与发改委、国土局、规划局等部门建立联席会议制度，与规划、气象、水利、统计等市级部门签订信息资源共享协议，持续收集、更新空间位置、气象水文、社会经济等相关基础数据。

二、完善三大机制，切实保障信息化建设顺利推进

（一）重项目建设，建立完善信息化建设工作推进机制

环境信息化建设涉及信息技术和业务工作，涉及环保系统内外，涉及领导和经办同志，需要多方的协作协同。我局建立相关机制加以推进。一是健全议事决策机制。涉及信息化建设重大决策，经业务处室调研、完善后，由局务会集体研究决策。二是健全调度通报机制。局“一把手”定期组织召开领导小组会进行调度，总结前一阶段工作进展，部署下一阶段工作任务，协调解决信息化建设工作中的重大难题，特别是重点推动环境管理业务的规范和再造，形成信息化建设与环境管理业务规范的良性互动。同时信息中心负责每月通报信息化建设进展情况，并对进展不力的责任单位和事项在办公网络上曝光。三是健全部门协同机制。与发展改革、国土、规划、气象、水利、统计等市级部门等建立部门联席会议制度，解决环境资源共享遇到的问题。四是健全检查考核机制。将信息化建设工作任务纳入系统目标考核，并注重工作过程和工作结果相结合，确保各项任务有序推进。

（二）重信息应用，建立完善信息化建设管理机制

我局整合环保政务、业务流程，建立了“统一门户、事件关联、信息找人、效能监管”的应用模式，实现了单点登录、全网访问，政务与业务系统无缝连接和有效协同，为广泛应用打下基础。通过以需促用、以用促建、以用促管，形成了建、管、用的良性循环，实现了“要我用”到“我要用”的转变。局主要领导亲自过问信息系统的应用情况，通过应用再造业务流程，有效规范政务行为。如对行政办公系统，“一把手”审核 OA 系统功能界面时，发现收文秘书登记操作过于烦琐，当即提出“从用户角度考虑，简化操作”的要求，OA 办公系统经过一段时间的应用、完善，最终实现了公文办理无纸化、环境管理扁平化，效能监管智能化。为推动全员参与 OA 运用，局长要求在信息中心设置统一的信息出入口，封堵办公用机输出接口，缩短了我局 OA 系统双轨制运行期。通过全员参与，查漏补缺，不断修改完善，促进环境信息系统与环境管理活动的融合，使之更深入、更直接、更紧密地贴近应用，成为工作离不开的“拐杖”，同时促进了环境监管方式的转变、监管水平和效率的提高，推动了环境信息化与环境管理业务的交替提升、融合发展。

（三）重数据更新，建立完善信息动态更新机制

信息化建设“三分靠技术，七分靠数据”。我局围绕数据中心库建设，开展了数据大收集、大整理工作，通过实施数据建设技术规范、数据管理工作规范，统一基础数据入口，实行管理对象数据开户管理，并规范数据更新的责任部门、更新方式与频次，强化信息部门的数据管理职责地位。建立完善了业务系统审批成果管理更新，环境质量和污染源自动监测系统实时更新，污染源普查等专项调查更新，导入规划、测绘等部门成果协作更新、信息中心采集加工数据整合更新等五大数据更新工作模式，形成了有效的数据管理和更新机制，真正让环境基础数据“活”起来。

三、建设四大平台，促进数字环保向智能环保的转变

（一）建基础数据管理平台，提升环境数据支撑能力

通过升级完善环境质量、污染源在线监测数据采集系统，获取时空连续有效的监测数据，拓展污染源数据采集的渠道、范围和频次；强化基础数据的清理、统计、分析，挖掘数据内涵，提取有价值的信息，建立健全的、易扩展的环境专题空间数据分类体系；搭建基于 GIS 的数据综合应用服务平台，实现环境质量、污染排放时空连续动态展现。

（二）建核心业务管理平台，提升环境行政管理能力

以污染源“一厂一档”为数据核心，按水、气、噪声、固体废物、辐射等环境要素进行专业划分，将污染源生命周期从建设项目环评审批、“三同时”及竣工验收、排污申报，到排污收费、环境统计、监督性监测、日常监察、执法处罚，应急管理等进行串联，通过日常管理工作形成对污染源动态更新，形成管理循环，提升环境管理效率和能力。

（三）建环境监控预警平台，提升环境风险防范能力

通过三峡库区水环境安全预警平台建设与科学决策关键技术研究等项目，构建集综合信息管理与共享、环境动态监控系统、环境评估与预测预警系统等为一体的监控预警平台。将水、气预测预警成果用于日常环境质量趋势变化预测和突发环境事件污染扩散的连续动态模拟，提升风险防范能力。

（四）建环境应急管理平台，提升环境应急处置能力

形成集通信支撑、应急指挥和应急基础数据为一体的应急指挥调度平台，建立实现突发环境事件事先预防、事中响应和事后评估等全过程管理的环境应急机制。通过应急指挥信息平台，各子系统将协同工作，为领导、业务专家与工作人员提供

应急处置和决策支持服务。

各位领导，同志们，我们将认真贯彻这次会议精神，借鉴兄弟省市的先进经验，在环保部的领导下，进一步提高我市环境信息化水平，不断推动数字环保向智能环保的转变，更好地适应和加快推进环境保护历史性转变！

谢谢大家！

大力推进"数字环保"建设
不断提高环境信息化水平

深圳市人居环境委员会

（2010年1月6日）

近年来，在环境保护部和广东省环境保护厅的关心和指导下，深圳市人居环境委员会（原深圳市环境保护局）积极开展环境信息化工作，全力推进"数字环保"建设，不断提升环境管理和公众服务水平，开创了深圳市环境信息化建设的新局面。

现对深圳市"数字环保"建设情况简要汇报如下：

一、深圳市"数字环保"建设的基本情况

深圳市环境信息化工作起步于20世纪90年代，到2006年年底，已先后建设完成了 30 多个业务信息系统，这些系统的开发应用对于推进环境管理工作发挥了积极的作用。但随着环境管理要求不断提高、公众环境需求不断多元化，这些比较独立和分散的信息系统的弊端凸显，业务流程不通畅、业务数据不一致、信息孤岛等问题严重。为此，深圳市于2007年初启动了"数字环保"项目的建设，项目总投资 4 300 万元，经过近三年的开发建设，目前已经建成一套集科学决策、业务管理、绩效考核、自动监控、应急管理、公众服务于一体的环境信息化集成系统。"数字环保"项目的建设，对于强化深圳市环境监督管理，实现环境信息共享，改善环境质量分析手段，提高环境监控和应急能力具有重要意义。其主要做法是：

（一）提高认识，明确定位

国务院在《关于落实科学发展观　加强环境保护的决定》中明确提出，要加快环境信息化建设工作，实现"数字环保"。为此，深圳市积极响应，大力推进"数字环保"项目建设，2007 年项目建设伊始，我们就在全市环保系统中进行广泛动员、统一思想认识，并明确提出，"数字环保"不仅是单一的信息系统建设，而是要以信息化为载体，全面梳理整合环保业务流程，挖潜增效，内强能力，外树形象，不断提高环境管理和公众服务水平。通过"数字环保"建设，要实现"三个转变"，达到"七个目标"。"三个转变"即从简单的业务电子化向创新管理模式、

变革管理手段转变，从单纯重视系统开发向重视信息资源开发利用转变，从解决单一的业务问题向解决综合业务问题转变；“七个目标”即实现综合办公自动化、环境数据标准化、业务管理一体化、环境监管可视化、环境服务公众化、绩效评估规范化、环境决策科学化。思想认识的统一为“数字环保”项目的顺利推进打下了坚实基础。

（二）统筹规划，分步实施

因为覆盖业务广、应用模块多、系统间关系复杂、涉及技术多，“数字环保”的建设必须统筹规划，分步实施。根据深圳市环境管理的实际情况，“数字环保”分两期进行建设。一期主要立足于梳理整合、搭好框架，建立环境信息化标准体系，搭建软硬件基础平台，开展环境监管信息集成系统、环境数据中心、环境地理信息系统、移动执法系统、环境在线监控系统、环境应急管理系统及综合办公系统 7 个系统开发建设；二期则在一期建设的基础上继续完善提高，拓展应用，开展公众服务系统和环境质量分析与预警系统开发建设，提升服务公众和辅助决策水平，建立健全信息安全体系和运维管理体系，保障系统安全、稳定、高效运行。

（三）整合业务，再造流程

环境信息化不仅仅是信息部门的事情，环境信息化也不是环境管理单纯的“无纸化”，“数字环保”成不成功，最根本取决于它能否切实为环境管理服务，能否适应环境管理发展的要求。因此，我们在“数字环保”实施之初，首先从业务应用入手，对业务流程进行全面梳理整合。通过梳理整合，改变以往部门各自为政、串联操作的工作方式，对主要业务流程实现跨部门、跨时间、跨空间的流程再造，同时也理清了业务流程之间的数据关系，实现信息资源在整个业务流程上的共享使用，保障了输出信息的同质性。业务梳理整合和流程再造为环境数据的规范化、为“数字环保”标准体系的建立、为业务流程的信息化做了充分的技术准备。

（四）完善标准，夯实基础

在“数字环保”建设过程中，我们坚持标准先行，以国内相关信息标准为基础，结合深圳市环境管理的实际，开展了深圳市环境信息化标准体系研究工作，先后制定了一系列管理标准和技术标准，共计 18 类 55 种。我们还根据元数据、数据字典、信息分类编码、数据交换等技术标准建立了信息资源目录体系，搭建了数据交换平台，构建了环境数据中心，实现了一数一源、一数多用、自动采集和数据共享。目前，数据中心涵盖 18 大类 285 小类环境信息资源，共收集文档 4 万多篇，业务数据约 3 140 万条，每日进入数据中心的数据约 16 万条。

（五）内强能力，外树形象

在“数字环保”的建设过程中，我们始终把握环境信息化为环境管理服务这一宗旨，对内提升环境管理和政府决策水平，对外增强公共服务能力，树立环保部门良好形象。

整合污染源管理业务流程，提高污染源信息化管理水平。污染源管理是环保部门管理的重点之一，我们通过优化污染源管理业务流程，整合了建设项目管理、排污许可证管理、排污收费、监督执法、信访投诉等业务，建立了一套污染源动态管理台账，实现了污染源管理业务一体化和污染源全生命周期管理。

应用环境地理信息技术和模型技术，提高环保决策的科学性。“数字环保”建立了空间数据集中管理和服务的统一平台，提供 7 大类 31 个环境基础图和专题图服务，并结合河海湾模型、气象场自动模拟和空气质量预报模式，为环境质量的污染成因分析和预报预警提供决策支持。

推行政府信息网上公开和公众信息化服务，打造阳光政府。“数字环保”建立起统一的公众服务平台，一是信息公开，根据环保部的要求，将环境信息按照八大类进行公开，建立信息公开审核制度及配套的信息公开审查信息系统，保证信息依法、及时、准确公开；二是在线办事，企业通过使用场景式服务和在线办事大厅，对行政许可事项、非行政许可事项以及其他审批事项进行网上申报、网上审批、网上咨询；三是公众互动，建立了信息征询平台、环保论坛和环保博客，多渠道收集公众意见，拓展了公众参与环保的渠道；四是便民服务，公众进入网上绿色家园，了解自己所在地周边的环境空气质量状况、水质状况、噪声状况以及周边污染源情况，有效地保障了公众的环境知情权。

（六）跟进管理，持续完善

环境信息系统“三分靠建设，七分靠管理”，系统运维和管理十分重要。为此，我们在“数字环保”建设的同时，一方面建立了一套运维管理体系，制定了日常巡检制度和应急响应制度，对所有基础平台、数据中心、应用系统进行统一运维，并对运维软件产品进行二次开发，实时监控服务器、网络、安全设备、应用系统的运行情况。另一方面，还构建了一套环境信息安全体系，建设内外网信息安全平台，实行信息安全等级保护制度，对重要信息系统定期进行安全测评和风险评估，并及时进行安全加固，确保系统连续、稳定、安全运行。

二、“数字环保”建设的成效和体会

经过近三年的不懈努力，深圳市“数字环保”项目建成了基本满足环境管理和行政办公、公众服务和辅助决策要求的环境信息系统，进一步规范了我市环境管理和业务流程，实现了跨部门流转，建立了统一的数据标准，实现了数据共享交换，整合了环境信息资源，消除了信息孤岛。

“数字环保”项目的建设和应用，提高了环境管理工作效率，提升了环境管理水平，各项管理任务提前办结和按时办结率显著提高。我委公文办理的平均时间由原来的 7.2 个工作日缩短为 5 个工作日，办理效率提高了 30.5%，超时办理的公文大幅减少；建设项目审批时限缩短了 50%；15 项行政许可和审批事项全部实现了网上申请、网上办理、网上公示和网上查询，实现了行政许可和审批事项在线处理 100%，纳入市电子监察 100%，按时办结率 100%。2009 年，我委行政许可审批事项绩效考核工作在全市 46 个列入市电子监察绩效考核的单位中一直稳居前三名。

在“数字环保”建设过程中，我们也积累了一些经验和体会：

一是领导重视是环境信息化工作的关键。为全力推进数字环保建设，我委专门成立了信息化建设领导小组和工作小组，“一把手”亲自挂帅任组长，分管领导亲力亲为抓建设，对外积极与市有关部门沟通协调，对内制定了具体落实措施，并带头参加培训，带头使用“数字环保”系统。领导的高度重视直接促进了各单位、各处室对“数字环保”建设的高度重视和积极配合，因此项目经费落实到位、需求调研配合及时、应用推广积极有效，形成了离开“数字环保”系统就不能办公的局面，有力地促进和推动了“数字环保”的建设和应用。

二是高起点规划是做好环境信息化工作的前提。“数字环保”建设之初，我们投入了大量的精力和时间，完成了业务现状调查和需求分析，编制了《“数字环保”总体设计方案》《“数字环保”总体实施方案》和分项目划分及建设方案，明确了总体目标、阶段目标及项目组织管理方法。根据规划，我们没有采用信息化项目管理中常用的直管模式和总承包模式，而是采用项目总集成的管控模式，将规划设计、系统集成、项目管理等作为先期内容建设，并贯穿整个项目建设实施过程。事实证明，高起点规划和总集成管控模式，把好了项目需求关、信息共享关、开发质量关和运行维护关，为数字环保的成功提供了有力保障。

三是标准化工作是推动环境信息化工作的基础。在“数字环保”建设过程中，我们十分重视标准化建设，始终把标准化建设作为环境信息化的重要组成部分，作为组织协调项目顺利开展的重要手段。越是大型的信息化项目，标准体系发挥的作用也越大。我们建立的标准体系覆盖了信息化项目建设的全过程，使“数字环保”建设的每个环节都有章可循，有据可依，有效地指导和规范了“数字环保”建设。

四是以“应用”和“服务”为出发点和落脚点，抓好环境信息化建设。深圳“数字环保”建设立足于为环境管理服务，以“应用”和“服务”为出发点和落脚点，在环境监管业务集成系统、环境数据中心、环境地理信息系统、模型分析、移动执法、公众服务等方面紧密结合环境监督管理工作实际，进行了实践和探索，目前这些系统在建设项目管理、污染源监管、行政处罚、服务企业、公众参与、辅助环境决策等工作中得到了广泛应用，较好地满足了环境管理和公众服务的要求。

环境信息化建设是一项长期的任务，任重道远。深圳市在数字环保建设方面虽然进行了一些探索，取得了一些成绩，但对比上级部门的要求和兄弟城市的先进水平还有一定的差距。在今后的工作中，我们将认真贯彻落实国家环境信息及统计能力建设工作的要求，结合深圳市人居环境建设的新形势和新内涵，继续大力开展环境信息化建设工作，积极拓展新技术的应用，更好地发挥环境信息技术在服务政府、服务企业和服务公众中的作用，为推进深圳市人居环境建设和管理工作作出新的贡献！

第三部分　大会表彰

关于表彰全国环境信息化工作优秀集体和优秀个人的通报

环发[2009]154号

各省、自治区、直辖市环境保护厅（局），新疆生产建设兵团环境保护局：

全国环境信息化工作经过十几年来的发展，取得了显著成绩。各级环保部门从事环境信息化管理与技术工作的干部职工，深入贯彻落实科学发展观，积极落实中国环保新道路对环境信息化工作提出的新要求，不断增强环境信息化意识，努力提高环境信息技术支持与服务水平，积极发挥环境信息化在环境保护历史性转变中的促进作用，为环境保护工作的全面发展作出了突出贡献。

为表彰先进，树立典型，进一步激发全国环境信息系统干部职工的积极性和创造性，全面推进环境信息化工作，根据民主推选，经综合评议并公示，环境保护部决定授予北京市环境信息中心等 32 个集体“全国环境信息化工作优秀集体”荣誉称号；授予张有涛等 62 位同志“全国环境信息化工作优秀个人”荣誉称号。希望受表彰的优秀集体和优秀个人谦虚谨慎，戒骄戒躁，再接再厉，在今后的工作中取得更大的成绩。各级环保部门要宣传优秀集体和优秀个人的模范事迹，动员环境信息系统广大干部职工以先进为榜样，开拓进取，努力工作，为环境保护事业作出更大贡献。

附件一：全国环境信息化工作优秀集体名单

附件二：全国环境信息化工作优秀个人名单

二〇〇九年十二月二十六日

附件一

全国环境信息化工作优秀集体名单
（共 32 个）

北京市环境信息中心

天津市环境保护科技信息中心

河北省环境信息中心

山西省环境信息中心

内蒙古自治区环境保护厅办公室

辽宁省环境信息中心
长春市环境监察支队监控管理科
黑龙江省环境信息中心
上海市环境信息中心
江苏省环境信息中心
浙江省环境信息中心
安徽省环境信息中心
福建省环境信息中心
江西省环境信息中心
山东省青岛市环境信息中心
河南省环境信息中心
湖北省武汉市环境信息中心
湖南省环境保护厅信息中心
广东省环境信息中心
广西壮族自治区环境保护厅信息中心
海南省国土环境资源信息中心
重庆市环境保护信息中心
四川省遂宁市环境保护局
贵州省贵阳市环境信息中心
云南省环境信息中心
陕西省环境信息中心
甘肃省兰州市环境保护局环境信息中心
宁夏回族自治区环境信息中心
青海省环境信息中心
新疆维吾尔自治区环境保护信息中心
新疆生产建设兵团六师环境保护局
环境保护部信息中心应用室

附件二

全国环境信息化工作优秀个人名单
（共62名）

张有涛　北京市环境保护局办公室副主任
倪福勋　北京市环境信息中心职员
狄润生　天津市环境保护局办公室主任
刘　跃　天津市环境监测中心主任
李月彬　石家庄市环境信息中心主任

王存美　张家口市环境信息中心主任
张保会　山西省环境信息中心主任
赵春峰　太原市环境保护信息中心主任
李　翱　内蒙古自治区环境保护厅办公室主任科员
曾令光　阿拉善盟环境保护局办公室主任
林　华　沈阳市环境信息中心主任
王秀云　朝阳市环境保护局局长
张世忠　吉林省环境信息中心副主任
李　轶　吉林市环境保护信息中心主任
吴殿峰　黑龙江省环境保护厅办公室科长
张祖妍　黑龙江省环境信息中心科员
王汉峥　上海市环境监测中心综合信息室副主任
谭　静　上海市环境保护局计划处主任科员
杨诚荣　连云港市环境信息中心主任
沈红军　江苏省环境信息中心副科长
黄澄宁　杭州市环境信息中心副总工程师
张　军　嘉善县环境保护局信息监控中心主任
邓之海　淮南市环境保护局副局长
崔　巍　合肥市环境信息中心副主任
蔡旺华　福建省环境信息中心技术部主任
洪　伟　九江市环境监察支队主任
付登科　景德镇市环境宣教信息中心主任
王滨勇　山东省环境信息中心副科长
王志国　济南市环境信息中心主任
汪太鹏　河南省环境信息中心副主任
杨先锋　河南省环境信息中心主任
迟　浩　湖北省环境信息中心技术室负责人
应　臻　荆州市环境管理信息中心副主任
许　浩　湖南省环境保护厅办公室助理工程师
苏　维　湖南省环境保护厅信息中心副主任
陈春贻　广东省环境信息中心主任
杨学军　深圳市环境宣传教育信息中心总工程师
黎一盈　广西壮族自治区环境保护厅信息中心负责人
曾铜炳　广西壮族自治区环境保护厅信息中心工程师
曾乙洪　海南省国土环境资源信息中心系统开发部负责人
余素明　海口市国土环境资源信息服务中心副主任
余　游　重庆市环境保护信息中心副主任

刘海涵　重庆市环境保护信息中心总工程师
杨书林　攀枝花市环境保护局信息中心主任
尹　红　贵州省环境保护厅电子政务中心副主任
胡　青　毕节地区环境宣教信息中心助理工程师
赵碧云　云南省环境信息中心主任
周　洁　昆明市环境信息中心主任
郭　彪　西藏自治区环境保护厅信息中心负责人
董　涛　陕西省环境信息中心主任
仝建科　宝鸡市环境保护宣教信息中心副主任
祁国炜　甘肃省环境信息中心主任
吴向培　青海省环境信息中心主任
樊文辉　西宁市环境信息中心主任
骆安胜　宁夏回族自治区环境信息中心负责人
黄德生　银川市环境保护局纪检组长（分管信息化工作）
焦保华　新疆维吾尔自治区环境保护厅办公室副主任
芮溧红　乌鲁木齐市环境保护局总工程师
汪　祥　新疆生产建设兵团环境保护局环境规划开发处副处长
梁怀国　新疆生产建设兵团环境保护局办公室科员
李子龙　环境保护部办公厅信息化办公室主任
李　蔚　环境保护部信息中心网站室主任

第四部分　能力建设项目相关要求

加快实施国家环境信息与统计能力建设项目 全面提升环境信息能力和水平

——在国家环境信息与统计能力建设项目管理办公室第一次会议上的讲话

环境保护部副部长、项目领导小组组长　周建

（2010年1月6日）

同志们：

今天，我们在这里召开国家环境信息与统计能力建设项目管理办公室第一次会议。周生贤部长昨天在全国环境信息化工作会议开幕式上作了重要讲话，是对环境信息化的高度重视，是当前环境信息发展工作的重要指导思想，我们要认真贯彻落实。周生贤部长高度重视国家环境信息与统计能力建设项目（以下简称“信息能力项目”）的实施工作，多次在有关的文件和签报上作过重要批示。

国家环境信息与统计能力建设项目于 2007 年初立项，当年春节期间得到温家宝总理的批示同意。环境保护部于 2007 年组织完成了项目的可行性研究报告编制工作，国家发展和改革委员会于 2007 年 6 月组织了对于项目可行性研究报告的评审工作，并于 2007 年 12 月 30 日批复同意了项目的可行性研究报告。2008 年环境保护部组织编写并完成了项目的初步设计及概算的编制工作，2008 年 9 月国家发展和改革委员会组织了对于项目初步设计及概算的评审工作。2009 年 3 月 12 日国家发展和改革委员会批复同意了项目的初步设计及概算。项目批复的投资总额为 57 954 万元，其中，工程费用 51 813.93 万元，其他费用 4 997.04 万元，预备费 1 143.03 万元。

在国家发展和改革委员会批复了项目的初步设计及预算后，我们进行了大量的项目前期筹备工作，环境保护部成立了项目领导小组和项目管理办公室，项目管理办公室由环境保护部的有关司局和直属单位的领导及 32 个省级环境保护厅（局）的分管厅长组成，下设六个项目工作组，包括总体组、财务组、标准组、网络与安全组、数据与应用组、环境统计组。制定了项目管理办法、资金管理办法和项目招标方案。这些工作为项目的实施奠定了良好的基础。今天的会议一是宣布项目管理办公室的成立，二是对项目的实施进行部署。

一、提高认识，深刻领会做好项目实施工作的重要意义

信息能力项目是实现国家主要污染减排目标，落实“三大体系”的基础性项目，是环境保护部于 2007 年启动的“三大体系”建设的四个能力建设项目之一，也是四个项目中的一个具有基础性和全局性的项目。能力建设项目作为“数字环保”基础和“金环工程”一期，是实现“一举把环境信息化建设纳入正常轨道，一举健全和完善信息中心自身建设”的重要举措。这个项目的实施，对于奠定环境保护信息基础能力、支撑减排业务能力、实现“十一五”期间重点污染减排的目标，意义十分重大。

（一）做好信息能力项目的实施，为污染减排“三大体系”建设提供基础保障

党中央、国务院高度重视污染减排工作，提出以污染减排的指标、监测和考核“三大体系”建设，促进污染减排取得成效。围绕减排“三大体系”建设目标，环境保护部安排了国控重点污染源自动监控、环境监察执法、污染源监督性监测，以及国家环境信息与统计能力建设四个项目。四个能力建设项目是有机整体、缺一不可，其中信息能力建设项目担负着环境监测、监控数据的传输、储存、分析和应用任务，是“三大体系”建设的重要组成部分、也是建设的难点和关键。如果信息能力项目实施不好、运行不好，监测、监控数据的传输、运用、分析就无法到位，其他 3 个能力建设项目就可能因为信息基础支撑能力不足，无法完全实现其功能，整个“三大体系”能力建设效果就会大打折扣。因此，各级环境保护部门务必以高度的政治责任感，务实认真的工作精神，重点抓好、实施好信息能力项目。

（二）做好信息能力项目的实施，为环境信息的发展夯实基础

我国环境信息化工作起步早、但进步慢，虽然经过十多年的努力，环境信息工作取得了明显成效。但是，环境信息发展的基础还很不牢，存在信息机构不齐、网络覆盖不全、信息标准不够、人才队伍不强等影响环境信息发展的“瓶颈”问题。信息能力项目是我国第一个系统性、整体性和全局性的环境信息化项目，是环境信息化基础建设的重要举措，是环境信息队伍发展的难得机遇。通过项目建设，就是要实现全国四级环境信息基础网络环境的互联互通；推动环保业务信息化水平的提升、环境信息的共享与服务，以及安全保障和运维体系的完善；健全各级环境信息机构和人才队伍建设；为环境信息化建设的跨越式发展打下坚实基础。各级环境保护部门要倍加珍惜、充分利用这次难得的历史机遇，为环境信息事业发展夯实“基础”，举全系统之力，全力以赴组织好项目的实施工作。

（三）做好信息能力项目的实施，为探索环保新道路发挥更大作用

新时期，我国的环境保护要以生态文明建设为指导，加快实现三个历史性转变，

积极探索中国环境保护新道路。环保新道路的探索，需要数据的支撑、需要信息的分析，更需要模型和信息系统的辅助决策，缺乏数据支撑和信息分析作为环境保护政策制定的依据，其政策的科学性很难得到保证。环保新道路的探索，需要快速发展的信息技术作为支撑，环境信息化作为一种技术手段必将在探索环保新道路上发挥越来越重要的支撑作用。提高环境管理信息化、现代化水平，提升环境管理的水平和效率，降低管理能耗，做保护环境的倡导者、引领者和实践者，实质上也是环保新道路的组成部分。各级环境保护部门，要以大局眼界、长远目光，深刻认识信息能力项目的重要性，做到精心组织、科学实施。

二、强化项目总体目标认识，明确各省建设内容

信息能力项目是环境信息化建设的重大工程，是环境保护部门成立以来投资规模最大、覆盖面最广、建设内容最全的信息化建设项目。项目的实施要充分依据国家发改委批复的建设目标、建设内容和建设要求，确保项目建设目标不走样，建设内容不偏离，建设要求不降低。

根据国家发展和改革委员会对于项目的批复，要求国家环境信息与统计能力建设项目要由国家进行统一的组织和实施，形成对于减排工作整体信息支撑能力。

（一）加强对项目总体目标的认识

信息能力项目总体目标是：以贯彻落实党中央、国务院关于节能减排工作部署为指导，以实现“十一五”期间重点污染物减排的目标指标为紧要任务，围绕建立与完善“科学的减排指标体系、准确的减排监测体系、严格的减排考核体系”的要求，加强数据传输、共享和应用能力、业务应用支撑能力、统计基础能力等环保信息化能力的建设，为实现“十一五”节能减排和环境保护工作目标奠定基础。

通过信息能力项目的建设，要达到及时、全面、准确地采集重点污染源的监测数据，使国控重点污染源自动监测数据采集直传覆盖面达到 100%。保障污染源点的环境监测基础数据实时、准确地传输和汇交到各级环境保护管理部门，同时自动向环境保护部直传污染源点原始监测数据，提高减排监督管理业务的质量和监管效率。实现正常状态每小时一次对污染源监测数据的采集，应急状态每 10 分钟一次采集。

（二）加强对项目整体建设的理解

信息能力项目的建设规模大，网络覆盖环境保护部、31 个省（直辖市、自治区）环保局，新疆生产建设兵团环保局和 350 个地级城市（含地区、州、盟、建设兵团师部，不含直辖市区县）、3 023 个区县（建设兵团团部）以及到环境保护部环境监察局（应急中心）、中国环境监测总站、环境保护部环境工程评估中心、6 个环境督察中心和各级环境监测站、环境监察部门。

综合数据库和应用系统覆盖环境保护部、31 个省（直辖市、自治区）环保厅（局），新疆生产建设兵团环保局。其中综合数据库的交换平台延伸到 350 个地级城市（含直辖市所辖区县、地区、州、盟、建设兵团师部），与地级城市污染源监控中心连接，保证国控污染源在线监测数据的直报国家。

统计能力设备覆盖环境保护部、31 个省（直辖市、自治区）环保厅（局），新疆生产建设兵团环保局和 350 个地级城市（含直辖市所辖区县、地区、州、盟、建设兵团师部）、3 023 个区县（建设兵团团部）。

信息能力项目建设内容有五项：一是制定统一的标准规范，用于指导项目建设乃至今后环境信息系统建设，保障系统建设上下级之间标准一致。二是构建环境保护业务专网，建设各级环境保护部门之间互连的网络系统，为数据采集、传输和信息发布提供传输通道。三是构建两级减排综合数据库，为减排工作提供安全、高效的数据汇集、存储、管理、备份的基础环境。四是建设减排业务应用系统，适应多变的减排业务发展需要。五是建立系统安全保障和运行维护体系，用以保障环境信息和统计信息系统安全、高效、稳定运行，确保系统的正常运行。

（三）各省的建设内容

根据项目总体建设内容，涉及各省参与建设的内容包括 5 个方面。一是网络平台的建设，主要包括环境保护部到 31 个省和新疆生产建设兵团的广域网建设、省级节点到 350 个地市的广域网络建设、地市级环保局到县级环保局的广域网络建设，各省环保厅（局）连接所属的省环境监测机构和环境监察机构、省环评管理中心的城域网建设，以及各地市环保局连接所属的环境监测机构和环境监察机构的城域网建设。二是环保业务应用系统的建设，主要包括应用支撑平台、环境统计业务系统、建设项目管理系统、减排数据管理与综合分析系统的开发，另外还将通过应用支撑平台对环境质量监测系统、排污申报管理系统、排污收费管理系统、国控重点企业污染源自动监控系统、国控重点企业公众监督与执法检查系统、污染源监督性监测管理系统等已建系统的集成工作。三是减排综合数据的建设，主要包括综合数据库平台和数据传输与交换平台的建设。四是安全系统的建设。主要包括信息系统的物理环境、网络、操作系统和数据库系统、业务应用、数据保护、运行管理等多个层面的建设。五是运行维护的建设，主要包括项目运行维护制度、运行维护流程、运行维护队伍、运维技术支撑平台、运行安全保障五大部分的建设。

三、围绕项目总体目标，分工合作，确保建设任务顺利完成

信息能力项目在环境保护部领导下实施，由部项目领导小组负责项目的指导、监督和重大决策、部项目办负责项目的实施和管理工作，项目管理办公室下设六个项目工作小组负责相关具体工作的实施和管理，各省（自治区、直辖市）环保厅（局）共同参与项目实施和建设工作，按照统一规划、统一标准、统一建设、统一管理的

原则，采用统一招标的策略，以“交钥匙工程”的方式组织工程的实施。在三年内分 6 个实施阶段完成，实施建设期为 18 个月、试运行 6 个月、运行维护 12 个月。信息能力项目的实施时间紧、任务重，各省一定要在项目领导小组的统一部署和安排下，结合各省实际情况，围绕项目建设内容，明确实施建设的各项任务。

在项目领导小组的领导下，项目管理办公室积极开展了前期工作。目前，在已经确定先期进行招标的四个项目中，到 2009 年 12 月底已经完成了工程监理、系统总集成和机房建设三个项目的公开招标的开标和评标工作。环境统计专项设备的招标准备工作正在进行中。为项目聘请法律顾问的比选工作已经完成。环境信息化标准的编制单位已经确定并完成了合同的签署工作。项目的总集成进场之后 3 个月，项目将会全面开展网络、安全、设备、基础软件、应用软件的公开招标工作。

（一）做好机构成立、落实人员和队伍

为了更好地有效实施信息能力项目，各省环境保护厅（局），除分管的厅长参加部项目办公室之外，各省环保厅（局）参照环境保护部成立各省信息能力项目领导小组和信息能力项目管理办公室，省级项目办负责落实本省配套资金，配备相应人员，负责组织完成本省信息能力项目实施建设和推广应用的各项任务。没有信息机构的省要抓紧成立信息机构，切实落实信息机构的编制、人员和经费。已经有信息机构的省要进一步加强信息机构的建设。同时各省要督促所辖的地级市成立相应的信息化机构。根据项目的设计要求，比照部项目六个工作组设置相应的省工作小组，并且各省至少在总体协调、项目财务、标准、网络、信息安全、数据、应用系统、环境统计要有指定负责人。各省环境保护厅（局）将项目领导、机构、人员名单、联系方式和分工安排一同上报部项目办，部项目办负责对各省上报名单进行汇总，并对各省成立的机构和人员配备情况进行抽查。

（二）做好项目专项资金的管理

信息能力项目资金要严格按国家发展改革委批复的概算执行，做到专款专用，不得用于与信息能力项目建设和运行维护工作无关的费用支出以及其他不属于信息能力项目资金开支范围的支出，各省环境保护厅（局）负责本省建设内容的资金管理工作。一是比照信息能力项目部资金管理办法，制定各省信息能力项目资金管理办法；二是根据发改委批复的信息能力项目概算，负责按时足额落实地方配套资金；三是根据国家统一进度要求和各省的建设内容，制定资金计划和年度预算；四是按照环境保护部项目管理办公室统一招标结果与中标厂商签署合同，执行资金使用计划；五是负责本省建设内容的资金结算和绩效考核工作；六是根据当年信息能力项目建设内容，制定年度资金支出预算和具体支出计划；七是协同总集成单位根据各省信息能力项目实施和资金支付的实际执行进度，定期编制各省信息能力项目资金进度执行报告，报部项目办备案；八是为信息能力项目资金建立独立财务账目，专人管理，专账核算；九是负责编报本省建设内容的资金决算，报部项目办备案。

（三）做好项目招标和采购工作

按照国家发展和改革委员会批复的预算和大型电子政务项目实施的要求，结合环境保护工作及减排任务的特点，信息能力项目的采购，全部采用中央单位政府采购流程，以统一招标为主。各省在招标工作中主要有两项任务：一是中央预算资金投资、地方配套的地方建设部分，由部项目办统一招标，各省分别与中标单位签订合同，分省支付；二是地方投资的地方自建部分，由各省自行组织招标，各省分别与中标单位签订合同，各省分别支付。由部项目办统一招标的，各省要按照招标程序和要求，按时签约和支付。各省自行组织的招标，要根据部项目办的建设质量和时间要求，积极推进，不得延期误工、降低质量标准。

（四）做好项目的实施方案和计划

在项目实施的过程中，根据项目实施主体和建设内容的不同，各省要分别做好本省相应的实施方案和计划。一是由环境保护部统一组织实施的项目，各省结合实际情况，配合部项目工作组和项目总集成单位、监理单位，积极做好项目的实施计划、实施方案和具体的实施工作。二是由环境保护部统一招标，分省签署并组织实施的项目，各省在签署合同后，要同项目总集成单位一起完成项目实施计划、方案的编写，经部项目办统一后按照整体的项目实施方案分地区实施。在实施的过程中接受项目监理的监督。切不可擅自更改建设内容和更换硬软件设备。三是完全由各省投资并组织实施的项目，其建设方案和内容需报项目办备案，并服从环境保护部的统一调度和指挥。各省要切实加强对本省项目质量进行监督管理，及时将本省的实施情况向部项目办汇报。

（五）做好项目的开发和部署

按照项目的统一部署，根据各省的实施方案和计划，配合项目的总集成单位和监理单位完成软硬件货物的到货验收，协助承建单位做好网络部署、软硬件安装调试、系统开发、数据交换和安全测试等建设任务。按照项目时间表，积极推进项目的试点、全面上线部署和调试工作。

（六）做好项目档案的管理

信息能力项目的档案管理参照《国家电子政务工程建设项目档案管理暂行办法》执行。各省要有专人管理信息能力项目的档案，保证档案的完整性，并根据信息能力项目初验和竣工验收的要求，向部项目办提交各省相应的文档资料。

（七）做好项目固定资产的管理

信息能力项目购置的硬软件及相关的设备，采取分级资产管理的原则。由地方配套资金采购的，部署在地方各级环境保护部门的资产，由各省环保厅比照信息能力项目资产管理的规定，下拨管理。

（八）做好项目的验收

各省在信息能力项目实施工作完成后，各省项目办要组织分省、分项目验收，并向本省项目领导小组进行汇报，验收结果报部项目办备案。在项目监理单位的协同下，各省项目领导小组对本省信息能力项目进行整体验收，整体验收结果报部项目办备案。

（九）做好项目的运维管理

各省信息中心负责本省信息能力的系统运行及管理队伍，制定相关工作制度，提交运行管理工作计划，落实运行经费，确保本省系统正常稳定的运行。

四、环境保护部机关要协调一致积极做好项目的实施工作

国家环境信息与统计能力建设项目是环境保护部的重要信息化能力建设项目。环境保护部内的有关部门办公厅、规财司、科技司、总量司、环评司、监测司、核安全司、环监局、监察局以及应急中心、监测总站、评估中心、中日中心、信息中心是项目的实施单位。这个项目涉及的部门多，部内各个部门之间要明确职责、相互配合，共同努力实施好国家环境信息与统计能力建设项目。

下面，我对有关司局提出项目的实施要求：

1．办公厅

总体负责信息能力项目的管理和协调工作，协调部机关、直属单位、各省级环保部门，按照信息能力项目的总体实施方案和国家发展改革委批复的信息能力项目概算，进行信息能力项目的管理和组织实施工作。

2．规财司

负责信息能力项目的监督、指导和协调工作，监督、指导信息能力项目执行过程中的各项工作符合国家的规定和程序，协调国家发展改革委、财政部及各省级环保部门的信息能力项目资金及时到位。

3．科技司

归口管理信息能力项目的环境信息标准与技术规范的编制、审查和发布工作。

4．总量司

负责信息能力项目有关重点污染物减排业务的指导，组织提出并审定减排业务需求。会同监测总站具体负责信息能力项目中环境统计能力建设部分的实施工作，组织环境统计管理系统的开发和实施工作、环境统计专项设备的配发和管理工作。

5．环评司和环境工程评估中心

负责信息能力项目中建设项目管理系统的开发与实施管理工作。

6．核安全司和核安全中心

协同环评司就建设项目管理系统涉及核与辐射业务提出需求、工作流程、功能

设计意见并参与系统开发、运行、应用和管理。

7．环监局

负责协助完成监控中心与环境信息业务专网的连接，形成从重点污染源到各级环保局的完整网络；负责协调国家重点监控企业污染源自动监控系统的集成工作。

8．监测司和中国环境监测总站

负责协调污染源监督性监测数据管理系统等应用系统的集成工作。

9．驻部监察局

负责对信息能力项目的实施过程进行监督，参与指导信息能力项目所有的招投标工作和验收工作，并对招标过程和结果进行监督。

10．中日中心

负责信息能力项目的资金、合同和资产管理工作。

11．部信息中心

具体实施单位，负责信息能力项目的技术支持、系统运行维护和日常的协调管理工作。

五、加强项目实施保障，确保项目顺利完成

信息能力项目内容丰富、涉及面广、系统性强、时间紧迫、任务繁重。必须统筹兼顾，协调推进，务求实效。各地要认真组织，精心安排，贯彻《中央财政主要污染物减排专项资金项目管理暂行办法》《中央财政主要污染物减排专项资金管理暂行办法》提出的各项要求，严格按程序、按要求组织实施，确保实施效果，夯实环境信息基础，为污染减排提供基础能力保障。

（一）增强大局意识和责任意识

信息能力项目的建设，各省都是环境信息“一张网”重要的节点，只要一个节点出现问题，环境信息网就会出现“窟窿”，全国环境信息就不完整，减排三大体系建设就要受到影响，全国环境信息的基础和地位就会不牢，探索环保新道路的作用就会降低。大家一定要有这种大局意识和责任意识，深刻认识信息能力项目建设的重要意义，齐心协力确保项目取得整体效果。

我们要通过国家环境信息与统计能力建设项目实施形成全国环境信息统一使用一个网络，数据流通统一使用一个交换中心，各项环境业务的应用统一使用一个基础的技术支撑平台，为实现环境信息的一数一源、一源多用，数据共享和业务协同创造必要条件。

（二）加强项目组织保障

信息能力项目的顺利实施，离不开强有力的组织保障。各省要将项目实施作为重点工作予以安排，主要领导要亲自部署、亲自落实、亲自协调解决实施过程中的

问题。要为项目的实施提供必要的办公用房和办公条件，提供相应的环境，积极配合项目上线和调试。要充分发挥各省项目办的作用，明确相关各部门的任务和责任，协调推进项目的实施。

参与实施项目的部内各个部门和各省环境保护厅要对照国家电子政务工程建设项目验收大纲和档案管理的要求，确保项目的各个阶段的档案资料完整、固定资产明晰、资金使用有凭证。确保项目通过国家组织的竣工验收。

（三）落实资金保障，做到专款专用

信息能力项目涉及地方配套资金，各省要积极落实，确保各项配套资金及时足额到位。要有专门的资金管理办法、要为项目设立专项户头，所有资金做到专款专用。项目的资金量大，后续要面临严格的审计工作，各省要做好资金使用的自检自审，严格执行国家有关规定按程序招标采购，规范报销程序、严格资金的使用。

环境保护部已经下拨给各省的建设资金，在没有得到项目管理办公室的明确指示之前，任何单位不得擅自使用和挪用。

（四）做好监督检查，严把质量关

各省要对本辖区内项目实施负总责，要根据项目目标和要求，严格把好质量关，制定检查验收办法。要加强对本级项目的自查自验工作，发现问题及时汇报。要加强对本省各地项目实施的领导、检查与督促。要及时将项目进展情况定期地向项目办汇报，要将项目阶段性成果及时向项目办汇报。部项目办将组织定期检查和不定期抽查，督促各地严格项目的实施和质量把关。部项目办将建立奖惩制度，对于项目执行好、完成好的地方，给予表彰，并优先安排项目和资金，对项目实施不好、存在问题的地方，将予以通报，并要求限期整改。

（五）完善管理制度，抓好项目廉政建设

项目实施过程中，要高度重视对项目的管理、监督和廉政建设，完善管理制度。要严格按照国家有关法律法规，按程序办事，严格遵守项目“实施管理办法”和“资金管理办法”，遵守《国家环境信息与统计能力建设项目有关人员廉政守则（八不准）》的规定。纪检监察部门要全程监督项目的实施，确保项目科学实施、廉政实施。

同志们，让我们抓住当前的大好时机和有利条件，在部党组的领导下，在项目领导小组的统一部署下，项目管理办公室各成员单位以高度的责任感和使命感、一丝不苟的科学态度，加快“三大体系”建设步伐，认真、扎实推进环境信息与统计能力建设项目的高效实施，确保按期、保质完成，取得项目实施效果，夯实环境信息发展基础，提高我国环境信息服务能力和水平，为探索中国环保新道路作出更大的贡献！

关于成立国家环境信息与统计能力建设项目领导小组及项目管理办公室的通知

环办函[2009]1025 号

各省、自治区、直辖市环境保护厅（局），新疆生产建设兵团环境保护局，机关各部门，各派出机构、直属单位：

为加强国家环境信息与统计能力建设项目（以下简称“项目”）组织管理，根据《国家环境信息与统计能力建设项目管理办法》（环办[2009]90 号）的要求，成立项目领导小组、项目管理办公室及项目管理办公室各工作组（组成人员名单见附件）。

附件一：国家环境信息与统计能力建设项目领导小组组成人员名单

附件二：国家环境信息与统计能力建设项目管理办公室组成人员名单

附件三：国家环境信息与统计能力建设项目管理办公室各工作组组成人员名单

二〇〇九年九月二十八日

附件一

国家环境信息与统计能力建设项目领导小组组成人员名单

组　长：周　建　环境保护部副部长

副组长：阚宝光　办公厅副主任（巡视员）

舒　庆　规财司司长

赵华林　总量司司长

邹首民　环监局局长

魏山峰　监测司司长

宋铁栋　信息中心主任

成　员：徐必久　办公厅副主任

张士宝　规财司副司长

杨朝飞　政法司司长
陈　亮　人事司司长
赵英民　科技司司长
刘炳江　总量司副司长
祝兴祥　环评司司长
朱建平　监测司副司长
翟　青　污防司司长
庄国泰　生态司司长
刘　华　核安全司司长
陈善荣　环监局副局长
徐庆华　国际司司长
陶德田　宣教司司长
张　联　机关党委常务副书记
郭瑞林　驻部监察局局长
田为勇　应急调查中心主任
罗　毅　中国环境监测总站站长
唐丁丁　中日友好环境保护中心主任
程立峰　环境工程评估中心主任
徐富春　信息中心副主任

附件二

国家环境信息与统计能力建设项目管理办公室组成人员名单

主　任：宋铁栋　信息中心主任
副主任：徐必久　办公厅副主任
成　员：张士宝　规财司副司长
胥树凡　科技司副巡视员
刘炳江　总量司副司长
李海生　环评司副司长
朱建平　监测司副司长
周士荣　核安全司副司长
陈善荣　环监局副局长
王清华　驻部监察局副局长
张志敏　应急调查中心副主任
李国刚　中国环境监测总站副站长
程春明　中日友好环境保护中心副主任

谭民强　环境工程评估中心副主任
徐富春　信息中心副主任
冯惠生　北京市环保局副局长
王亚平　天津市环保局副巡视员
宋春婴　河北省环保厅巡视员
张广勇　山西省环保厅副厅长
潘彦昭　内蒙古环保厅副厅长
王治江　辽宁省环保厅副厅长
孙　铁　吉林省环保厅副厅长
周海成　黑龙江省环保厅副厅长
方　芳　上海市环保局副局长
刘一帆　江苏省环保厅副巡视员
吴玉琛　浙江省环保厅副厅长
林　红　安徽省环保厅副厅长
陈　宁　福建省环保厅副厅长
雷元江　江西省环保厅副厅长
王光和　山东省环保厅副厅长
陈新贵　河南省环保厅副厅长
吕文艳　湖北省环保厅副厅长
王会龙　湖南省环保厅副厅长
王子葵　广东省环保厅副厅长
黎　敏　广西环保局副局长
王业侨　海南国土环境资源厅副厅长
张智奎　重庆市环保局副局长
隋川成　四川省环保局副局长
姜　平　贵州省环保厅副厅长
左伯俊　云南省环保厅副厅长
张天华　西藏环保厅副厅长
连　锋　陕西省环保厅副巡视员
张政民　甘肃省环保厅副厅长
齐　铭　青海省环保厅总工程师
金国兴　宁夏环保厅总工程师（党组成员）
王联社　新疆环保厅副厅长
杨瑾峰　新疆生产建设兵团环保局副局长

附件三

国家环境信息与统计能力建设项目管理办公室各工作组组成人员名单

一、总体组

组　长：李子龙　办公厅信息办
副组长：李国良　信息中心应用室
　　　　李　蔚　信息中心网站室
成　员：陶晓松　办公厅文档处
　　　　房　志　规财司投资处
　　　　王永坚　规财司投资处
　　　　黄小赠　总量司水总量处
　　　　吴险峰　总量司大气总量处
　　　　毛玉如　总量司统计处
　　　　应　利　环评司综合处
　　　　席俊清　监测司污染源监测处
　　　　王红英　核安全司综合处
　　　　杨子江　环监局收费处
　　　　张国良　驻部监察局纪检监察室
　　　　张　波　信息中心技术室

二、财务组

组　长：张俊平　规财司财务处
副组长：王　琪　中日中心财务处
　　　　徐　敏　信息中心综合室
成　员：王朝起　规财司财务处
　　　　刘香芬　驻部监察局综合室
　　　　赵志勇　中日中心物业处
　　　　龙劲松　信息中心综合室
　　　　孙羡博　信息中心综合室

三、标准组

组　长：冯　波　科技司标准处
副组长：刘　定　信息中心技术室
成　员：李晓弢　科技司标准处
　　　　石晓群　总量司水总量处
　　　　周志强　总量司气总量处
　　　　毛玉如　总量司统计处

曹　勤　监测司质量管理处
刘　伟　环监局收费处
武雪芳　环境保护部标准所
韩季奇　信息中心技术室

四、网络与安全组

组　长： 马若飞　办公厅信息办
副组长： 陈煜欣　信息中心网络室
成　员： 翟轶军　办公厅信息办
李　雪　总量司综合处
刘筱璇　环评司综合处
郭从容　监测司综合处
刘　伟　环监局收费处
孙　宇　信息中心网络室

五、数据与应用组

组　长： 杨子江　环监局收费处
副组长： 朱　琦　信息中心应用室
李　顺　信息中心技术室
成　员： 马若飞　办公厅信息办
毛玉如　总量司统计处
应　利　环评司综合处
汪志国　监测司质量监测处
余建兴　核与辐射安全中心
刘　伟　环监局收费处
武雪芳　环境保护部标准所
张　波　信息中心技术室

六、环境统计组

组　长： 李　雪　总量司综合处
副组长： 朱　琦　信息中心应用室
成　员： 石晓群　总量司水总量处
周志强　总量司大气总量处
毛玉如　总量司统计处
陈　默　总量司统计处
董广霞　监测总站统计室
尚　屹　信息中心应用室
李　顺　信息中心技术室

注：拟从地方抽调的部分工作人员将视情况和需要充实到各工作组。

关于印发《国家环境信息与统计能力建设项目有关人员廉政守则（八不准）》的通知

环办函[2009]994号

各省、自治区、直辖市环境保护厅（局），新疆生产建设兵团环境保护局，机关各部门，各派出机构、直属单位：

参加国家环境信息与统计能力建设项目的环境保护部机关各部门、直属单位和各省级环保部门的人员必须严格廉洁自律，自觉遵守以下要求：

一、不准在招投标、设备采购等工作中利用职务之便谋取私利；

二、不准向企业和相关人员泄露尚未公开的项目信息；

三、不准接受企业和相关人员的宴请和娱乐活动；

四、不准索取收受企业和相关人员的礼品、礼金、有价证券；

五、不准在企业报销应由个人支付的各种费用；

六、不准向企业和相关人员提出任何与项目无关的要求；

七、不准在非办公时间和非办公场所单独会见相关企业人员，因工作需要接待时必须两人以上在场；

八、不准在招投标和评审中进行干扰正常工作的活动。

参与国家环境信息与统计能力建设的单位和人员必须严格遵守上述廉政守则，如有违反，依照有关规定严肃处理。

二〇〇九年九月二十五日

关于印发《国家环境信息与统计能力建设项目管理办法》的通知

环办[2009]90 号

各省、自治区、直辖市环境保护厅（局），新疆生产建设兵团环境保护局，各派出机构、直属单位：

为加强《国家环境信息与统计能力建设项目》组织管理，保证项目顺利实施，根据国家电子政务工程建设项目相关管理办法以及环境保护部有关重大工程项目实施管理有关规定，我部制定了《国家环境信息与统计能力建设项目管理办法》。现印发给你们，请遵照执行。

附件：国家环境信息与统计能力建设项目管理办法

二〇〇九年七月十三日

附　件

国家环境信息与统计能力建设项目管理办法

第一章　总　则

第一条　为加强《国家环境信息与统计能力建设项目》（以下简称“信息能力项目”）的组织和管理，保证信息能力项目的顺利实施，根据《国家电子政务工程建设项目管理暂行办法》、《国家电子政务工程建设项目档案管理暂行办法》、《国家电子政务工程建设项目验收大纲》以及环境保护部有关重大工程项目实施管理的有关规定，制定本办法。

第二条　信息能力项目以实现重点污染物减排的目标为重要任务，加强网络传输、数据交换与共享、业务应用支撑、环境统计基础等环境信息能力建设，建立与完善“科学的减排指标体系、准确的减排监测体系、严格的减排考核体系”，体现环境信息化的前瞻性、综合性和兼容性，为“数字环保”工程奠定基础。

第三条　信息能力项目包括：制定与“减排”工作有关信息化标准与技术规范；

建设覆盖国家、省级、市级、县级的网络系统；建立国家、省两级“减排”综合数据库，实现数据交换与共享；建立国家、省两级“减排”应用支撑平台，开发环境统计管理系统、建设项目管理系统、减排数据综合分析系统，形成业务应用集成和整合支撑能力；建立系统安全保障和运行维护体系。

第四条 信息能力项目的基本建设原则：统一规划、统一设计、统一标准、统一建设、统一管理，以质量、效能、安全为基础，实现网络互连、应用支撑、资源共享、业务协同。

第五条 信息能力项目在环境保护部领导下实施，各省、自治区、直辖市环境保护厅（局）、新疆生产建设兵团环境保护局（以下简称“各省级环保部门”）共同参与项目实施和建设工作。

第六条 本办法适用于信息能力建设项目过程的管理与组织实施。

第二章 组织保障

第七条 成立环境保护部信息能力项目领导小组（以下简称“部项目领导小组”）。部项目领导小组由分管部长任组长，成员由部机关各司局和有关直属单位（中国环境监测总站、中日友好环境保护中心、应急调查中心、环境工程评估中心、核安全中心、信息中心等）主要负责人组成，负责对信息能力项目的组织实施和管理，对实施中重大问题进行决策。

第八条 部项目领导小组下设项目管理办公室（以下简称“部项目办”），部机关相关部门（办公厅、规财司、科技司、总量司、环评司、监测司、核安全司、环监局、驻部监察局等）、有关直属单位（中国环境监测总站、中日友好环境保护中心、应急调查中心、环境工程评估中心、核安全中心、信息中心等）和各省级环保部门的负责人组成，负责信息能力项目的具体实施。

第九条 环境保护部相关部门和有关直属单位的信息能力项目职责分工如下：

（一）办公厅：总体负责信息能力项目的管理和协调工作，协调部机关、直属单位、各省级环保部门按照信息能力项目的总体规划和国家发展改革委批复的信息能力项目概算，进行信息能力项目的管理和组织实施工作。

（二）规财司：负责信息能力项目的监督、指导和协调工作，监督、指导信息能力项目执行过程中的各项工作符合国家的规定和程序，协调国家发展改革委、财政部及各省级环保部门的信息能力项目资金及时到位。

（三）科技司：归口管理信息能力项目的环境信息标准与技术规范的编制、审查和发布工作。

（四）总量司：负责信息能力项目有关重点污染物减排业务的指导，组织提出并审定减排业务需求。会同监测总站具体负责信息能力项目中环境统计能力建设部分的实施工作，组织环境统计管理系统的开发和实施工作、环境统计专项设备的配发和管理工作。

（五）环评司和环境工程评估中心：负责信息能力项目中建设项目管理系统的

开发与实施管理工作。

（六）核安全司和核安全中心：协同环评司就建设项目管理系统涉及核与辐射业务提出需求、工作流程、功能设计意见并参与系统开发、运行、应用和管理。

（七）环监局：负责协助完成监控中心与环境信息业务专网的连接，形成从重点污染源到各级环境保护局的完整网络；负责协调国家重点监控企业污染源自动监控系统的集成工作。

（八）监测司和中国环境监测总站：负责协调污染源监督性监测数据管理系统等应用系统的集成工作。

（九）驻部监察局：负责对信息能力项目的实施过程进行监督，参与指导信息能力项目所有的招投标工作和验收工作，并对招标过程和结果进行监督。

（十）中日中心：负责信息能力项目的资金、合同和资产管理工作。

（十一）部信息中心：具体实施单位，负责信息能力项目的技术支持、系统运行维护和日常的协调管理工作。

（十二）各省级环保部门：负责本辖区信息能力项目的组织实施与管理。

第十条　部项目办下设总体组、财务组、标准组、网络与安全组、数据与应用组、环境统计组，具体职责如下：

总体组：负责信息能力项目的总体实施方案、项目计划、项目招标、商务谈判、项目培训、档案管理等工作，以及信息能力项目简报、专报的编发。

财务组：负责信息能力项目的资金、合同和资产的管理工作。

标准组：负责标准规范编制和管理工作。

网络与安全组：负责网络系统与信息安全体系的实施和管理工作。

数据与应用组：负责综合数据库、数据交换平台和应用系统的实施和管理工作。

环境统计组：负责信息能力项目有关重点污染物减排的业务指导，组织提出并审定减排业务需求，负责环境统计管理系统、专项设备的实施和管理工作。

第十一条　部机关相关部门和有关直属单位负责相关分项目的业务需求，协助系统测试、数据迁移与应用推广等工作。

第十二条　各省级环保部门参照环境保护部成立各省信息能力项目领导小组和信息能力项目管理办公室，落实本省配套资金，配备相应人员，负责组织完成本省信息能力项目实施建设和推广应用的各项任务。

第十三条　部信息中心负责环境保护部信息能力项目的运行和维护工作，各省级环保部门信息中心和信息主管部门负责本省信息能力项目的运行和维护工作，确保系统的正常运行。

第十四条　部项目领导小组组织对信息能力项目实施部门、直属单位以及各省级环保部门进行信息能力项目绩效考核，考核内容包括信息能力项目的实施进度、质量保障、资金执行、队伍建设等，对考核结果进行通报。

第三章 招标管理

第十五条 部项目办按照《中华人民共和国政府采购法》和《中华人民共和国招投标法》，以及中央单位政府采购流程组织信息能力项目招投标工作。

第十六条 信息能力项目招标内容主要包括：工程监理、系统总集成、机房建设、标准体系建设、环境信息业务专网建设、安全设备、CA 专项设备、主机与存储设备、运行管理平台、环统专用设备、减排数据库平台及减排数据综合分析系统、数据传输与交换平台、GIS 平台、减排应用支撑平台、环境统计应用系统、建设项目管理系统和地方城域网络建设。

第十七条 根据国家发展改革委对信息能力项目初步设计的批复意见和核定的项目概算以及国家有关法规的要求，部项目办组织拟定信息能力项目招标方案，经专家审评，报部项目领导小组批准实施。

第十八条 部项目办按照中央单位政府采购管理体制和政府采购流程进行政府采购，聘请信息能力项目监理单位（以下简称“监理单位”）负责对信息能力项目实施中的质量、技术、进度和经费进行监督与检查。聘请信息能力项目总集成单位（以下简称“总集成单位”），协助部项目办负责信息能力项目总体方案的制定和实施、信息能力项目的总体技术集成，并对信息能力项目实施进行管理。聘请信息能力项目各分项目的施工单位（以下简称“承建单位”），负责承担信息能力项目的各分项目的实施。

第十九条 驻部监察局参与信息能力项目招标采购过程，并对招标过程和结果进行监督。

第四章 资金管理

第二十条 根据国家有关法律法规，部项目办拟定《〈国家环境信息与统计能力建设项目〉资金管理办法》（以下简称“项目资金管理办法”），报部项目领导小组批准实施。

第二十一条 信息能力项目建设资金来源包括中央预算资金和地方配套资金。中央预算资金负担环境保护部软硬件设备投资、人员培训费、系统集成费、信息能力项目前期费和管理费、信息能力项目预备费以及应用系统购置费用。省级数据库、应用系统等建设由地方配套，中央预算资金按照东、中、西部 20%、50%、80%的比例予以补助。在主要部署的 31 个省中，东部 10 个省、中部 9 个省、西部 12 个省，新疆生产建设兵团按照西部执行。

第二十二条 信息能力项目资金的管理，包括信息能力项目预算的编制、审核、支付、会计核算和预算执行的管理和监督等，严格按信息能力项目资金管理办法执行。信息能力项目的资金管理必须坚持专款专用的原则，禁止挪用和挤占信息能力项目资金。

第二十三条 根据国家发展改革委批复的项目概算和财政部编制年度预算的要

求，部项目办制定信息能力项目的总体资金计划和支出预算，按照相关程序执行。

第二十四条　按照国有资产管理有关规定，做好信息能力项目各项资产管理工作。

第五章　档案管理

第二十五条　部项目办会同总集成单位负责信息能力项目的档案管理工作，包括制定信息能力项目档案工作计划，建立归档制度、档案分类编号方案以及档案管理信息系统，并配备档案管理人员，保证信息能力项目的档案管理工作有序进行。

第二十六条　承建单位按照信息能力项目归档要求，在信息能力项目实施和建设过程中同步收集和整理所承担的信息能力项目的文件材料，包括纸质文件和电子文档。正式的纸质文件应为原件或正本，且签章手续完备。

第二十七条　监理单位依据监理职责，按照相关监理规范制度的要求，对承建单位形成的文件材料进行审核并签署。

第二十八条　承建单位按照档案工作计划的要求，定期提交信息能力项目档案文件，部项目办会同总集成单位负责对接收的档案进行审查验收和汇总整理，交接双方应办理档案移交手续。

第二十九条　信息能力项目竣工验收后 3 个月内，部项目办会同总集成单位向环境保护部档案管理部门移交信息能力项目完整档案。

第六章　监督协调

第三十条　检查监督

（一）部项目办以专报、简报等形式向部项目领导小组报告信息能力项目进展情况，提出需决策的重大问题。部项目领导小组不定期对信息能力项目实施情况进行检查，提出指导意见，对部项目办提出的信息能力项目实施中出现的重大问题进行决策。

（二）部项目办与总集成单位负责人、监理单位负责人以及各承建单位负责人定期召开信息能力项目协调例会，听取信息能力项目进展情况汇报，就信息能力项目组织实施过程中的重大问题进行沟通和协调。

（三）部项目办各工作组与总集成单位、监理单位以及各承建单位定期召开例会，检查和部署工作，审定与调整工作计划，协调解决信息能力项目实施中的具体问题，并向部项目办汇报。

（四）部项目办会同总集成单位、监理单位组织专家对信息能力项目的重要阶段工作目标和各省信息能力项目进展情况进行检查评估，并报部项目领导小组。对未实现阶段工作目标的各承建单位，以及信息能力项目进展不力的各省级环保部门进行通报，限期整改。

（五）总集成单位对各承建单位的工作情况进行检查监督，及时发现问题，提出整改意见，并编写信息能力项目工作简报，就信息能力项目进展情况向部项目办进行报告。

（六）监理单位对信息能力项目实施中的质量、技术、进度和经费进行检查，及时向部项目办反映问题和情况，并定期召开监理例会和向部项目办提交监理报告。

第三十一条 协调沟通

各部门、各单位及各地应积极配合各承建单位完成各分项目的实施和开发工作，对各承建单位提出需确认的事项，原则上应在三个工作日内予以明确的书面回复，并报部项目办备案。

对于信息能力项目实施中未能及时解决的重大问题，由部项目办会同总集成单位向各承建单位负责人发出书面“洽商函”，要求在限定时间内给予解决并回复。

第七章 实施安排

第三十二条 总集成单位根据信息能力项目初步设计方案和国家发展改革委的批复意见及核定的项目概算，在调研分析的基础上，充分听取部项目办的指导意见，制定信息能力项目总体实施方案。

第三十三条 信息能力项目总体实施方案应对信息能力项目的建设目标、工作任务、技术路线、进度计划、组织保障、运行管理、资金管理、系统接口、风险控制及应对策略等做出明确阐述和承诺。

第三十四条 信息能力项目实施建设周期预计为18个月，试运行期为5个月，运行维护期为12个月。项目建设整体分为六个阶段：

（一）项目详细设计阶段：招标确定项目监理和总集成单位，完成项目总体技术方案和实施方案的设计，预计3个月；

（二）项目招标阶段：完成项目的招标、商务谈判和合同签订工作，预计3个月；

（三）网络实施阶段：完成国家、省、地市、区县四级的网络、系统软硬件采购、安装调试，预计6个月；

（四）应用示范与推广阶段：完成国家、省两级的综合数据库、应用系统的开发、试点示范和全国推广实施，预计6个月；

（五）试运行和验收阶段：完成网络、安全、数据交换、综合数据库、应用系统的试运行及验收工作，预计5个月；

（六）运行维护阶段：完成项目的运行维护工作，预计12个月。

第三十五条 部项目办会同监理单位组织专家对信息能力项目总体实施方案进行评审，经部项目领导小组批准后实施。

第三十六条 各省项目办接受部项目办的工作指导，根据信息能力项目总体实施方案，负责本省信息能力项目的组织实施和管理工作。

第三十七条 项目总集成单位委派分省项目经理，协助各省项目办制定本省信息能力项目实施方案，并报部项目办备案。

第三十八条　各承建单位委派分省项目经理，制订分省实施工作计划，负责各分项目在各省的组织实施工作，及时提交分省、分项目实施工作进展报告。

第三十九条　项目监理单位委派分省项目经理，负责跟踪各省信息能力项目执行状况，并按月编制分省监理报告，报各省项目办和部项目办备案。

第八章　系统开发

第四十条　需求分析

（一）各承建单位按照信息能力分项目实施方案的节点目标完成需求分析工作，提交需求分析工作计划、业务现状调研报告、管理问题分析报告、业务模型设计报告和需求规格说明书等文档，并提供界面原型系统用于确认需求。

（二）部机关业务主管部门积极配合各承建单位完成相关分项目的需求调研及业务模型设计，并由部门负责人确认所形成的分项目业务模型与需求规格说明书。

（三）部项目办组织部内有关单位配合各承建单位开展需求分析工作，并对需求分析各节点的目标和相关文档进行检查。

第四十一条　项目开发

（一）各承建单位按照信息能力项目总体实施方案的节点目标完成开发工作，提交分项目开发工作计划、总体设计报告、软件详细设计报告、数据标准化设计报告、数据库设计报告、测试设计报告、用户手册、软件代码、内部测试报告等文档。

（二）部项目办会同总集成单位、监理单位组织专家对各承建单位提交的分项目总体设计报告、数据标准化设计报告、数据库设计报告等进行审查，并对进展情况进行检查监督。

（三）部项目办会同总集成单位组织接收各分项目开发文档，做好成果转移和运维的准备工作。

第四十二条　用户测试

各承建单位在各分项目开发完成之前，应提交用户测试工作计划和测试方案，为用户测试提供全面技术支持。

部机关业务主管部门组织相关单位对分项目进行测试，使分项目系统开发满足用户需求，并由部门负责人确认用户测试报告。

第四十三条　试点应用

（一）各承建单位在进行各分项目试点应用之前，应制订试点应用工作计划和技术方案，提出试点应用的要求，完成试点数据迁移。试点应用完成后提交试点应用报告。

（二）部机关业务主管部门组织试点单位开展相关分项目的试点应用工作。试点单位组织相关业务专家和信息技术人员配合各承建单位完成试点上线工作。部机关业务主管部门负责人对各承建单位提交的试点应用报告进行确认。

（三）部项目办配合、协调部机关相关业务主管部门开展分项目的试点应用工作，并进行检查和监督。

第九章 项目验收

第四十四条 分省、分项目验收：各承建单位在分项目分省施工完成后进行自验收，向各省项目办和总集成单位提交验收申请报告、验收方案和工作计划，提交自验收报告，做好信息能力项目分省、分项目验收的准备工作。各省项目办会同总集成单位组织分省、分项目验收，验收结果报部项目办备案。

第四十五条 分项目验收：各承建单位在分项目完成后进行自验收，向部项目办和总集成单位提交验收申请报告、验收方案和工作计划，提交自验收报告，做好分项目验收的准备工作。部项目办会同总集成单位、监理单位及部机关相关业务主管部门组织分项目验收，监理单位应提交分项目总结报告，验收结果报部项目领导小组。

第四十六条 分省验收：分省、分项目全部验收完成且本省信息能力项目实施工作完成后，本省项目办会同项目总集成单位和监理单位向本省项目领导小组进行汇报。由本省项目领导小组和监理单位对本省信息能力项目进行分省验收，监理单位应提交分省信息能力项目总结报告，验收结果报部项目办备案。

第四十七条 项目初步验收：信息能力项目全部实施工作完成后，部项目办组织项目的信息安全风险评估、信息安全等级保护验收和信息能力项目初步验收工作，并会同项目总集成单位和监理单位向部项目领导小组进行汇报。

第四十八条 项目竣工验收：初步验收完成后，向国家发展改革委提出信息能力项目竣工验收申请，由国家发展改革委组织对信息能力项目进行竣工验收。

第十章 运行管理

第四十九条 各分项目完成验收后，各承建单位向部项目办移交全部文档及软件代码。信息能力项目通过竣工验收后，各承建单位向部项目办进行信息能力项目的全面整体移交，为部信息中心顺利承担运行管理工作提供技术支持。

第五十条 分省完成验收后，各承建单位向省项目办移交涉及各省项目的全部文档及软件代码，为省信息中心和信息主管部门顺利承担信息能力项目分省运行管理工作提供技术支持。

第五十一条 部信息中心负责建立部信息能力项目的系统运行及管理队伍，制定相关工作制度，提交运行管理工作计划和经费需求，确保系统正常稳定的运行，并提出全国各地信息能力项目的系统运行及管理的总体要求。省信息中心和信息主管部门负责本省信息能力的系统运行及管理工作，制定相关工作制度，提交运行管理工作计划，落实运行经费，确保本省系统正常稳定的运行。

第五十二条 部项目办会同项目总集成单位对信息能力项目的系统管理和应用中的相关问题进行协调，对系统运行和管理情况进行检查和监督，项目监理单位提供协作。

第十一章　法纪保障

第五十三条　信息能力项目的实施按照《中央单位政府采购管理实施办法》，以及国家有关规定的条件和程序进行设备、工程和服务的政府采购。违反规定的，按照国家有关规定进行处理。

第五十四条　参加信息能力项目的环境保护部机关各有关部门、直属单位和各省级环保部门的人员必须遵守有关廉洁自律方面的要求。禁止在招投标、设备采购等工作中徇私舞弊，谋取私利，凡违反者，一经查实，由驻部监察局按照有关规定作出处理。涉嫌违法的移交司法机关处理。

第十二章　附　则

第五十五条　本办法自发布之日起实施。

第五十六条　各省级环保部门根据本办法制定本省项目管理办法。

关于成立环境保护部环境信息化建设领导小组及其办公室的通知

环办[2009]112 号

各省、自治区、直辖市环境保护厅（局），机关各部门，各派出机构、直属单位：

根据《关于议事协调机构、临时机构、挂牌单位设置与调整的通知》（环办[2009]100 号），我部成立环境保护部环境信息化建设领导小组（以下简称“领导小组”）。现将领导小组及其办公室人员组成情况通知如下：

一、领导小组组成人员：

组　长：周生贤

副组长：周　建、胡保林

成　员：由办公厅、规财司、政法司、人事司、科技司、总量司、环评司、监测司、污防司、生态司、核安全司、环监局、国际司、宣教司、直属机关党委、驻部监察局、应急中心、机关服务中心、信息中心主要负责人组成。

二、领导小组办公室组成人员：

主　任：胡保林（兼）

副主任：徐必久、宋铁栋

成　员：由办公厅、规财司、政法司、人事司、科技司、总量司、环评司、监测司、污防司、生态司、核安全司、环监局、国际司、宣教司、直属机关党委、驻部监察局、应急中心、机关服务中心、信息中心相关处室负责人组成。

领导小组办公室日常工作由办公厅信息化办公室承担。

特此通知。

二〇〇九年九月十七日

第五部分　工作进展

规划先行　需求引领
环保业务信息化保障体系基本形成

北京市环境保护局

在国家环保部和北京市委、市政府的正确领导下，北京市环保局按照环境信息化总体建设规划，积极开展环境信息化建设，使环境信息化由点到面，从原来主要面向信息系统开始面向政府管理，进而发展为面向环境保护业务和社会公众需求，拓宽了工作领域，丰富了工作内容，环境信息化工作已经成为环境保护工作中一项不可或缺的内容。通过长期不懈的努力，北京市环保局在网络建设、业务信息系统建设、电子政务建设等方面取得了明显成效，环境信息化水平大幅提高，大大促进了环境保护能力的提升。

一、初步形成了信息化保障能力

（一）业务应用系统建设

1．环境管理

建设了环保审批信息化系统，14 项行政许可事项中的 13 项实现了网上办理，实现了“外网申报—内网办公—外网公示”的工作机制，有效地提高了行政审批的办事效率。

北京市环保局 88%的核心业务实现了信息化支撑；100%在局内受理的行政许可事项实现了网上受理，其中占业务总量 99%的五项行政许可事项实现了全流程网上办理；1/3 在用业务应用系统实现了市区两级共用。

2．环境质量监测

建设了包括空气质量自动监测系统、水环境质量自动监测系统、噪声环境质量自动监测系统、辐射环境质量自动监测系统等在内的环境质量在线监控系统，有效地提升了对环境质量的监测能力。

3．污染源监控

建设了包括大型燃煤锅炉烟气排放在线监测系统、机动车尾气检测监控系统、重点施工工地扬尘污染监控系统、污水处理厂水质自动监控系统、工业废水排放在线监测系统、重点医院污水排放在线监测系统、工业窑炉烟气排放在线监测系统等在内的污染源在线监控系统，有效地加强了对污染源的监控能力。

4．三个体系建设情况

为了进一步加强对污染减排工作的监管，根据国家环保部有关要求，北京市环保局正在大力推进市级重点污染源自动监控能力建设，按照分步推进的原则，重点建设针对大型燃煤锅炉烟气排放、重点工业废水排放单位、污水处理厂和危险废物处理厂的自动监测系统，初步组建排污单位、区县环保局和市环保局三级网络建设，提高污染源自动监测数据有序的传输、储存、处理、分析和评价能力，实现污染源的有效监管，为北京市污染减排和环境质量改善工作提供强有力的技术支持。

（二）电子政务平台建设

1．内网综合办公平台

按照“行政办公、信息发布、综合服务”的定位要求，建设了北京市环保局综合办公平台，集系统应用、数据共享和信息服务于一体，包含了局内所有业务应用系统，局内用户和区县环保局用户可以根据不同权限访问相应的信息资源，实现了协同办公、工作展示和信息互通，有效地促进了行政办公的协调开展。

2．局外网网站

按照“信息公开、在线办事、公众参与”的定位要求，北京市环保局努力将政府网站打造成为社会服务的电子政务平台，在线服务功能的建设得到了高度重视，已经成为政府信息公开的主渠道，建立了各种具有环保特色的在线查询事项，21项不同深度的在线办理事项，以及集环保投诉、举报和咨询于一体的12369环保投诉举报咨询中心，为公众参与环保工作提供了便捷途径。

（三）信息化基础设施建设

依托北京市政务外网，开通了环保纵向VPN网络，各单位的网络的出口带宽达10 M，实现了市环保局与各直属单位和各区县环保局的网络联通。在线环保监控系统通过专线或无线传输方式实现了数据传输。

完善了机房环境建设，各类计算机设备、电源设备和辅助设备基本配置齐全，防雷、消防等安全措施到位，确保了各类信息系统的安全运行。

（四）信息系统安全建设

建立了较完善的规章制度和应急预案；完成了信息系统安全加固和系统定级工作；为提高系统安全性，对安全域进行了重新划分，在应用系统中逐步增加审计功能；加强了日常巡检和防病毒管理，定期下载操作系统补丁；建立了数据存储备份系统，增加了存储容量以保证数据存储空间，采取备份、镜像等措施并行使用，提高了数据安全性，使业务数据存储得到有效保障。

二、主要做法

（一）领导重视

北京市环保局领导高度重视环境信息化工作，将该项工作列为局重点工作，摆上议事日程，常议常抓。局长经常亲自过问环境信息化工作，并在政策、人力、物力、财力等方面给予倾斜和支持；主管副局长对每一项信息化工作都参与讨论研究，并给予具体指导意见；其他局领导和局机关各处室领导也非常重视信息化工作，积极支持，保证了各项环境信息化工作的顺利展开。

（二）健全机制

为从体制上理顺工作关系，在机制上促进信息化工作，北京市环保局成立了“信息化工作办公室”，主任由局办公室主任兼任，办公室、监察处、信息中心等单位的负责人是成员，负责信息化工作规划、管理、监督和考核；成立了市环境信息中心，负责信息化工作的技术保障，并组织实施建设规划。通过建立工作机制，加强了对信息化工作的统一领导、规划管理和技术支撑，保证了业务部门和技术部门在环境信息化建设过程中的沟通协调，确保了环境信息系统建设的有序开展。

（三）提高认识

北京市环保局在开展环境信息化建设的同时，注重加强对信息化建设重要性的宣传引导，使广大干部职工充分认识环境信息化建设是环境管理工作优化的基础，是使环境信息得到有效利用的重要手段，是环保系统提高自身能力建设的重要内容。在实际工作中，从信息化建设初期，业务部门被动地提供需求，改变为现在的业务部门主动提出需求、积极配合信息化部门建设系统，推动了北京市环保局信息化建设和应用，提高了行政效率和业务管理水平。

（四）贴近需求

北京市环保局在规划和开展环境信息化建设过程中，始终坚持“需求牵引，技术推动”的原则，紧紧围绕环境保护工作重点，有针对性地开发信息系统，不做表面文章。根据业务部门提出的业务需求，信息化规划管理部门对业务需求进行统一规划、系统分析，信息技术人员深入理解环境管理的业务需求，并针对业务需求选择针对性的信息技术，将信息技术与环境管理业务紧密结合，提升了业务管理信息化水平，使环境信息系统在各项环境保护工作中发挥了重要作用。

（五）注重实效

为确保环境信息系统在环境保护工作中充分发挥效益，一方面通过建立环境信息化系统应用考核机制，推动和鼓励环境管理部门充分运用信息化系统开展工作。另一方面，环境信息化部门也注意在应用中根据需求完善系统，不断提高环境信息系统的实用性，使信息化系统切实发挥作用，成为离不开的环境管理支撑手段。

三、下一步工作

针对目前的形势变化和对环境信息化的要求，北京市环保局按照确定的“环境管理工作电子化、环境管理信息资源化、管理决策支持科学化、环境信息服务规范化”工作目标，下一步将主要做好以下工作：

（一）做好环境信息化建设规划

紧紧围绕环境保护中心工作，明确环境信息化工作重点，科学论证和统筹编制《北京市环境信息化建设发展规划》，并纳入《北京市环境与生态发展战略规划纲要》中，确保信息化建设规划符合环境保护工作要求，适应环境保护工作发展，满足环境保护工作需求，以促进环境信息技术在环境管理业务中的应用，通过应用促进环境管理水平的提高。

（二）加强环境信息资源开发利用

多年来北京市环境管理工作积累了大量的基础数据，为将这些数据转化为可用信息资源，使环境信息资源得到全面有效开发和共享，北京市环保局将以三个体系建设为契机，建设市环境数据采集中心和应用平台，逐步实现各类环境信息数据在各级环保部门的共享和利用，充分发挥和提高环境信息资源的作用。

（三）通过电子政务建设推进服务广度和深度

依靠网络平台的开放性、服务性和广泛性等特征，基于网络的环境信息服务的发展，进一步改进完善北京市环保局政务门户网站和综合办公平台，扩大环境信息化的服务对象和服务内容，提升门户网站的办事服务功能，加大政府信息的公开力度，加强网站与群众的沟通互动，打造具有北京市环保局特色的门户网站和办公平台。

围绕环保重点工作开展信息化建设

天津市环境保护局

一、基本情况

天津市环境信息化建设领导机构是天津市环境保护局信息化领导小组，由市环保局局长任组长，领导小组下设办公室，具体处理天津市环境信息化工作的日常事务。天津市环境保护科技信息中心是天津市环境信息化工作的主要承担部门。信息中心是全额拨款事业单位，始建于 1991 年，人员编制为 32 人，目前在岗职工 19 人。

多年来，在环境保护部、市政府的领导下，天津市已经全面建成环保系统专网、视频会议系统、排污费征收管理系统、办公自动化系统、污染源自动监控等应用系统，完成了 12369 环境投诉热线指挥系统建设、污染源自动监测与环境应急监控指挥系统等环境管理辅助系统。

2002—2005 年，天津市连续四年受到国家环保总局表彰，保持了信息化建设全国领先水平的地位。2006 年，天津市环保系统专网建设及视频会议系统被评为“十五”期间天津市信息化优秀项目，信息中心被天津市人民政府信息化办公室及市人事局联合评为“十五”期间天津市信息化和信息产业先进集体。

二、主要做法及体会

（一）领导重视是关键

天津市环境保护局始终将环境信息化建设放在重要的地位。历届局领导班子都十分重视对环境信息化建设的领导，多次对环境信息化建设工作作出重要批示，保证了天津市环境信息化建设工作健康发展。天津市《环境规划》《环境监管能力建设规划》以及与环境管理相关的专项规划中都将环境信息化建设作为重要的规划内容。特别是《天津市环境监管能力建设“十一五”规划》指导思想中明确提出：“以实现环境监管现代化、标准化、信息化为目标，以建设环境监测预警体系、环境执法监督体系、环境突发事件应急体系和环境监管支撑体系为重点，建立信息化环境监管和环境数据质量控制等机制，建设一支思想好、作风硬、业务强、管理优的环境监管队伍，全面提升日常环境监管能力和环境突发事件应急反应能力。”这标志着天津市环境信息化建设纳入了环境管理的主渠道。

（二）有力的资金支持是保证

在环境保护部、市财政局的大力支持下，确保了天津市环境信息化建设投资的主渠道。在安排专项资金进行天津市环保系统专网、视频会议系统和“天津市排污费征收管理系统”等业务系统建设的同时，市财政每年拨付 100 万元资金专门用于运行维护；《天津市国控重点污染源自动监控系统》建设完成后，环境保护部与天津市财政局共同安排运行维护费 51 万元。持续投入环境信息化建设项目，并保证必要的运行维护费用支持，使天津市环境信息化步入良性循环状态。

（三）高素质的人才队伍建设是基础

人才是环境信息化建设和技术创新能力的基础。通过采取培训、参加技术讲座、技术交流、半脱产进修等方式，我市环境信息化专业技术人员的专业技能不断提高。目前，信息中心有研究生 1 名，正在攻读在职硕士研究生 1 名，还有 4 人通过在职学习提高了学历。

一是面对天津市环境信息化区县级没有专门人员的现实情况，采取讲座、视频会议远程培训等方式，提高兼职人员的信息化工作能力，结合重大项目的实施，集中培训相应的专业知识，这些兼职人员已经成为全市环保系统网络、业务系统等日常维护的帮手。

二是注重对环境管理人员信息技术的培训，通过讲座和知识竞赛等形式，普及信息技术知识，提高基本技能。目前，天津市环境管理人员的计算机受训率达到 90%以上，形成工作能力的达到 70%以上。

（四）各部门的积极配合是支柱

需求是工作的原动力，环境信息化发展的目的是为环境管理服务，因此，环境信息化的需求来源于环境管理的各部门。在天津市环保局环境信息化领导小组的领导和协调下，各部门与信息中心通力合作，完成环境信息化建设的多个重点项目。《天津市国控重点污染源自动监控系统建设》项目实施过程中，环境监察、环境监测、环境信息、计划财务等各部门相互配合，圆满地完成了项目的全部内容，在全国属首家完全符合环境保护部要求与环境保护部实现联网。在天津市污染源普查工作中，环境监察、环境信息的协调合作，圆满地完成了数据填表、录入、汇总、上报等各个环节的业务。这些成效显著的工作模式，已经成为环境信息化队伍打大仗、打硬仗的宝贵财富。

（五）制度建设是保障

天津市环境信息化建设的健康发展得益于建立规章制度和实施监督。天津市环保局重视环境信息化规章制度的建设，相继制定并实施了《天津市环保系统计算机管理办法》《天津市环保系统环境信息管理规定》《天津市环保视频会议系统运行管理规定》《天津市环境保护局办公自动化管理办法》《天津市国控重点污染源自动监控管理办法》《天津市环境保护局计算机安全管理规定》六项规章制度，使天津市环保系统的信息化建设、设备管理、信息管理、信息安全以及保证视频会议系统的安全运行有章可循，有力地保障了环境信息化工作的健康发展。

三、存在问题

（一）队伍建设仍需加强，人员结构有待调整

天津市环境保护科技信息中心是天津市环境信息化建设和管理的专业部门，现有编制 32 名，在职职工 19 人，但从事信息化工作的技术人员只有 5 人。虽然经过几年来的不懈努力，市环境信息中心已初步培养出一批既精通 IT 技术，又懂得环境管理的复合型人才队伍。但是，从机构组成成员看，技术人员所占比例少，特别技术骨干更少。

天津市各区县的信息化队伍建设还是空白。各区县没有一个成立信息中心，信息联络员也不固定，给信息化建设带来很大问题。信息化建设主要由各区县局的办公室工作人员兼职，不论是从精力上，还是从技术上，都有力不从心的感觉。同时，缺乏系统的、专业的信息技术培训也制约了各区县乃至全市环保系统政务信息化的进一步发展。

（二）信息孤岛现象依然存在，共享平台建设举步维艰

长期以来，天津市各级环境保护部门都保存了大量的环境信息，如环境质量监测数据、污染源监测数据、排污申报登记数据、环境统计数据及环境管理数据等，但是因职责和分工的原因，以及部门之间、上下级之间、管理部门和公众之间信息交互手段落后，这些支离破碎的环境数据分散于环保系统的各业务管理部门，形成多个信息孤岛，条块分割式的管理造成了数出多门。不仅如此，各部门信息化项目存在分别建设，重复建设、资金浪费现象，投入效益比较低。

由于管理机制不顺和其他的一些原因，这些数据尚没有充分地得到共享。没有最底层环境基础数据的支持，数据中心就将是一座空中楼阁，共享平台的建设更是无从谈起，这是环境信息化下一步要解决的重要问题之一。

（三）信息化建设各自为政，资源亟待整合

近年来，信息化建设工作得到各级领导的高度重视，各部门纷纷投入资金进行信息化建设。以我局为例，除了自建的内部局域网、系统虚拟专网以及外部因特网外，还接入了全国环保系统专网、市政府政务专网、市建委政务专网、市保密委政务专网、市财政局政务专网等多个虚拟专网系统中。每套专网都有其单独的交换机、

路由器和服务器，占用了大量空间，同时管理和维护的工作量也显著增加。如何整合优化这些专网系统，是摆在我们面前的一个课题。

环保系统内部也缺乏统一的、有权威的环境信息化建设规划的指导，业务系统的开发只考虑本部门的需求，系统设计、开发工具、数据库管理系统软件均不统一，造成重复投资、功能缺失、资源共享困难等问题。

四、对策建议

（一）加强队伍建设

考虑环境信息化发展的当前和长远需要，我们将着手制定人才发展规划，通过内部培养、委托培养、外聘专家等多种形式建设结构合理、规模适度的人才梯队。按照《环境信息化建设技术规范》中的相关要求，积极推进区县信息化队伍的规范化建设，争取区县环境信息化建设有所突破。

在职称、福利等方面制定切实可行的政策措施来引进优秀人才，稳定环境信息化人才队伍，重视环境信息化培训工作，在环保系统普及信息化技术和意识，探索建立信息化知识考评和持证上岗制度。

（二）统一规划，提高规划的权威作用

我们将在天津市环保局领导班子指导下，特别是依靠环境信息化领导小组的力量，将环境信息化建设纳入环境管理主体，注重《环境保护规划》《环境监管能力规划》和环境保护专项规划中环境信息化内容的编制，从环境管理的总体上把握环境信息化建设进程，使各业务部门的信息化建设项目进行统一规划和有效调控，切实扭转信息孤岛现象、重复建设和资源浪费的局面，充分发挥信息化投资绩效。

（三）统一标准、统一管理，充分挖掘信息化潜力

在环境信息化国家标准体系的指导下，规范信息化建设、系统开发、综合平台、数据管理、信息共享、安全体系、网络建设等主要技术。同时建立环境信息化统一管理机制，挖掘系统、设备、人员、网络等潜能，提高环境信息化对环境管理的支持水平。

（四）建立健全环境信息化工作考核机制

将环境信息化工作纳入环境保护工作考核体系，按照《环境信息化建设技术规范》的要求，制定信息化工作考核办法与实施细则，将环境信息化建设纳入环境保护主渠道。建议将《环境信息化建设技术规范》每一个等级再分级，如省级的指标值可再分 3 级，每一级指标或指标值有一定的差异，可逐步提高级别的认证。今年申请 3 级认证，明年可以申请 2 级或 1 级认证，使信息化建设持续改进，不断提高水平。

明确思路　注重实效
积极推进河北省环境信息化建设

河北省环境保护厅

近几年，河北省环境信息化工作以全省环境管理业务提供信息技术支持为己任，紧紧围绕全省环境保护重点工作，提高工作能力，开拓创新，在省委、省政府、环保部的指导下，多方面开拓业务领域，取得了一定成绩，全省环境信息化建设取得跨越式发展。

一、环境信息化工作开展情况

（一）更新观念，积极谋划环境信息化工作新思路

河北省环境信息化工作从以下几方面提高认识、明确思路：一是积极争取领导支持和重视，省厅成立了以党组书记、厅长姬振海同志为组长的信息化工作领导小组，统一领导全省系统信息化建设工作，并将信息化列为我省“四大体系”建设的重要组成部分。二是增加投入，加大信息化基础能力和应用能力建设。省厅逐年加大信息化投资力度，2005 年、2006 年信息化能力建设和维护费用 300 多万元，2007 年 870 万元，2008 年达到 1 809 万元，2009 年 950 万元。2007 年以来投资 3 500 万元，建成了环保“公务专网”、视频会议系统、监控中心和污染源在线联网等专项建设工作。同时还相继从河北省政府信息化办争取到 360 万元的政府信息化建设资金，用于我省环境应急、监控等系统建设。三是找准切入点，以任务带建设，以任务促发展。环境信息化三个切入点开展工作：①以污染减排“三大体系”建设为契机，全面提升环境管理信息化水平；②以信息化工作与环保业务紧密结合为重点，促进环保核心业务信息化；③借助政府信息公开、网上审批等工作任务，提升电子政务工作水平。省厅信息中心相继承担了污染源在线监控、污染源普查、污染减排、网上审批等厅重点工作，充实了信息中心工作职能，以工作任务带动信息中心作用和地位。

（二）注重发展环境建设，信息化机构、队伍和制度建设得到发展

河北省多年来注重理顺机制，健全体制，明确职能职责，以规范化建设来确保和推动环境信息化工作科学有序发展。一是工作机构不断健全。河北省环境信息中心 2007 年经省编办批准，由差额拨款事业单位改为全额拨款事业单位，落实机构、

职能、人员、经费等。全省 11 个设区市中，7 市建立了独立的信息机构，其余 4 市挂靠办公室，有专职工作人员。7 个县级环保局成立了信息中心。二是制度建设逐步规范。河北省先后出台了《河北省环境保护厅局域网络管理暂行办法》《河北省环境保护厅门户网站管理办法》《河北省环境保护系统门户网站建设管理办法》《河北省重点污染源自动监控系统数据传输与联网实施办法》《河北省环保厅网络与信息安全事件应急处置预案》《河北省环保视频会议系统管理办法》等规范性文件，制定了《河北省环境保护厅信息公开目录》《河北省环境保护厅信息公开指南》《省厅网站信息维护情况通报》制度以及省厅门户网站信息维护考核和全省环保系统门户网站考核制度。信息化建设逐步走上一条制度化、规范化的发展道路。三是队伍素质明显提高。三年来，全省共举办各种类型的信息化技术与应用培训班 20 余次，培训人员 400 多人次，不但有效地提升了专业队伍整体素质，也大大促进了全系统信息化应用水平的提高。

（三）加强网络与信息安全工作，全省环境信息基础能力不断完善

通过实施一系列环境信息系统建设项目，全省环境信息基础建设取得较大进步。一是完善全省环境保护信息传输网络建设。2005 年建成省、市两级环保系统“公务专网”，建立了省、市级 2M 环保广域网络；2005 年完成与国家环保总局广域网络及视频会议系统的连通；2006 年建设完成省、11 个市、22 个扩权县全省环境应急视频会议调度系统；2008 年建设完成省、市两级 12 个污染源监控中心和重点污染源自动监控传输平台，实现全省 726 家国控、省控重点污染源自动监控。二是加强网络与信息安全工作，构筑信息安全保障体系。省厅信息中心先后安装了安全网关、网页防篡改系统、IPS 入侵监测与防御系统、机房环境监控系统、网络版卡巴斯基杀毒软件等软硬件系统，升级网管软件，加强网络监管，进一步加强了网络和信息系统安全。对省厅门户网站、视频会议系统、短信系统、内网综合办公平台、环境统计、污染源在线监控网络系统进行了安全定级。制定印发了《网络与信息安全实件应急处置预案》并进行实际演练。三是积极开展标准体系建设。河北省开展了部分环境信息标准研究，编制出台了《河北省污染源在线监控系统数据传输标准》；河北省环境信息中心和河北科技大学联合承担了环保部信息中心“国控污染源项目”中《水污染物名称代码》规范编制，已作为国家标准颁布执行。此外，还承担了环保部环境信息类《“减排综合数据库”专题图设计规范》《“减排综合数据库”数据报表设计规范》两项技术规范的编写。

（四）加大环保业务应用系统开发，提高信息技术支撑能力

省环境信息中心坚持以服务于环境管理为宗旨，积极开展环保业务应用系统的开发和应用。一是对环境管理工作支持能力不断增强。在信息化建设前期，配合全省环境管理工作，信息中心相继开发了《排污许可证管理系统》《科技项目管理系统》《环保产业统计系统》《档案管理系统》《排污申报汇总系统》《乡镇企业污染源

数据库》等应用软件。近期信息中心配合污染源普查工作，开发完成《全省污染源动态管理信息系统》；配合全省污染减排工作，开发完成《主要污染物减排环境信息与统计信息系统》，建设总量管理数据库；建设完成《省级行政许可事项网上审批系统》《河北省环境污染事件应急指挥决策系统》《河北省环保电子政务综合办公平台》《重点污染源自动监控传输平台系统》等应用系统建设。2010年正在建设《移动执法管理系统》《省、市、县三级污染物减排管理信息系统》等应用系统建设。各项业务应用系统的开发应用，将逐步实现各项环保业务的数字化、科学化和平台化管理。二是完成全省污染源监控中心和国控、省控重点污染源联网建设。污染源自动监控系统建设是国家污染减排“三大体系”能力建设重点项目之一，也是河北省环境保护工作的重要内容之一。信息中心负责国控、省控重点污染源联网及监控中心建设。2008年底全省1个省级监控中心和11个市级环境监控中心建设完成投入运行，完成全省726家国控、省控重点污染源现场联网设备数据采集传输仪和传输网络建设。省厅实现了国控省控重点污染源监控中心、省环保局视频会议中心和环境应急指挥调度中心三方面的功能。统一了数据采集仪与监测仪表的通讯协议，使监控数据传输通畅。目前河北省正在开展“双三十”重点企业和城市污水处理厂的视频监控建设。

（五）扎实推进电子政务建设，切实提高行政管理和公共服务实效

（1）全面推进全省环保系统政府门户网站建设。一是加强省厅门户网站的维护，丰富网站内容，大力做好环境信息公开工作。每年省厅网站发布信息万余条，访问量近50万人次。在网站制作了“环境信息公开平台”“重要行政权力动态运行发布”，开通了“行政许可网上审批平台”目前我厅18项行政许可事项的网上审批系统全部投入运行。二是门户网站开辟公众互动板块，架起政府与公众联系的桥梁。2007年底对省厅门户网站进行全面改版，2008年初上线运行，一级栏目设置达40个，分政务信息、环境管理、在线办事、公众互动四大平台，企业之窗、绿色生活、环保期刊、为您服务四大板块。三是环保系统政务信息实现网络信息上报。2003年河北省已实现所有设区市、县（市）、区的非涉密政务信息全部实现通过省厅门户网站进行信息报送，到2008年年底，通过网络上报政务信息25 362条。四是推进全省环保系统门户网站建设，截至2008年年底，11个设区市、138个县级环保局建立了门户网站，逐步形成省、市、县三级互动式信息服务的网站体系，在宣传环保、政务公开、为民服务等方面发挥了重要作用。

（2）在内部网站建设方面，完成河北省环保电子政务综合办公平台及协同办公系统建设。实现省厅内部政务办公、数据管理、公文流转、项目审批等功能，增加知识服务平台、企业基础信息服务平台、通讯录查询系统等内容。系统建设应用，促进了机关内部信息共享、信息资源整合，规范工作流程，提高工作效率。

（3）围绕管理需求，及时提供环境信息服务。从1999年起，信息中心利用互联网信息编辑《国内外环境信息》月刊，2007年起加强了网络信息的收集和处理

能力，增加了环境新闻短信服务和《互联网环保舆情》。

（六）加强支持指导力度，积极拉动市县级环境信息化建设

一是编制规划、确定重点。为全面推进河北省环境信息化建设工作，信息中心相继编制了《河北省环境信息化建设“十一五”规划》《河北数字环保工程》等信息化总体规划。自 1999 年起每年印发年度河北省环境信息化工作要点，以及有关专项工作的指导性文件，确立了工作要点和提出工作要求。二是以重点项目实施为拉动，提高各市信息中心工作水平。前几年以网站建设和信息上报为抓手，促进了信息系统初期发展。近两年通过监控中心项目实施，各市信息中心基本实现了质的飞跃，明确了职能定位，充实了基础设施建设，加大了投资力度，通过此项目各市分别争取到本地财政 100 多万元配套资金，加强了信息中心自身能力建设。三是召开会议，加强调研。自 2006 年起省厅已连续三年召开全省环境信息化工作会议，省厅主管厅领导、环保部信息中心领导、省政府信息办领导都出席会议并讲话。举办各种专项工作会议 20 余次。信息中心 2007 年、2008 年两次组织部分设区市和扩权县主管领导和信息中心主任到其他省市进行工作调研。今年组织了以“探索环境信息化建设新道路、开创工作新局面”为主题的全省环境信息化有奖征文活动。四是加强考核，指导工作。我厅自 2005 年起正式将信息化建设列入全省环保系统专项工作考核之一，督促各市对环境信息化建设工作的关注和重视。另外，对门户网站建设，进行单项考核，自 2001 年以来对各市、县环保门户网站进行检查评比，发文通报。

河北省环境信息化建设取得的成绩是显著的，得到了环保部和省信息办、省政府办公厅的肯定。2009 年河北省环境信息中心获河北省信息产业厅“全省信息产业（信息化）系统先进集体”称号、获环保部“全国环境信息化建设工作优秀集体”荣誉称号、被推荐为“第一次全国污染源普查全国先进集体”；省厅连续 6 年被省政府办公厅评为“省政府门户网站建设及内容保障工作先进单位”、获环保部省级环保门户网站绩效评估第三名的历史最好成绩。

二、发展中待解决的问题

河北省的环境信息化工作虽然取得了较大进展，但与国家和河北省对环境信息化发展总体要求以及环境管理工作的实际需要相比仍然有一定差距，信息化的过程中还存在一些问题需要解决。

（1）环境管理对信息技术的应用严重不足。从河北省环境信息化应用现状可以看出，在环保各项业务应用系统建设上由省厅自行开发建设的系统只是专项业务的单一开发应用，还没有形成一体化的贯穿整个环保业务应用的信息化建设主线，对环保工作流程的优化、业务需求的创新设计不够，传统业务工作方式难以改变，导致信息系统建设与环保业务工作的契合程度不高。

（2）环境信息化对环境管理的支撑能力不够。河北省现有环保“公务专网”只

覆盖到市级环保局，尚未建成一个统一、高速、安全、先进的网络基础环境，随着环境管理应用需求的不断增加，环境数据实时传输、信息资源共享的要求将越来越高，网络的覆盖范围、传输速度、稳定性和安全性等还需要不断加强和提高。

（3）环境信息资源尚未得到有效开发和共享。多年来河北省环境管理工作积累了大量的基础数据，但这些数据库的采集、传输、加工、存储和应用比较分散，环境数据未能全面有效转化为可用信息资源，环境数据和信息资源的来源渠道不畅，造成信息中心“无信息、无数据”的尴尬局面，难以实现环境信息资源的有效开发利用和共享，成为河北省环境信息化建设的重大“瓶颈”。

（4）环境信息化标准规范建设滞后。环境信息标准规范建设是环境信息化建设的重要内容，但目前尚未形成完整的环境信息标准体系，不同部门采用的数据格式和标准不统一，已有的信息也不能得到充分应用。

三、进一步加强环境信息化工作的设想

今后一段时期，我们将坚持以科学发展观为统领，围绕污染减排等环保重点工作整体推进，落实环保部提出的“统一规划建设、统一标准规范、统一归口管理”，努力实现“一个网络、一个中心、一数一源、一源多用、数据共享、业务协同”。

（1）编制出台“十二五”全省环境信息化建设总体规划。彻底改变以往信息化零散发展的局面，将环境信息化内容提纲契领地牵动起来，对环保业务进行全面梳理，对环境信息化建设进行科学规划。

（2）加大环境业务应用系统开发利用力度。以重点项目为龙头，以需求为牵引，完善省级行政许可事项网上审批系统、重点企业信息管理系统、环保移动监控管理系统、污染源及综合管理系统、环境信息集成及预警分析系统的开发应用、省—市—县三级污染物减排管理信息系统等应用系统建设。同时加强污染源在线监测、视频监控系统的建设和运行管理，提高对污染源的实时监控水平。

（3）加强基础承载网建设，提高网络通信能力。配合环保部组织实施环境统计基础和信息传输能力建设项目，在现有基础上建设覆盖省、市、县的全省环境信息专网。继续完善和用好全省环境应急视频指挥系统。完善环境信息化系统对外窗口的专业网站、网上审批、政府信息公开栏目的建设。

（4）推进环境信息资源共享利用。研究构筑环境信息资源开发利用框架，建立环境信息资源统一管理模式。启动全省环境重要基础资料数据库的建设。充分利用数据库信息处理技术、地理信息系统（GIS）技术、计算机网络技术，建立环境信息系统综合数据库和地理信息平台，全面提高河北省环境资源的管理水平，提高环境信息共享水平。

（5）稳步推进环境信息化保障环境建设。加强领导，提高认识，完善管理体制和管理办法，探索信息化建设与运行维护管理的长效机制，确保环境信息化建设快速健康发展。注重技术人才培养，提高队伍能力水平。

夯实基础　开拓创新
努力开创环境信息工作新局面

山西省环境保护厅

近年来，在省委、省政府的正确领导下，在环境保护部的支持和帮助下，山西省环保厅以“科学发展观”为指导，认真贯彻信息化建设“统筹规划、资源共享、应用主导、面向市场、安全可靠、务求实效”的发展方针，紧紧围绕网络建设与管护、网站建设与管护、应用系统平台的开发和环境信息产品的生产等方面开展各项工作，环境信息化工作取得新进展。

一、主要做法

1. 领导重视，建立机构，扎实推进环境信息化工作

山西省环保厅领导十分重视环境信息化工作，始终强调环境信息化工作是实现环境管理科学决策、精细管理、政务公开、公众参与的必要手段，必须从政策、资金、技术等方面予以大力支持。

为了加强全省环境信息的管理，促进环境信息工作，提高环境管理的科学性、主动性和快速反应能力，山西省环保厅于 2005 年 4 月成立了山西省环境信息管理委员会（以下简称管理委员会），由于人员变动，于 2007 年 3 月对管理委员会成员进行了调整，由省环保厅厅长刘向东任管理委员会主任，分管副厅长任副主任，机关各处处长、各直属单位领导任成员，管理委员会下设办公室，办公室设在省环境信息中心。

管理委员会的主要职责是：审议、审定山西省环境信息的管理制度、办法；审议、审定山西省环境信息建设规划、计划、方案和重要规范等；监督检查全省环境信息工作的进展情况。管理委员会办公室主要职责是：为管理委员会提出会议议题；组织筹备管理委员会会议文件；督察管理委员会议定事项的落实情况；承担管理委员会交办的其他事项。自山西省环境信息管理委员会成立以来，我厅环境信息工作得到有效加强，为全省环境管理工作提供了有力保障。

2. 积极推行政务电子化，促进信息共享，提高工作效率

为加强我厅电子政务工作的领导，推进环保系统电子政务的建设，保障我厅及全系统电子政务的正常运行，山西省环保厅成立了由厅长担任领导组组长，分管领导任副组长的电子政务领导组。电子政务领导组为电子政务建设、协调、指导、实

施等工作发挥了重要作用。在电子政务领导组的领导下，我厅的电子政务工作取得了可喜的成绩。2006 年 1 月 1 日，厅机关电子公文的流转平台——《山西省环境保护局电子政务系统》正式投入运行，并于 2009 年 6 月 5 日在“山西省环境保护厅”挂牌之际，进行了改版升级。经过几年来的运行，电子政务系统在转变政府工作方式，提高政府工作效率，提升政府科学决策水平，充分利用信息资源，降低管理和服务成本方面起到了重大的推动作用。

3．加强网络建设，构建环境信息化建设的硬件环境

局域网系统建设是信息化建设的基础工作。我们于 1996 年底建成了省厅系统办公局域网，为环境信息化建设迈出了坚实的第一步。1997 年对省厅局域网进行了扩容改造，2001 年省厅局域网建设实现“人手一机”，2002 年计算机网络系统实现主干带宽十兆到百兆的升级改造，2003 年机关业务大楼局域网实现跨越式提升，基本实现了主干带宽千兆速率，百兆带宽到终端桌面的目的要求，同时与环境保护部、省政府的专网通道、与省环境监测中心站、省环科院相连的光缆通道的开通，为省厅信息化建设的深入开展奠定了坚实的网络硬件基础。2008 年我们又争取省财政 187 万元的设备购置款，对网络的核心设备进行了升级配置，分别购置小型计算机 1 台、刀片服务器 10 台、专用储存设备 1 台、不间断电源 30 kVA、绘图仪、工作站等设备，从而使省厅局域网系统的硬件环境有了较大改善。

为了更好地对网络进行监管和防止外部的入侵，我们购买和安装了上海网强公司的网络管理软件和网络入侵检测设备及瑞星杀毒软件（网络版），省环境信息中心成立了专门的网络安全管理机构，并有从事网络安全的专业技术人员对网络进行维护和管理，定期对局域网内的计算机进行全面彻底的杀毒，对网络杀毒软件进行及时升级和更新，通过以上工作，确保全局网络正常运行。

4．加强环保政府网站建设，为实现环保工作政务公开和公众参与创造条件

山西省环境保护网作为山西省环保厅门户网站于 2000 年 6 月正式对外发布，目前网站主要由信息发散、网上办公以及公众参与三方面内容组成。几年来，网站在平稳的发展中逐步提高，针对不同时期国家和山西省环境保护的重点工作，及时增设了“实践科学发展观”“第一次全国污染源普查”“环保专项行动”等动态栏目，在首页还制作了“走进山西环保的春天”“山西省环境保护局信息公开指南及公开目录”等专题栏目，每天及时更新信息内容，按时发布全省空气质量日报和主要水质周报信息，准确的报道、及时的反馈、典型的宣传、无情的曝光，全方位地向公众反映了我局环保工作的动态，收到了很好的社会效应，不仅增加了政府工作的透明度，也使得公众能够更好地参与环保、关心环保。2008 年网站的年访问量已突破 340 万人次。

5．积极开展信息化培训，为环境信息工作的顺利开展夯实基础

随着信息化的发展，信息人才的培养显得尤为重要。为了推动我局电子政务工作，我们对局机关干部进行了多次大规模的电子政务系统应用的培训工作。通过培训，不仅提高了省厅机关干部的计算机应用水平，同时也促进了电子政务工作的深入开展。2008 年，举办了全省环保系统计算机应用和网络技术培训班，来自全省各市、县环保系统 80 余名计算机应用人员参加了培训，重点培训了计算机基础知识、常用办公软件、数据库及程序设计、计算机网络基础及应用、网络安全及病毒防范技术等相关内容，通过培训使参训人员不仅熟悉了业务，交流了经验，提高了素质，同时也增强了做好环境信息工作的责任感和使命感。

6. 加强规范化建设，确保环境信息工作持续、快速、健康、有序的发展

近年来，我们不断加强环境信息规范化建设，健全各项规章、制度，先后制定了《山西省环保网信息来源、制作、发布管理办法（试行）》《山西省环保网传输信息要求（试行）》《山西省环保厅机关办公楼局域网运行管理办法》《山西省环保厅网上文件收发管理程序（试行）》《山西省环保厅网上政务信息考核奖励办法（试行）》《山西省环境信息标准化建设标准》《山西省环境信息工作年度考核办法（试行）》和《山西省市级环境保护网站绩效评估考核办法》等一系列管理制度和规范性文件，使山西省环境信息的收集、传输、利用以及局域网、环境保护网站的建设和应用工作走上了科学化、规范化的轨道。

二、存在的主要问题

回顾过去的工作，山西省的环境信息化工作虽然取得了较大进展，但与国家和山西省对环境信息化发展总体要求以及环境管理工作的实际需要相比仍然有一定差距，许多问题亟待解决。一是对环境信息化的先进作用和工作的便捷性、管理的精细化、规范化以及建设工作的统一性、规范、系统性认识还不到位，机构和队伍建设水平与日益繁重的环境信息工作不相适应；二是全省环境信息网络系统尚未建设，全省环保系统综合办公平台尚未建成；三是网站服务民众办事的功能欠佳，在线办事能力严重不足；四是环境信息化产品生产不足，不能更好地为环境管理和社会各界提供应有支持；五是环境信息化资金投入力度不够，尤其是应用软件开发资金投入不足，严重制约着环境信息化建设的发展；六是仍有信息化建设各自为政、重复建设、信息资源割据的现象存在。

三、下一步工作重点

2009 年是落实“十一五”规划的关键之年。我们将以《山西省环境信息化建设“十一五”规划》为指导，狠抓落实，积极推进全省电子政务建设，努力做好以下工作：

（1）推进全省“数字环保”工程建设，通过打造“数字环保”工程，利用 IT 技术、遥感等先进技术和手段，对环保数据和业务要求进行深入挖掘和整理，实现对环保业务的严密整合和深度支持，最大限度地实现环保资料数字化、网络化、智能化和可视化。

（2）进一步完善全省环境信息网络，做好《国家环境信息与统计能力建设项目》山西部分的建设和改造工作，全面整合全省环境信息化网络平台，扩展网络应用，做好全省环境信息网络的管理和维护工作。

（3）努力争取投资，加快应用软件开发步伐。要进一步寻求投资渠道，努力争取各种投资，整合现有环境管理应用系统，规范全省环保领域信息化软件开发工作，搭建全省环保系统综合办公平台，提高对环境信息资源的管理、开发和利用水平，促进环境信息资源共享。

（4）进一步提高网站档次，增强网站办公能力，服务环境管理。对网站进行改造，围绕山西省的环保中心工作，把握信息公开、在线服务、公众交流三大功能定位，准确、及时、有效地发挥权威环保政府网站功能。

（5）做好全省环境保护数据库建设工作，加强环境信息产品的开发和生产工作，利用信息中心信息资源的优势，做好地理信息系统技术在环保领域的应用工作，更好地为环境管理决策以及社会各界服务。

（6）加强技术培训，以计算机技术、网络通讯技术等信息技术为基础，结合环境保护管理的需求，利用多种形式，积极开展技术培训工作，逐步提高全省环保系统计算机应用水平，为环境信息工作的顺利开展夯实基础。

总之，我厅的环境信息化工作，将紧紧围绕山西省环境保护的中心工作和电子政务应用建设的实际需求，以网络建设为基础，以应用开发为核心，以政府网站建设为重点，以需求为导向，以应用促发展，积极推进全省环境信息化的进程，努力提高环境信息为环境管理和综合决策服务的能力。

数字环保一步三跨越

内蒙古自治区环境保护厅

内蒙古自治区环境保护厅在环境信息化工作上起步较晚、建设水平较低，但是在借鉴全国各省市环境保护部门工作经验的基础上，变劣势为优势，以自治区重点污染源自动监控项目为契机，从全面提升自治区各级环境管理水平的高度出发，成功迈出了以后发优势创建全国一流的污染源自动监控及环境综合管理信息系统的坚实步伐。一步实现三跨越，在自治区 118 万千米^{2}的地域上开创了环保无障碍沟通的先河，使数字环保的强劲音符响彻草原大地。

一、从基础薄弱向硬件网络现代化跨越

2008 年 4 月 2 日，内蒙古自治区重点污染源自动监控项目正式启动。在此之前，自治区仅有乌海市做过少数企业污染排放自动监测的联网监控，全区的办公信息化工作仅处于局部探索阶段。薄弱的工作基础反过来为全区统一建设和高起点建设扫清了障碍，内蒙古自治区环境保护厅敏锐做出这一正确判断，在项目调研阶段果断提出以统一规划、统一标准、统一方案、统一实施的“四统一原则”指导和规范项目建设，将自治区环境保护厅和 12 个盟市环保局共同纳入项目建设范畴。在建设模式上，采用总集成方式，通过邀请招标，选择通讯网络覆盖全区、系统集成实力雄厚的企业为总集成商，进一步挑选在环境管理信息化、服务器、存储器等各领域最优秀的企业作为产品供应商，汇集最好的建设团队，克服了技术和人力资源上的劣势，确保系统建设高起点。

2009 年 6 月 25 日，项目圆满完成验收，共建成 1 个自治区级监控中心和 12 个盟市级监控中心。各监控中心硬件和软件达到环境保护部《污染源监控中心建设规范》的要求并部分超过规范标准，如网络交换机、光纤交换机、磁盘阵列、大屏幕、UPS 电源等，为加强网络安全建设，还统一配发了网络入侵检测系统。

在网络建设方面，通过租用方式，实现自治区环境保护厅与 12 个盟市环保局之间 4 MB 的 SHD 专线网络连接，以及盟市局到 260 余家重点监控企业 2 MB 的 SHD 专线网络连接。从项目验收之日起，污染源自动监控系统就实现了自治区环境保护厅与 12 个盟市环保局的数据同步传输和信息即时共享，项目成果惠及全区各级环境保护部门。

二、从对污染源的末端化随机性监管向过程化全天候监管跨越

过去，对污染企业的监管主要通过每季度一次的监督性监测和不定期的现场核查来实现，管理过程体现出抽样式和随机性，关注点局限于企业末端污染排放。如何才能使对企业的监管从单纯考察末端污染排放到掌握污染治理设施的运行过程，从随机的监管到连续甚至全天候的监管呢？自治区环境保护厅总结全国各省市的经验，率先对企业同时采用污染物排放自动监测、视频监控、污染治理设施工况监控三种手段实施监控，搭建"三位一体"的在线监控综合管理平台，实现对企业污染排放的全天候准确监管。

污染排放自动监测手段提供了企业污染排放的实时监测数据，如果实时监测数据出现异常、无效或者缺失，通过视频监控手段可以实时观察到企业污染排放达标情况和污染治理设施是否运转。当视频监控无法准确做出判断，或者夜晚无法进行视觉观察时，污染治理设施工况监控手段实时提供了企业污染治理设施运转的各项参数，通过对污染治理设施运行状态的分析来判断污染物排放自动监测数据的有效性和准确性。"三位一体"监控手段的建立，使自治区的污染源自动监控工作在技术上实现创新，在能力上实现突破。

三、从手工劳动向环境管理信息化跨越

在短短一年多的时间里，自治区环境保护厅本着以污染源自动监控系统的运转为污染减排、环境应急指挥、排污收费、环境执法等各项管理工作服务的目标，不仅开发出污染源在线监控综合平台，还开发和集成了总量控制污染减排管理系统、环境应急管理系统、公众监督与环境执法管理系统、空气环境质量管理系统、水环境质量管理系统、自然生态管理系统、环境地理信息系统、环境数据中心共九类应用管理系统，以及搭建了一套包含公文流转等办公自动化功能的环境综合信息平台；同时建起覆盖全区的视频会议系统。

各类应用管理系统共同组成了一套环境综合管理平台，创造性地将对前端污染源排放的自动监控与总量控制污染减排工作有机地结合起来，系统性地将自动监测数据、环境统计数据、地理信息数据等各类管理信息整合起来支持各业务处室的管理工作，实现环境管理的信息化。视频会议系统为各级环境保护部门之间的即时通信提供了平台，使全区各级监控中心成为应对突发性环境污染事故的应急指挥中心。内蒙古自治区环境综合管理平台的建成，实现了全区环保工作的跨越式发展，谱写了内蒙古环境保护的新篇章。

四、下一阶段的工作思路

内蒙古自治区的环境信息化工作，在国家、自治区领导的高度重视和大力支持下取得了阶段性胜利。从当前来看，环境综合管理平台的建成实现了各项环保管理工作的自动化和信息共享，特别是污染源在线监控综合平台的搭建，创造性地实现了对污染源“三位一体”的监管模式。从长远来看，管理系统的完成提出了管理工作与信息化工作不断磨合、相互衔接的新任务。

一是做好硬件、网络的运行维护以及软件系统的应用升级。在自治区重点污染源自动监控项目中约定由总集成商负责全区各监控中心 3 年的硬件与网络维护工作，由软件开发商负责应用培训和功能完善；在此基础上，自治区环境保护厅成立了污染物在线监控中心负责污染源自动监控和环境信息化工作，各盟市环保局也不同程度地强化了信息化管理队伍。这些为做好系统运行维护工作打下了坚实基础，下一步要在实际运行中建立和完善各项制度，形成全区统一协调的信息化工作机制。

二是以应用促发展，将环境信息化工作创造的生产力转化为环境管理工作中的战斗力。硬件建设易，软件开发相对难，而实现人的工作方式转变和管理机制改善则更难。为使环境信息化工作有发言权，下一阶段最关键的工作就是组织各方资源，推动各软件系统与管理工作的磨合，通过软件系统来促进管理工作，在管理应用中完善软件系统。例如，对于在线监控综合平台，要探索在完成自动监测数据有效性审核的基础上，实现用企业自动监测数据核定污染排放总量；对于环境应急管理系统，要探索利用环境质量自动监测数据进行预测预警，并结合污染源自动监测数据进行污染防控。

三是做好环保宣传工作与信息化工作的结合，推动自治区环保门户网站的管理上台阶。环保门户网站是环保政务信息发布、环境质量公布、公众参与的重要窗口，其生命力在于信息的有效组织和持续更新，其影响力在于对企业的服务和与老百姓的互动。目前，自治区门户网站刚刚实现了功能升级和版面换代，在焕发生命力和提高影响力方面还有很多工作要做，希望在环境保护部的支持下，通过借鉴各省市环境保护部门的先进经验，取得长足进步。

主动出击　创新思维
全力推动辽宁环境信息工作快步跨入新阶段

辽宁省环境保护厅

辽宁省环境信息中心认真落实环保部各项要求，在省环保厅的领导下，以服务于环境管理为宗旨，以创新思维为主线，努力实现“数字环保”。经过不懈的努力，在网络和应用系统建设、电子政务应用、规划编制、各项管理制度建设、机构建设、业务范围扩展等方面取得显著成效，明显提升了环境信息对环境监管的支撑能力，密切了信息与管理的结合，为辽宁省的环境保护工作，作出了应有的贡献。

一、网络与应用系统建设成效显著，全省实现网络互通、信息共享

近四年，辽宁省环境信息中心组织建成了省、市二级环保办公网络，联通省、市环保局及各级环境执法事业单位，实现了办公信息、环境监控数据的全省共享。

2004 年建成了全省联网的办公自动化系统，实现公文、邮件、办公信息的全省联通。

2004 年建立了全省环境质量、重点污染源实时在线监控系统，实现监控数据的全省共享，为国控重点污染源监控中心的建设奠定了良好基础，成为监控中心建设全国示范省。2008 年在全国率先实现向环保部的数据传输。目前日接收数据 1 900 多万条，传输率达 98%以上。

从 2004 年开始，先后建成建设项目环保审批数据库、污染源普查 GIS 系统、危废管理 GIS 系统、全省科技项目网上申报管理系统、全省污染治理项目申报管理系统、全省环保诚信体系等应用系统。

2005 年建成全省视频会议系统，年会议量 30 余次，并多次召开全省视频现场会议，为视频会议系统应用开创先河。

二、制度创新，亲近于民，网站建设成绩斐然

2008 年信息中心配备专人进行省厅网站信息编辑及发布，建立考核和奖励制度，设置在线栏目回答百姓的问题，每日将群众反映的重要问题报送厅办进行处理。

省厅网站日均访问量达 2 300 次/工作日，2007 年、2008 年获得环保部全国环保网站绩效评估第五名、第六名。

三、创新思维，精心设计，全省数据传输系统规范、健康

辽宁省信息中心按照环保部的要求，结合辽宁实际，设计了一点二传（省、市），统一接收传输软件，覆盖国控重点源、减排项目、脱硫电价、环境质量等各在线监控点的全省在线监控数据传输系统网络，保证了在线数据的集中、统一、规范、共享，为实现全省“上下一致、横向可比”的数据共享目标，打下了基础。

辽宁环境信息中心每半月编制一期在线监控信息报告，每三天编制一期超标排放企业数据情况，分送环监局、污控处、总量办、大气中心、辽河办、监测站等各有关部门，充分发挥了在线数据的作用。

四、开展规划编制与规范化建设，促进全省信息化工作标准化

2006 年，辽宁省环境信息中心编制了“全省环境信息‘十一五’建设规划”，为全省环境信息化建设指出了方向。

2007 年，辽宁省环境信息中心制定了“辽宁省环境信息规范化建设标准”，作为全省环境信息化建设“三年达标计划”的目标，对各市局的网络建设、数据通讯系统建设、计算机、网络及安全设备、系统软件配备、业务应用系统建设、中心机房建设、信息系统维护设备构成、人员与构成、建设经费等方面提出了明确要求，并进行考核，促进了全省环境信息建设工作的开展。

目前，绝大多数市局达到了网络、硬件条件要求，有 7 个市局增加了人员。

五、制定管理制度，全省信息工作步入规范化道路

2006 年以来，结合省厅中心工作，辽宁省环境信息中心制定下发了多个管理制度和指导性规范、标准，并得到贯彻执行，有力地推进了全省环境信息工作的开展。主要有：

- 辽宁省环境数据采集传输管理办法（试行）；
- 关于全省重点污染源在线监控统一数据采集和传输有关问题的通知；
- 关于全省脱硫企业在线数据采集有关要求的通知；
- 辽宁省环保系统政府网站绩效评估办法（2008 年试行）；
- 辽宁省环保局网站信息发布保密原则及审核实施细则；
- 辽宁省环保局计算机、网络及办公设备保密管理办法；
- 辽宁省环保局电子政务信息工作考核办法；
- 辽宁省环境信息规范化建设标准；

- 辽宁省环境监控中心及视频会议系统统一技术要求；
- 辽宁省环境保护大气污染排放 GIS 系统技术规范；
- 辽宁省环境在线监测传输系统数据库技术规则；
- 辽宁省环保系统电子地图技术要求；
- 全省视频指挥（会议）系统建设方案要点；
- 辽宁省重点污染源监控中心建设指导意见；
- 辽宁省环保局在线监控信息报送制度。

六、机构创新，为信息工作发展提供保障

辽宁省环境信息中心现有编制 7 人，无法满足当前工作需要，增加编制难度很大。为了信息工作的发展，信息中心开拓思路，采用多种方式，增加了监控中心数据报送、系统维护和测绘制图等工作人员，使信息中心人员增加到 19 名，基本满足了当前日常工作需要。

在省厅帮助下，2007 年、2008 年抚顺、营口、朝阳、葫芦岛、辽阳 5 个市局新成立机构或增加了人员编制，共增加信息与监控中心工作人员 24 名。

七、上级肯定

- 2004—2006 年省政府三年考核期间，连续三年获得省直电子政务考核优秀单位称号；
- 2007 年、2008 年全国环保网站考核中取得第四名、第五名的优秀成绩。

辽宁省厅成为全国国控重点污染源在线监控项目建设示范省。

八、存在问题及建议

1. 界定信息中心工作范围

工作范围的界定是能力建设和今后发展的首要条件。信息中心工作范围应有所界定，以明确其工作职责，顺利开展工作。如果不宜于硬性规定，可以结合当前工作需要，采用部领导讲话、提要求的方式加以界定。

2. 机构人员问题

辽宁省信息中心为独立法人机构，编制 7 人，难以满足当前工作需要。虽然采取多种渠道增加了部分人员，但多种体制也带来了管理上的难度，影响队伍稳定。

全省 14 个城市中有 9 个市具有独立的环境信息机构，其余 5 个市为挂靠或合署办公，对信息工作的开展十分不利。建议环保部出台建设规范及标准，并进行标准化验收。

3. 运行经费问题

目前，辽宁省及各市信息中心运行费不足，特别是监控中心建设及维护的资金缺口较大，不能满足实际工作需要。

建议建立稳定而规范的运行经费渠道，保证系统的正常运行和升级、维护。

强化服务　着眼大局
提升吉林省信息化建设水平

吉林省环境保护厅

吉林省环境信息中心在省环保厅党组的正确领导下，在全厅各部门的大力支持和全体人员的共同努力下，围绕全厅环境保护的中心工作，服务大局，较为圆满地完成了各项任务，有力地促进了环境信息化工作的全面开展。

一、厅领导重视，全面推动环境信息化工作进程

网络信息化建设是吉林省环境应急指挥中心建设的重要组成部分，厅领导高度重视，王国才厅长多次主持召开厅长专题会议，针对吉林省环保厅应急指挥中心网络建设方案进行讨论。

王国才厅长明确指出，吉林省环保厅应急指挥中心建设是吉林省近年来一项重要工作，网络建设是重中之重，应该从本着为全省环境管理提供优质、高效、准备的信息服务为出发点，把环境监测、在线监控、应急指挥这三项工作结合起来，不求全求大，一定要务求实效，突出其实用性建设。

网络建设方面一定要做好功能定位，从工作实际出发，全面考虑，要保证做到：

（1）保证数据传输，在应指挥和日常监测中数据传输是关键点，要考虑多种通讯方式相结合，一旦需要应急响应时保证其传输线路畅通。

（2）网络建设方案，应广泛征求意见，借鉴其他省份和厅局的先进经验，整体考虑，分步实施，立足当前，长远考虑。按照厅党组的要求，信息中心多次组织专家论证及现场调查，认真落实网络建设工程实施及设备安装调试，及时解决施工中出现的具体问题，保证了工程的顺利进行。

2009 年 4 月 10 日，环境保护部部长周生贤、副部长张力军及有关司局负责同志，在吉林省委常委、副省长马俊清，吉林省政府副秘书长吴佩军，省环境保护厅厅长王国才等陪同下，来到长春市经济技术开发区，视察了正在建设中的省环境应急指挥中心工程。周生贤部长认真了解工程建设进展情况，饶有兴趣地视察了施工现场，对吉林省环境应急指挥中心工程建设给予了充分的肯定。

二、资金落实到位，为环境信息化建设提供有力支撑

在资金紧张的情况下，吉林省环保厅加大了对信息化能力建设的投入，2009年共投入一千多万元，重新铺设了办公网络、新建机房、更换了 UPS 系统、核心路由器、服务器等网络设备，极大地提升了我厅的环境信息化水平。

三、措施保障到位，严格执行各项规章制度

随着网络及安全设备的增多，网络安全隐患不断增加，网络安全，“三分技术，七分管理”，针对这种情况，信息中心制定了一系列人员使用及设备检测、运行、维护等方面的规章制度，对计算机、网络设备建立台账，对使用人员进行使用授权，保证网络和各种设备稳定、正常运行，并严格执行各项制度的实施。

随着环境信息化建设的深入开展，对信息中心工作提出了更高的要求，在以下几个方面还要加强，力求更好地推动信息化工作。

（一）推动全省市县级的环境信息化工作

市县级的环境信息化能力有待加强，根据国家环境信息化能力建设技术规范要求，市县级的信息化基础软弱，希望在国家提出明确的考核指标基础上，推动吉林省环境信息化水平的快速提升。

（二）进一步加强网站建设

在做好信息上报工作的基础上，进一步建立信息公开制度，明确信息采集的分工与协作，建立信息报送制度，及时将全省（包括各直属单位及各地市）信息采集上来，经过审核及时发布，提高信息广度及深度。

为了更好地宣传全省的环境保护重点工作，根据工作的实际情况，在我厅网站上先后设立了“周生贤部长在吉林”“纪念‘六·五’我们在行动”“政行风热线”“污染减排”“污染源普查”和“科学发展观”等专栏。

针对各处室提出的对网站的修改意见，积极与省政府网站沟通，不断完善我厅网站内容，使我厅网站结构更加合理，内容更加丰富，并按照局领导的批评意见积极改进在信息发布中的错误，把好信息发布关。

（三）加强网络信息安全工作

省安全厅和省保密局对我厅计算机涉密信息安全工作进行了联合检查工作，共检查了工作用计算机 40 台、涉密计算机 5 台和移动存储介质，针对我厅的具体情况提出了相应整改意见，根据国家的相关规定和吉林省信息安全保密的要求，信息中心正在配合办公制定我厅在信息安全保护工作方面的实施方案。

（四）加强人员信息化应用能力的培训

随着吉林省环境应急指挥中心网络的投入使用，应有计划地加强对使用软件的人员进行应用能力培训，提高我厅的办公自动化水平。信息中心将继续强化专业知识的学习，使中心人员尽快熟悉掌握应急指挥中心相关设备使用、维护，保证应急指挥中心的正常运行。

（五）加强应用软件的开发工作

信息中心将结合环保工作实际，配合相关处室，积极开发业务应用软件，提高吉林省环境信息管理质量和工作效率。在已完成的《吉林省主要污染物减排信息管理系统》《2007 年松花江主要有毒/有害有机污染源数据库》等软件的基础上，结合水环境功能区划、水环境容量等基础研究结果，借助 GIS 等手段，建立数据中心，进一步开展软件研发工作。

环境保护事业的发展站在了一个新的历史起点上，这为环保信息化建设适应新形势、完成新任务、实现新发展提供了重要契机。相信在环保部信息中心的带领下，通过进一步强化环境信息化建设，信息中心工作必将成为实现环境保护历史性转变的有力推动者。

立足本质　长远发展
走踏实稳健的信息化发展之路

黑龙江省环境保护厅

1994 年 9 月，黑龙江省环境保护厅成立了有独立机构和正式编制的省环境信息中心，省环境信息中心于 1996 年建成投入使用，占地 200 米^2，并拥有了当时较为先进的网络设备，价值 200 万元。主要承担着省环保厅的信息化建设工作，为环境保护提供信息服务。并承担环境信息的收集、整理、提供相关信息咨询服务等工作。

20 世纪 90 年代以来，信息化已成为世界各国关注的焦点，信息化程度的高低已经成为衡量一个国家和地区现代化水平和综合国力的重要标志。全球范围的建设信息基础设施的热潮，对我国、黑龙江省的信息化工作起到了极大的推动作用。

黑龙江省的环境信息化工作，在省委、省政府、国家环保部的正确领导与支持下，走过了从无到有、从小到大、从单机操作到网络覆盖这样一条发展道路。

随着 IT 业的发展，以及整个形势的需要，省厅领导更加重视信息化建设工作。省环保厅领导通过召开现场工作会议等多种形式，解决了省环境信息化建设工作中遇到的问题。为省环境信息中心充实了人员，并改善了其工作环境，保证了网络运行经费。

一、黑龙江省信息中心组织机构建设情况

省环境信息中心于 1994 年成立时，开办资金为 180 万元。单位性质定为差额拨款事业单位，人员编制为 10 人，其中 5 人是财政拨款、5 人为自收自支。因工资经费不足，我中心在册工作人员仅为 8 人。

由于这种体制，单位工作经费与人员工资始终都是制约中心发展的一个大问题。为彻底解决这一问题，我们收集了相关文件，借助三大减排体系建设和全国污染源普查的契机，明确工作属性、阐明工作重要性。经过多方面的不懈努力，省厅人事处与省编委多次协调，中心的体制问题在 2008 年初终于得到解决，由差额拨款事业单位改为全额拨款事业单位。隶属省环保厅，按处级事业单位管理。

经过这些年的发展，中心的固定资产也由开办时的 180 万元增加到了 390 万元。信息中心人员队伍共 8 人，均为本科学历，其中包括正高级工程师 1 人、高级工程师 3 人、工程师 4 人。

二、黑龙江省省级环境信息化建设情况

黑龙江省的环境信息化建设，是从1992年的省环保局与省辖10个城市环保局的点对点微机数据通信开始起步的，从那时起省局即通过拨号上网的方式，与地方环保局进行了环境统计、环境监测等方面的数据传输，给传统的一成不变的办公方式注入了新鲜气息。

（一）“九五”期间信息化建设

“九五”期间，黑龙江省的环境信息化建设主要以网络建设和Internet建设为重点。在资金比较紧张的情况下，省环保厅本着以项目促发展的原则，积极参加国际合作项目，加大引资力度，通过几个国际、国内合作项目，极大地促进了黑龙江省环境信息化发展。并实施了建设省环境信息中心的《世界银行技术援助B-1项目》，总计投资400余万元。其后，省环境信息中心在省厅的领导和大力支持下，进行了应用软件开发、基础数据库的建设、环保网站的建立以及广域网、城域网和政务网等网络建设工作。

国家环保部为加强城市环境信息化建设，实施了《世界银行技术援助B-1项目》。黑龙江省牡丹江市为参加城市，包括牡丹江市环境信息中心及其网络建设，总投资100余万元，“九五”末期，项目建设完毕，并通过国家环保部验收。

“九五”期间，国家环保部实施了由日本政府赠款的《城市环境信息化建设项目》，全国分两批共100个城市参加了该项目。其中包括黑龙江省哈尔滨、齐齐哈尔、佳木斯、大庆、鹤岗、伊春6个城市。哈尔滨作为第一批参加城市，其余城市作为第二批参加城市，完成设备安装调试，并通过国家环保部验收。

（二）“十五”期间信息化建设

“十五”期间黑龙江省环境信息化工作，以专业卫星网建设及省市信息网络建设为主，开展的主要工作有以下几部分。

1. 专业网建设

为加强全国环境信息网络建设，国家环保部斥巨资租用卫星，建设30个省级卫星接收站、100个城市级卫星接收站、10个水质卫星自动监测站，进而形成以专业卫星网互联的国家级、省级、地市级、地面卫星自动监测站四级环境信息系统。黑龙江省建成1个省级卫星接收站、7个城市级卫星接收站、1个水质卫星自动监测站。实现了与国家环保部联网。“十五”后期国家升级网络改建成光纤传输，开通了视频会议系统，拉开了国家环保政务外网的建设序幕。

2. 省级信息化建设

随着IT业的发展，以及整个形势的需要，省厅领导更加重视信息化建设工作。省环保厅领导通过召开现场工作会议等多种形式，解决了省环境信息化建设工作中

遇到的问题。为省环境信息中心充实了人员，并改善了其工作环境，保证了网络运行经费。

为了提高省级环境信息中心的工作水平，加快环境信息中心建设步伐，省环保厅多方运筹，按照国家与地方 1∶1 投资比例，完成了地方配套资金。该项目的实施改变了黑龙江省环境信息中心设备陈旧的现状，达到国家和省有关部门对环境信息工作提出的“三网”畅通，“一库”可靠运行，以环境信息资源开发和利用为重点，进而实现环保系统办公自动化和信息资源共享的要求。

通过局域网大大提高了环境信息资源的共享程度。并通过网络提供的大量信息完成了环境状况公报、工作汇报、新闻发布等内容的多媒体制作，受到领导及有关部门的好评。

主动协调，开创电子政务办公新局面。推广应用 OA 系统的工作，是我厅开展电子政务的第一步，围绕 OA 系统推广应用，积极开展局域网络建设和人员培训，取得了非常好的效果。

集中力量，编制《黑龙江省环境信息化建设“十一五”规划》。“十一五”规划是今后一段时期环境信息化建设指导性纲要，关系到全省信息化建设的发展方向，因此编制《黑龙江省环境信息化建设“十一五”规划》尤为重要。为此信息中心组织技术骨干查阅大量资料，并结合黑龙江省环境信息工作的实际状况，在“十五”规划基础上，编制了黑龙江省的环境信息化建设“十一五”规划。对上，与国务院、环保部及省政府的信息化总体要求保持高度一致；对下，给各地市环保局的信息化建设指明了方向。现已将其列入《黑龙江省环境保护“十一五”规划》，作为全省环境信息化工作的指南。

（三）2008—2009 年度信息化建设

2008 年度省信息中心紧紧围绕省环保厅年初确定的工作重点，深入推进全省环境信息化建设，主要完成了污染源自动在线监测建设、门户网站及省环保厅综合信息平台建设、信息化能力与统计能力建设项目以及全国污染源普查数据汇总等一系列工作。

1．污染源自动在线监测建设项目按期完成

按黑环办[2008]4 号文件要求，我中心按时完成了省、市二级监控中心建设技术方案的编写工作，配合相关部门完成服务器、存储、网络安全、基础软件平台等采购设备的技术参数确定工作，编制完成了数据传输采集设备采购技术方案。参与完成了省级及十三个地市级监控中心（哈农垦总局环保局）硬件招标工作，完成省级监控中心机房接地等线路改造，完成省级监控中心的服务器、UPS 等硬件安装的单项验收。

2．信息化能力与统计能力建设项目进展顺利

环境信息与统计项目为国家减排体系四个建设项目之一，为污染物减排工作的三大体系建设提供信息的传输、存储、处理、发布的技术支持，为公布和考核减排

指标完成情况提供及时、准确的统计数据。按照“统一规划建设，统一标准规范，统一归口管理”的原则，此建设项目由国家统一组织实施。此项目计划总投资 6.9 亿元，黑龙江省 1 826.35 万元（配套资金 473.91 万元）建设内容主要包括：基础网络建设，减排数据库、减排应用系统、信息标准和技术规范、环境统计五项内容。按照国家要求的项目建设参加单位为国家正式公布的行政区划县、区级以上环保机构，我中心对全省项目参加单位现状进行了调查，并已完成设备的确认工作。针对黑龙江省农垦总局环保机构的特殊情况，我中心积极争取将省厅垦区环保局及其九个环保分局纳入此建设项目中，已将省厅垦区环保局、九个农垦环保分局及省厅垦区环保系统为省环保厅派出机构的编委批文提交至国家项目组。此外，省厅与在哈直属单位的城域网建设方案已编制完成，经进一步修订后，与此项目同期实施。

3. 厅门户网站与综合信息平台建设达到预期效果

2009 年初按照厅领导的指示精神，在电子政务建设方面着重落实两项任务。

第一，加强厅门户网站建设。

黑龙江省环境保护公众网站正式建立于 1999 年，当时为了响应政府的上网工程号召，使用 DREAMWEAVER 软件制作了第一版的黑龙江省环境保护公众网站，至 2008 年下半年，经过四次改版和更新完成了现有的黑龙江省环境保护公众网，并制定了《黑龙江省环保厅网站信息发布保密原则及审核实施细则》《黑龙江省环保厅网站信息发布管理办法》《省环保厅电子政务信息工作考核办法》和《黑龙江省环保厅网站项目建设维护方案》等一系列的相关办法和规章，并成立了专门的领导小组，在厅内各部门分设信息员，以此来加强对公众网的管理，保证黑龙江省公众网信息发布与更新的质量。黑龙江省的环境保护公众网由省环境信息中心负责。负责网站工作人员 1 人，2009 年在网站建设上投入经费 7 万元。

我们在落实国家对省级环保（局）厅政府网站绩效考评要求的基础上，结合黑龙江省实际情况和各部门意见，对厅门户网站进行了改版设计，并于 2009 年 9 月中旬开通运行。

网站的主要的设计思想是突出主题，精干内容，简洁形式，整体大方，方便用户浏览。网站内容从各方面，尽量满足浏览者的各项合理要求、便于查阅、浏览、反馈。运用统一的通用信息规划，使网站始终保持一种方便快捷、清晰明确的浏览路线。并此增设了厅长信息、举报投诉等一系列公众参与类栏目。

在此基础上我们与 8 家还没有门户网站厅直属单位进行了协商，统一由信息中心协助开发设计，既节省人力、物力，也为今后的维护提供了方便。目前，厅直属单位网站建设已经完成，并实现厅门户网站和直属单位的门户网站对接。

第二，建设了黑龙江省环保厅综合信息平台。

我们本着简单、实用、经济的原则，于 2008 年开发了厅综合信息平台，有效地提升了厅机关及厅直属单位的电子办公能力，达到提高工作效率，转变工作方式，促进政务公开的目的。经过几个月的试运行，基本达到了总体设计要求，同时也根据各级领导和部门反馈的意见，逐步调整功能模块，使平台更加适应工作需要。

4．视频会议与视频监控设备技术改造升级完成

我中心根据建设要求，严格制订了施工技术方案。现已完成厅视频会议固定安装和视频监控设备技术改造升级工作，有效地提升了视频质量和楼区安全。

5．顺利完成全国污染源普查数据汇总工作

2008 年 8 月，污染源普查数据处理组与黑龙江省专家共同制定了黑龙江省污染源普查数据审核大纲。该大纲在国家审核要求的基础上，结合黑龙江省的数据质量情况，又增加 27 条审核要求。同时，对 14 个地市进行分组交叉审核，对各地市审核出现的问题，由省技术处理组相关专家，进行答疑并确定了整改意见，最终确定后将数据上报国家。国家针对数据终报要求，组织了两次省级培训班，黑龙江省共编制 57 个审核模块并下发，各市、地除鸡西、绥化外，均已按时完成上报终报数据工作，我们组织专家对各地市终报数据进行逐家审核，对还存在问题的地市，已限时整改完成，迎接国家验收。

6．按时完成其他工作

一是完成 160 个治理项目初审、录入、建档等工作；

二是完成省政府电子政务内网保密机调试、安装；

三是组织筹建省级环境保护电子政务信息交换平台；

四是做好日常网络维护。

三、黑龙江省市级信息化建设情况

近几年地市政府及环保局对于环境信息化建设也给予了高度重视，全省 13 个地市环保局为满足环境管理的需要，最低也都配置了 5 台以上的微机，用于信息化建设。

在市级环保局的积极努力下，在国家环保部、各市政府、省环保厅的大力支持下，哈尔滨、牡丹江等城市的环境信息化建设达到一个新的阶段。

1．牡丹江市

组建了独立事业编制的市环境信息中心，编制 5 人，市环保局投资 70 万元，按标准建设了约 140 米^{2}的机房，购置了相应网络设施。到 2000 年年底完成了《世界银行技术援助 B-1 项目》，安装了全套较先进的网络设施及卫星通讯设施，在全局布设了 50 个网络节点，为各科室、监测站装备了微机，开通了局域网。同时开发了办公自动化软件，极大地提高了办公效率。

2．哈尔滨市

哈尔滨市环境信息中心现有事业编制 7 个，实有人员 20 人，自 1998 年成立以来，坚持建设与开发并重，自身能力不断加强。环境信息化网络基本定型并开始运行，其内容包含：信息中心主干网、Internet 微波接入、局机关办公自动化网、事业单位局域网、七区数字微波网、12 县拨号接入服务网、重点源在线实时网、环境监测信息拨号信息传输网。在全国第一个将排污申报管理软件网络化，开发了烟

气黑度远距离监视监测系统等，争取跨入科研工作、业务管理、文明建设全国同行业中的先进行列。

3．齐齐哈尔市

信息中心为局内独立的事业单位，编制数 12 个，现有人员 4 人，市环保局投资 70 余万元，装修机房约 80 米^2，改造了机房电源，购置了微机等网络设备，建成了环保局的局域网。开发了环境信息系统，目前已推出第二版，内容包括环保法规、环境管理信息、环境监理信息、环保规划计划、环境统计、自然保护、环境监测、宣传教育等信息，还包括公告、公示、讨论、环保新闻、公文流转等互动式程序；制作了触摸屏多媒体查询系统；在互联网上建立了齐齐哈尔市环保局主页——“塞北绿洲”。

4．佳木斯市

市编委批准独立机构，编制 6 人已全部到位，筹集配套资金 18 万元；机房面积 120 米^2，配备了独立的供电系统，配有备用电源，达到了验收标准；完成了局办公楼的综合布线工程，各科室、站、所、公司全部预留节点，共 36 个；新购服务器 1 台，每科室均配有微机，建立了局域网并正常运转，实现了全局资源共享，内部网站已开通。

5．伊春市

伊春市环境信息中心隶属市环保局，为独立科室，拟配备专、兼职专业工作人员 4～8 名，年运转经费纳入财政预算，该机构设置和人员经费将在这次机构改革中一并解决；市政府于 2000 年 6 月一次划拨给市环保局配套资金 50 万元，市环保局也预拨配套资金 10 万元，用于伊春市环境信息系统建设；装修了 66 米^{2}的机房；完成了 20 个点的网络布线，初步形成了以分布式客户/服务器为结构基础的 100base－T 局内网络计算机系统，实现局内公共资源共享。建立了“伊春环保”主页。

6．大庆市

在日本援助项目未下达之前，市局领导已经意识到了环境信息工作的重要性，抽调专人负责信息中心的工作，市局投入 60 万元，建立了环保局网络系统，并与北京师范大学环境中心联合开发了大庆市环境网络管理系统，使先进的信息技术与环保工作紧密地结合起来。大庆市环保局在建设大厦有大小机房 3 个，面积 100 米^2，并在原有综合布线的基础上投入近 200 万元，完善了全局的网络系统的建设，为局里每个工作人员配备了微机，进行了机房装修，建立了多媒体教学系统和视频编辑系统，建立了环保网站。另外，市局还通过光纤同市政府的网络连接起来，成为政府网的一部分。大庆市环境信息中心属市环保局内部机构，现有人员 4 人。

7．鹤岗市

成立了环境信息中心机构，事业编制，人员定为 5 人，现有工作人员 2 人，随着日援项目的实施，技术人员队伍将进一步扩大；投资 40 多万元，按照计算机机房场地标准装修了 110 米^{2}的计算机房，购置了计算机、打印机、扫描仪、UPS 等网络设备，实现了全局计算机联网。

8．其他城市

鸡西、双鸭山、绥化、大兴安岭等实地环保局也相继成立了内部信息机构，并开展了相应工作。

四、黑龙江省环境信息化建设展望

在《国家环境信息化中长期发展规划》及《黑龙江省政务信息化建设规划纲要》指导下，在省委、省政府、国家环保部的大力支持下。未来，黑龙江省环境信息化建设必将取得长足的发展。

通过政务专用宽带网络，将环境信息网络连入以省政府为枢纽，上联国家党政机关和兄弟省市，下联市（地）、县、乡政府，横向连接中省直各单位的全省政务系统专用宽带高速计算机多级网络系统。

建立政务信息网络服务平台和网络应用平台，建立环保专业数据库，实现政务办公资源信息共享，逐步实现各部门之间的网络办公。建立以因特网为依托的政府公众信息网，为社会、企业和公众提供政务信息服务，增加政务工作的透明度和政务公开，开展网上政务工作。建立起政务系统共建、共享的比较完备的电子信息资料库。

总结经验　直面问题　持续改进
以信息化规划为指导　提升上海环保信息化能力

上海市环境保护局

随着环保业务的逐步深入和拓展，环保信息化对业务的支持和辅助功能也越来越凸显其作用，信息化成为环保部门日常管理和科学决策的重要手段。上海环保信息化建设坚持"信息化为管理服务"原则，通过多年来的努力，在信息化建设方面取得了一定的成绩，为提升环保管理水平、提高办公效率起到了技术支持作用，同时也存在很多问题，需要在下一步的工作中逐步解决。

一、信息化建设发展现状

在网络平台建设方面，网络建设基本完善，形成了覆盖市局、区县局和直属单位的公务网、政务外网和互联网三大网络体系。在公务网涉密域上建立了我局与市政府、市委之间公文传输、信息往来的通道，在非涉密域上构建了我局综合办公平台的载体；在政务外网上以业务应用为主，目前有"法律法规信息库及检索系统"等专业软件运行。在互联网上，构建了"上海环境"政府网站，借以实现对外交流以及各区县信息发布。

在信息发布和对外服务方面，加强信息发布力度，针对领导和公众分别建立了政务内网涉密域网站和上海环境两大网站。依托政务内网涉密域建设了"上海市环境保护局"网站，及时向市领导反映国家相关环保政策和国内外环境保护动态和经验，反映本市节能减排、环保三年行动计划等重点工作推进进展情况；依托互联网建立了我局对外重要门户——"上海环境"政府网站，实现对外服务和宣传的功能。为切实保证"上海环境"网站的内容更新和日常维护，我局于 2003 年制定了《上海市环境保护局政府网站管理办法》，并于 2008 年进行了修订，明确网站建设中各部门的责任分工。在各部门的共同努力下，"上海环境"网站不断进步，在 2008 年度全国各省级环保局（厅）政府网站绩效评估中，综合排名第五，信息公开单项排名第一。

在专业应用系统开发方面，根据各业务部门的需求，自行开发了一系列应用系统，有效地提高了工作效率。近几年开发的专业应用系统主要有：上海市污染源共享数据库及污染源管理 WebGIS 系统、建设项目环保审批管理系统、危险废物联单管理系统、工业区污水治理 GIS 系统、排污许可证信息管理系统、重点污染源实时监测和在线监控系统、环境保护在线监控指挥系统（环保 110)、LIMS 实验室信息管理系统、空气质量信息处理和发布系统、环境噪声管理地理信息系统、生态环境地理信息系统、环保局年度目标考核评价系统、环境保护法律法规检索系统等业务系统。

在标准规范研究方面，为加强信息系统之间的关联性、通用性，加强了信息化建设标准规范研究。开展“上海市环境保护信息化建设技术规范”研究、制定了“上海市固定污染源排放烟气连续监测系统通信规范”、参与制定了“行业地理信息系统软件标准研究”“城市生态系统土地、土壤覆盖信息分类与代码和遥感设想规程”等规范和标准。

二、信息化建设中存在的问题

在信息化建设过程中，我局还存在很多问题，突出表现在以下两方面：

一是应用系统较多，但各系统孤立、数据分散。目前环保管理信息系统的开发停留在自建、自管和自用状态，系统各自孤立，未能有效整合。环保政务、业务工作流程的信息化程度不高，在环保监管、监察和监测的协调指挥上，信息化还没有真正成为政府部门创新管理机制的重要手段，决策支持能力有待进一步提高。

二是政务内网和政务外网物理隔离，造成了内外网信息交换不畅。由于上海市政务内网发展较早，网络分布广、带宽宽，因此我局在多方比较后，选择以政务内网为主构建办公和业务应用平台。政务内网和政务外网、互联网物理隔离，致使在业务协同方面上下不能联动；市局和区县环保局、直属单位之间信息采集困难，集成度低，数据综合利用性差，业务协同无法实现；在公众服务方面局业务系统无法和政府网站交互，导致人工重复劳动，信息发布和网上办事即时性差。

对于我局信息化建设存在的主要问题，局领导十分重视，多次带队调研其他委办局和兄弟省市环保局的信息化建设状况，召开部门协调和调研会，全面分析了我局信息化工作的优势和存在问题，要求各部门要吸取经验教训，肯定成绩，正视差距，及时调整信息化工作的开展计划。

三、下一步工作计划和前景展望

在信息化建设的过程中，我局深刻认识到信息化建设必须坚持规划先行，通过规划来科学地指导信息化建设。依据国家环境信息化发展规划、上海市电子政务发展要求，结合自身环保业务工作需要，我局于 2005 年编制了《上海市环境保护信息化“十一五”规划》，对 2006—2010 年上海市环保信息化建设进行总体部署，有效地发挥了信息化对环境管理工作的支持作用。2009 年上半年，为满足世博会召开、环保新一轮三年行动计划、创建国家环境模范城市工作、“十一五”节能减排及 2010 年环保监控大楼的规划建设等工作要求，我局又对规划进行了深入分析和完善，完成了上海市环境信息化的总体框架研究工作。

（一）明确了“瞄准先进，争创一流”的总体目标

信息化总体框架明确以滚动实施环保三年行动计划为抓手，以提高服务质量和效能为核心，全面整合、普遍共享和充分利用环境信息资源，全力推进环境信息化发展；显著提升环境监管体系的信息化水平，加快推进信息化与环境保护融合，强化信息化在上海市环境管理中的重要支撑作用，以促进环境管理模式创新和政府职能转变。

（二）明确了“一个中心、两大平台、三大应用”的建设主线

“一个中心”即一个数据中心，“两大平台”为综合业务平台和公众服务平台，“三大应用”分别为污染源综合管理、环境质量综合管理、环境政务综合管理。

建设数据中心，实现数据集中共享与挖掘分析。数据中心是环境保护工作信息资源的集中存储中心，同时也是业务应用的支撑、与区县及其他机构实现共享与交换，并进行集中展现、分析的一个重要平台。我局数据中心采用市级数据中心和区县数据分中心的建设模式，数据进行属地化管理，通过数据共享与交换手段实现市区两级联动。

建设综合业务平台，提升环境业务能力。综合业务平台是环保局所有人员的工作桌面，将环保各业务应用系统的功能、流程和界面集成在一个平台上，实现一门式登录和个性化的桌面环境定制。

强化公众服务平台，提升主动服务能力。通过信息化手段的应用，采用网络与实体相结合的方式，加强审批事项网上办理和市民互动；提高企业与市民的办事效率，扩大市民的环境保护参与度，加大环保局工作透明度，建设服务型政府和阳光政府，提升环保局的服务水平。

贯彻污染源动态监管，提升污染防治能力。污染源按固定污染源与流动污染源进行分类管理，其中固定污染源以“一厂一档”为数据核心，实现污染源的数据校核、全过程监管、有效监管。同时充分考虑环境应急管理的需求，建设环境应急管理系统。

深化环境质量数据应用，提升环境预测预警能力。对市监测中心和部分区县已经建设的实验室管理系统、在线监测系统等与环境质量监测相关的信息系统进行深化，强化监测数据整合和分析能力，实现环境质量的预测预警。

完善环境政务综合应用，提升综合协调能力。环境政务管理系统集成了各类专项政务管理系统的综合管理功能，完成对日常政务工作中所产生信息的查询、收集、整理、归档。局领导可以通过该平台完成对全局工作以及工作人员的调度指挥和绩效考核。

（三）以信息化能力建设为契机，全面启动信息化建设

2009 年 3 月，市发改委批复原则同意了我局上报的上海市环境保护信息化能力建设项目可行性研究报告，标志着我局信息化建设的全面启动。

为了更好地推进信息化能力建设，我局成立了信息化领导小组和工作小组，有效地保障信息化建设的顺利推进。领导小组由分管领导任组长，各部门主要负责人任主要成员，主要负责对局信息化发展方向、总体规划、重点实施计划进行决策，并提供人力资源、资金、政策等方面的支持，指导、协调局属各部门的信息化建设。工作小组由各部门具体工作人员组成，负责各信息化建设项目的业务需求分析和技术指导。

通过本次信息化能力建设以及后续的持续建设，我局信息化将在业务能力、管理能力和服务能力等方面取得长足进步，并为环境管理提供决策支持，逐步实现管理从粗放到精细、数据从分散到集中、服务从被动到主动、网络从“瓶颈”到畅通四大转变。

夯实基础 聚力奋进
立足新起点实现新跨越

江苏省环境保护厅

在江苏省环保厅的正确领导和环境保护部信息中心的指导下，江苏省环境信息工作以科学发展观为指导，以“生态江苏、数字环保、信息共享、科学管理”为目标，紧紧围绕生态文明建设、污染减排、应急处置、流域水环境治理等环境保护重点工作，坚持以“规范队伍、强化服务、开拓延伸、创新发展”为宗旨，与时俱进，开拓创新，努力提高环境信息服务与技术支持水平，环境信息化建设工作取得显著成效，充分发挥了环境信息化在环境保护历史性转变中的促进作用。

一、工作成果

1．以体制、机制创新为重点，在全国率先开展环境信息管理机构规范化与现代化建设

从 2003 年起，江苏省开展了环境信息管理机构规范化建设，成为全国率先统一思想，高起点、全方位规划全省环境信息机构建设的省份。2003 年底完成所有省辖市环境信息机构规范化验收，2004—2005 年完成县级环境信息机构规范化验收。以规范化建设为龙头，江苏省初步建立了有效的环境信息工作管理体制，使全省各级环境信息机构和队伍建设得到全面加强，为江苏省环境信息工作的开展奠定了基础。

为实现“国内领先、国际接轨”的现代化环境信息工作局面，建立适合环境保护工作需要的环境信息管理机制与体制，江苏省于 2004 年开始着手环境信息现代化建设的探索，制定出台《江苏省环境信息现代化建设方案》，并在此基础上编制了现代化建设试点方案，本着“树立典型、以点带面、重点突破、全面推进”的原则，开展现代化建设试点工作。目前，该项工作正有序推进，将进一步加强江苏省环境信息机构和人才队伍建设，提升环境信息为管理服务的能力，实现环境保护事业的跨越式发展。

2．加强环境信息化工作统一领导与归口管理，制定实施环境信息化发展规划

根据原国家环保总局以及省环保厅关于“十一五”环境保护工作的要求，制定环境信息化发展规划，编制完成《江苏省环境信息“十一五”计划》，依据环境信息现代化建设要求，结合环保“十一五”计划制定的精神，安排有关建设任务。规

划内容围绕网络资源、数据资源、应用资源与服务资源整合，加强环境信息组织管理机构建设，完善环境信息基础设施，建立健全环境信息标准化体系和环境信息安全保障体系，提高环境信息的能力基础和服务水平，为全省环境信息化发展指明方向。

为进一步强化信息化工作的统一领导，理顺环境信息管理体制，江苏省成立了环境信息化工作领导小组，对环境信息化建设实行归口管理，按照“统一规划、统一标准、统一平台、统一建设、统一管理”的原则，加快环境信息化建设项目“部门立项、归口管理、集成共享、集中运维”的步伐，逐步构建全省环境信息综合管理平台，提高环境管理信息资源的共享水平。

3．建设全省环保广域专网与电子政务系统，促进环境管理信息化协同应用

环境信息专网是构建环保电子政务应用的基础设施。江苏省于 2003 年底建成省—市环保 VPN 网，实现了省环保厅与各市环境信息网络的互联互通，为各种环境信息在省、市之间的快速、可靠传输提供了网络保障。2008 年，按照江苏省“省直管县”体制改革要求，为保障公文由省直达县（市）的畅通传输，完成全省省—市—县三级环境信息 VPN 专网建设，实现省厅与 13 个省辖市、52 个县（市）环境保护部门的 VPN 网络连接，并建成省—市—县三级环境保护部门办公公文流转系统。

2008 年完成全省省—市环保广域专网建设，实现了基于电信 2M SDH 专线的省、市环保系统互联，开通了全省环保视频会议系统，并顺利召开了第一次全省环保工作视频会议。省—市广域专网不仅可以传输会议视频图像数据，同时可以为办公自动化系统、综合信息平台、全省环境自动监控系统、应急指挥系统等各类需要省市大协作的环境管理业务系统提供统一的网络通信支撑，为江苏省环境管理、预警与应急等建立了畅通无阻的高速通道。视频会议系统的使用为全省各级环境保护部门提供了高效的交流平台，降低了环保行政成本，提高了工作效率和处理应急事件的能力。

4．紧贴环境管理需求，组织一系列国家级、省级环境信息系统开发研制

江苏省环境信息中心在服务于环境管理的应用系统建设上积累了很多经验和成果，先后承担了一系列国家级和省级环境信息管理系统或业务软件的开发，并成功推广应用。

1991—1993 年，与清华大学环境工程系合作，在江苏省建设了全国第一个环境管理信息系统——“江苏省环境信息系统（JSEIS）”。1994—1997 年，为提高我国环境管理的现代化水平，原国家环境保护总局利用世界银行贷款组织实施了“中国省级环境信息系统”（简称 B-1 项目）建设，江苏省环境信息中心承担了其中基础数据库的开发任务。项目开发完成后在全国 27 个省（市、自治区）安装使用，并负责培训与技术支持，推动了我国省级环境信息系统与应用能力建设。

从 1996 年起，江苏省环境信息中心先后承担了“九五”“十五”和“十一五”全国环境统计信息系统开发研制任务，并在软件应用期间提供全国技术支持。系统广泛应用于全国各级环境保护部门，保证了自“九五”以来全国环境统计工作的顺利开展。从 2008 年起，承担了国控污染源项目“气污染物名称代码”和“全国环境系统河流代码”等环境信息标准的编制工作。

为满足江苏省环境管理业务信息化需求，先后组织开发了“江苏省排污申报登记管理信息系统”“网络化环境监测数据管理平台”“江苏省主要污染物总量控制管理系统”“太湖流域水环境管理综合信息系统平台”“江苏省污染源（烟气）在线监控系统”等业务信息系统，开展了全省环境信息自动监测（控）系统的数据集成和网络集成建设，为环境管理工作提供了有力的技术支撑。

5．以环保网站建设为抓手，打造环保政务公开与服务互动平台

为适应环境信息化建设需要，深化环保信息公开，提高公众参与水平，江苏省逐步加强对“江苏环保”网站的建设管理力度。2008 年进行了网站改版，以服务江苏环保、服务企业、服务社会民生为目标，紧紧围绕江苏环保中心工作，致力于促进全省环保政务信息公开与信息共享，打造群众参政议政、企业在线办事、政府了解民情的互动交流平台。改版后的网站获得广泛好评，在全国环保系统网站评比工作中获得了第三名的好成绩，在省政府组织的政府网站评比中也获得较好名次。

二、存在的不足

经过全省环境信息部门的共同努力，江苏省环境信息工作在坚持发展中取得了一定成绩，但也存在很多问题和不足。

1．环境信息化工作机制尚未理顺

江苏省环境信息中心是全国第一家成立的省级环境信息中心，在全省乃至全国的环境信息化建设中均发挥了重要作用。近些年江苏经济及环保工作快速发展，而环境信息化建设的发展却与之不相匹配，究其原因，主要是环境信息化工作机制尚未理顺，对环境信息规范化建设以及信息资源一体化管理等方面的建设不足，致使信息工作缺乏有序管理和长效发展。各业务口子的信息化建设各自为政，缺乏统一规划和归口管理。由于信息中心为自收自支单位，缺乏稳定的资金来源和政策保障，资金投入的渠道不固定，信息系统建成后的运行维护经费难以落实，致使环境信息化建设支撑保障不足。

2．环境信息资源全面整合和共享进展缓慢

江苏省环境管理工作积累了大量的基础数据，但各系统间数据库的采集、传输、加工、存储和应用比较分散，出现系统之间各自为政、封锁闭塞的现象，缺乏标准的环境信息资源目录体系和交换体系，导致“信息孤岛”出现，成为当前环境信息化建设的重要“瓶颈”。部分地区虽已经初步建立环境数据中心，但缺乏与环境管理核心业务应用系统的整合，影响了作用的发挥。

3．环境信息技术标准、规范的贯彻执行有待进一步加强

各地逐渐认识到环境信息化是大势所趋，但在实施过程中缺乏整体通盘考虑，在环保系统不同地区、不同级别，甚至同一个单位内部系统架构、开发标准、数据库标准不统一，系统间相互孤立，造成重复投资，重复建设，软件生命周期短，不能形成积累，产生不了规模效益，使信息化走了弯路。

4. 专业信息技术人才匮乏

环境信息化工作需要大量既熟悉环境管理业务，又掌握信息技术的复合性管理和技术人才，由于缺乏有效的人才培养、激励和储备机制，有的地方建立了视频会议系统没有专人维护，上级下发的软件隔年就无人会用，机构不健全、队伍不稳定已经成为阻碍环境信息化实施的首要问题。

5. 网络安全建设尚不到位

虽然各地逐渐强化了网络与信息安全管理工作，但目前的网络安全建设大多停留在安装防病毒软件和防火墙设备等初级防护阶段，新型网络安全设备和防控手段缺乏，网络安全建设还没有做到与主要设备同步建设，安全保密设施的投入还不够。这一方面严重威胁已建信息系统的安全运行，另一方面也制约了环境信息化的发展。

三、措施与规划

针对全国及江苏省环境保护发展形势的需要，江苏环保信息工作将围绕生态文明建设和环保优先战略，进一步强化组织领导与机构队伍建设，创新体制机制，加强信息资源整合与共享利用，全面提升环境信息为管理服务和决策支持的能力。

1. 健全机制体制，实行归口管理

尽快理顺环境信息管理体制，对环境信息化建设实行归口管理，切实加强环境信息化建设规划和计划。要根据江苏环保事业发展的需要，制定江苏环保信息化发展中、长期规划，对全省环境信息化建设中长期目标和内容进行统筹安排，全面系统地指导全省环境信息化建设进程。要在三年内建成完善的江苏省环境信息管理体系，根据环境保护工作实际应用需求，加快环境信息化建设项目统一监管的步伐。要强化环境信息中心对信息资源集中统一管理运作的能力，重大项目统一招标，软硬件统一采购，项目建设统一组织实施，有效遏制各自为政和重复建设，节省人力、物力和财力，使信息化建设在“多、快、好、省”的道路上顺利前进。

2. 加强机构建设，提供队伍保障

环境信息化建设离不开机构与人员队伍保障。随着环境信息化建设和应用进入快速发展时期，必须高度重视环境信息机构队伍与能力建设。要以国家环境信息与统计能力建设项目为依托，加大环境信息化投入保障，加强地方各级环境信息机构与队伍建设。一方面，继续巩固全省环境信息管理机构规范化建设成果，进一步推进环境信息现代化建设；另一方面，要加强各级环境信息中心人力资源配置，从长远角度解决好人员经费和工作运行经费问题，建立有效激励机制，加大人才引进力度，切实缓解目前环境信息工作推进的人员短缺问题。

3．整合平台数据，实现资源共享

当前环保工作迫切需要统一、及时、准确、有效、全面和权威的信息资源。要采用统一的技术标准、数据交换规范，全面整合环保系统现有各类电子政务及业务信息资源，建设统一的环境数据中心及环境管理综合业务平台，实施环境信息资源的统一管理、统一调度、统一展示、统一发布和统一运维。通过平台整合，将目前分散在各业务口子专业系统中的数据资源集中管理，实现环境数据服务一致化与业务协同化，用一致化统编后的环境数据服务于全方位的环境管理工作，提高环境管理水平与工作效率。在纵向上，要综合采用政策、管理和技术的手段来保证上下级环境保护部门的环境数据一致、坚决杜绝“数出多门”的问题；在横向上，污控、计财、监测、监察、自然生态等环保业务部门要实现业务数据在数据中心的共建共享，做到数据“一次采集，多层级、多业务复用”。

4．加强运维管理，促进持续发展

按照“统一规划、规范建设、集中运维、资源共享”的原则，推进环境信息系统的集中管理和运维。一方面，为保证项目的后期拓展和可持续利用，任何环境信息化建设项目在立项时，都必须在资金预算中安排充足的后期运维费用；另一方面，在信息系统的运维上必须分清职责。信息工作与业务工作既有结合点，也有分水岭。各业务部门是信息资源的产生者和消费者，要对自身产生的环境信息数据的准确、有效性负责，加强对数据的审核把关和开发利用。同时，必须加强网络安全建设与防范监控，为信息系统运维提供网络与安全保障。

5．加强网站建设，提升服务水平

要充分发挥网站为环保工作服务、为企业服务、为百姓服务的效能，在进一步加强网站信息公开力度的基础上，强化网站在线办事功能，推动网上透明化办公，实现电子政务与网站建设的有机结合；要加强网上为民服务力度，建立群众参政议政平台，接受公众监督，把网站打造成为市民了解环保、参与环保的重要阵地，促进社会各界对环境保护工作的理解与支持。

以“三位一体”的监控体系为目标
着力推进浙江省环境信息化建设

浙江省环境保护厅

浙江省环境保护部门认真领会贯彻党中央、国务院对环境保护的指示精神和相关规定，十分重视环境信息化工作，尤其在“十五”期间发展较快，取得了较大的进展，在一些领域内全国处于领先地位。当前，浙江省环境信息工作已经进入难得的发展时期，对信息化建设投入力度空前加大，全省环境自动监测监控系统建设总投资 3.2 亿元，其中省级监控中心建设和信息传输设备投资 2 780 多万元。

但是，由于浙江环境信息化起步较晚，许多工作都还未开展起来，与先进省份相比存在一定的差距。特别是在信息化如何更好地服务于环境管理，各级环保管理机构能够更加高效、协同地从事管理工作等方面急需加强，这就需要对环境信息化进行“统一规划，分步实施”。

一、浙江省环境信息化建设现状

浙江省环保厅信息化建设起步于 1999 年，开始以架设环保门户网站为起点，通过网站对外发布环保政策及各类环保近况信息。2001 年，在环保厅系统内建立了 OA 系统，推行无纸化办公，具体的业务文档传递、各部门间信息交流都利用信息化手段来实现，不仅提升了环保厅工作效率，而且为今后各环保业务的信息化建设打下了坚实基础。

2004 年，环保厅成立了专门的信息部门——浙江省环境信息中心。环境信息化建设进入了飞跃发展阶段，省环境信息中心着手开展对各环境业务的信息化建设，并对计算机软硬件和服务方面逐年增加投入，到目前为止已初步构建了比较健全的环境业务信息化系统，投入大量资金建设了省市县三级监控系统，其建设历史按系统建设范围特征可划分为两个阶段，如下表所示。

（一）环境信息化管理现状

1. 组织结构

浙江省环境信息中心自 2004 年成立，主要职能是负责全省环保系统信息技术的行业管理；根据省环境保护规划，制定省环境信息化发展规划与计划，组织编制有关技术规定；负责组织全省环保系统有关信息技术开发应用、技术交流和人员培训工作；协助省环保厅开展省级环境数据库的建设与管理，负责全省环保系统有关信息和数据的存储、分析和共享；具体承担省环保厅计算机网络系统的维护与管理工作，以及省厅环保有关网站的技术管理和维护；协助省环保厅开展全省环保系统信息化建设，作为省级环境信息管理中心、网络中心、信息交流中心与技术服务中心，指导和协调市县级环境保护部门信息化的业务工作。

时间	起步阶段（1999—2004 年）	发展阶段（2004—2009 年）
特征	◆ 从无到有； ◆ 门户网站建设； ◆ 利用门户网站，对外发布各类环境信息； ◆ 2001 年成功上线了 OA 系统（首次上线）； ◆ 推行了无纸化办公； ◆ 计算机普及推广	◆ 省环境信息中心成立； ◆ 完成对 OA 系统的两次升级； ◆ 建设了浙江省环境质量自动监测与信息管理系统、建设项目审批系统、排污申报与收费系统、企业环境信用信息管理系统等 10 多个信息系统； ◆ 更加重视信息化，加大投入，进行全面提升； ◆ 着手建立环境基础信息库标准，为今后环境信息化建设打下坚实基础

浙江省环保厅下属市局中杭州、绍兴设有专门的信息中心；宁波、温州、台州、舟山等市局是宣教信息中心负责信息化工作；金华由监控中心负责（职能等同于环境信息中心）；湖州、嘉兴两市的信息部门与办公室部门建设并存；衢州信息管理部门由监测站负责；丽水是监察支队负责信息化工作。县级局除镇海、嘉善、义乌设有信息中心外，其他均未有专门信息部门。

2．管理职责

浙江省厅环保信息部门主要负责厅机关各个部门信息系统运维工作、相关环保信息系统的开发工作；负责全省环境信息广域网络系统和省环保厅机关办公自动化网络的建设，对监控中心和省厅环保机房的安全运行、网络系统的安全及保密提供管理与技术保障。

浙江省厅环保信息部门对自己组织开发的软件系统，通过下发相关的行政文件给下属的各市县局，省局提供对应的软件系统（如 OA 系统、自动监控系统等），再由各市县局负责对机房、网络的布控，架设软件运行环境，确保各软件系统能在各地成功上线运行。同时省厅环保信息部门对下属市县局提供各环境系统的培训及指导，并对下属市局的信息部门建设提供管理与技术支持。

浙江省厅环保信息部门负责接受国家环境信息中心的业务指导及其委托的工作，如参与环境保护部推行的“国控重点污染源自动监控能力建设项目”及“国家环境信息与统计能力建设项目”的建设，负责项目在浙江省的实施。同时负责与浙江省省级党政机关之间信息化工作的联系与协调，及与外省环境信息部门的交流与学习。

3．人力资源

各地环保局信息中心人员配置远远低于各地环境信息化发展水平，因为环境信息化建设的特殊性，环境业务系统种类繁多，部分系统需要人为 24 小时不间断进行监控，人员短缺现象比较普遍，已经成为环境信息化发展的“瓶颈”，严重影响今后各环保局信息化建设进程。

各信息中心人员配置概况

	浙江省环保厅	杭州市环保局	宁波市环保局	温州市环保局	湖州市环保局	嘉兴市环保局	绍兴市环保局	金华市环保局	衢州市环保局	舟山市环保局	台州市环保局	丽水市环保局
人员数量	6	10	3	2	1	1	2	2	1	3（兼）	2	1

4．资金投入

浙江省环境信息化建设投入了大量资金，省环保厅投入了 1 986 万元建设了覆盖省、市、县三级的环境质量与重点污染源监测监控系统及投入 2 250 万元开发建设排污费规范化管理项目等环保管理业务信息系统。

（1）各地市级监控中心资金投入概况：

	杭州市环保局	宁波市环保局	温州市环保局	湖州市环保局	嘉兴市环保局	绍兴市环保局	金华市环保局	衢州市环保局	舟山市环保局	台州市环保局	丽水市环保局
投入资金/万元	370	250	280	350	213	350	307	360	206	273	245

（2）各县级监控中心资金投入概况：浙江省环境监控中心网络按照省、市、县三级监控中心各自业务需求建设，其中县级（包括区级）监控中心作为主要的监控数据采集层，对省级、市级监控中心的运作提供监控基础数据支撑，因此对相关硬件设备的资金投入比重较大。浙江省共 11 个地市所辖 85 个区县（包括 9 个地市自建区）的监控中心建设共投入资金 9 497 万元。

（3）省环境信息化建设资金投入概况：环境质量和污染源监测监控系统，从 2006 年开始实施，到 2007 年项目实施完毕，整个项目投资额为 2 780 万元。其中硬件设施主要包括：下属市县的防火墙、路由器设备；每个水、气监测站各一台相关设备；省环境监测中心的机房设备等。

排污收费规范化管理项目，从 2006 年开始计划实施，到 2008 年项目完成，项目已实施完成，总投资 2 250 万元，其中部分硬件（500 万元设备）安放在省环境信息中心机房。

环境信息化各地区的运维费用，以地方投入为主，整个水、气监测站的前端系统运维全省为 1 530 万元，运维费用主要支出为各地网络租赁费用、各地水、气站日常运维费用、部分监控中心运维费用等。

污染源自动监控的相关运维费用，全省各地按照相关需求，主要分地方政府全额财政补贴、企业自行支出部分与地方政府财政补贴、企业全额支出等三种方式组成相关运维费用。

（二）信息化应用现状

浙江省环保厅在不同时期根据自己的需求，进行了一系列信息系统建设，主要的系统包括：OA办公系统、财务管理系统、全省环保政务网、环境信访管理系统、浙江省环境质量自动监测与信息管理系统、建设项目审批系统、排污申报与收费系统、企业环境信用信息管理系统、污染源动态管理系统。从环保各个业务覆盖面上、应用深度、应用集约度、业务协同度、数据准确度及安全性上，对业务起到了一定的支持作用。

1. 网络系统

浙江省环境保护厅已部署大规模的局域网，整个自动监控系统已经架设了光纤网络为物理连接，全面覆盖到全省各环境保护局的自动监控系统。主干网为光纤（租用联通，主要用作自动监控系统的视频监控模块传递数据），省到市20兆，市到县4兆，省厅内建立了10 M（电信，年底准备升级到100 M）宽带，还有2 M视频会议系统专线（环境保护部直连，除了用作视频会议专线外，还充当省环保厅传递相关数据给环境保护部的专网），利用了政务专网，部分环境业务系统通过VPN接入方式传递数据，各市县环保局可通过VPN访问省厅各环保业务网。

2. 基础硬件

浙江省环保厅在经历近 10 年的信息化建设，省、市、县三级环保机构的信息部门取得了重大成效，特别是环境自动监测监控（及各环境监控中心）系统的建设成果在全国处于领先地位，并使浙江省环境自动监测监控信息化和信息技术应用水平处于全国前列。

3. 应用软件

浙江省环境信息中心自成立以来，通过结合环境业务需求与信息化技术发展水平，建立了多个信息系统，以便满足日益增长的环境业务发展水平，为省环境保护厅业务顺利开展提供保障。

二、信息化工作分析

（一）应用技术

1. 总体应用水平不高，市县信息化需得到省里培训指导

浙江省环境信息化建设虽然取得了一定的成绩，但是受到客观因素的限制，总体应用水平不高；特别是对已有数据的深层次应用尚未付诸实施，省里下发系统在各市县尚未得到充分应用，各市县自行建设系统大多与省下发系统不能融合，导致应用水平不高。因而，今后各市县信息化建设需要省环境信息中心的培训和指导。

浙江省环境信息中心主要信息化建设成果统计

	系统名称	信息系统描述	系统主要功能	系统部署概况	系统结构	日常运维状况	信息系统基本要素	软件实施商	使用状况
监测监控	污染源动态管理系统	用于全省各级环保机构对污染源进行动态管理	主要功能包括：查询、统计、提醒、记忆、审批等	系统部署在浙江省环保厅中心机房。除了省局外各用户采用 VPN 方式访问和使用	采用 B/S 结构。基于.NET 技术开发，采用 SQL Server 数据库	由省环境信息中心负责系统日常运行维护	1．应用服务器和数据库服务器 1 台； 2．网络交换器 1 台； 3．操作系统软件； 4．数据库软件； 5．应用软件	自行开发并实施	省、市、县三级
	浙江省环境质量自动监测与信息管理系统	系统由水环境质量自动监测数据管理子系统、气环境质量自动监测数据管理子系统、废水污染源与废水污染源在线监测监控子系统组成	主要功能包括：监测数据的远程收集、校验、过滤、计算和存储，异常数据的分类分级预警与报警，数据汇总，统计查询，区域与流域的统计分析以及报表生成等	系统部署在浙江省环保厅中心机房，位于环境自动监测监控系统专网内	采用 B/S 结构。基于 J2EE 技术进行开发，采用 ORACLE 数据库	由省环境信息中心负责系统日常运行维护	1．应用服务器和数据库服务器 2 台； 2．网络交换器 1 台； 3．操作系统软件； 4．数据库软件； 5．应用软件	浙江弘申信息技术有限公司	省、市、县三级
业务管理	固体废物管理系统	用于全省各级环保机构对固体废物进行管理	主要功能包括：浙江省固体危险废物处理处置许可证管理、固体废物转移计划审批和危险废物转移联单管理、用于危险废物转移与跨省废物转移审批、记录废物转移情况	系统部署在浙江省环保厅中心机房。除了省局外各用户采用 VPN 方式访问和使用	采用 B/S 结构。基于.NET 技术开发，采用 SQL Server 数据库	由省环境信息中心固废口心负责系统日常运行维护	1．应用服务器和数据库服务器 1 台； 2．网络交换器 1 台； 3．操作系统软件； 4．数据库软件； 5．应用软件	固废中心自行开发并实施	省、市、县三级

	系统名称	信息系统描述	系统主要功能	系统部署概况	系统结构	日常运维状况	信息系统基本要素	软件实施商	使用状况
业务管理	环境信访管理系统	用于全省各级环保机构对环境信访投诉案件进行处理	主要功能包括：信访登记、信访受理、网上交办、网络回复	系统部署在浙江省环保厅中心机房。除了省局外各用户采用 VPN 方式访问和使用	采用 B/S 结构。基于.NET 技术开发，采用 SQL Server 数据库	由省环境信息中心负责系统日常运行维护	1．应用服务器和数据库服务器 1 台； 2．网络交换器 1 台； 3．操作系统软件； 4．数据库软件； 5．应用软件	自行开发并实施	省、市、县三级
	建设项目审批系统	用于全省各级环保机构对建设项目进行环境影响评价审批	主要功能包括：环评登记、项目审批、项目验收、项目汇总、管理控制、查询统计等	系统部署在浙江省环保厅中心机房。除了省局外各用户采用 VPN 方式访问和使用	采用 B/S 结构。基于.NET 技术开发，采用 SQL Server 数据库	由省环境信息中心负责系统日常运行维护	1．应用服务器和数据库服务器 1 台； 2．网络交换器 1 台； 3．操作系统软件； 4．数据库软件； 5．应用软件	浙江弘申信息技术有限公司	省、市、县三级
	排污申报与收费系统	用于全省各级环保机构对企业进行排污申报与收费	主要功能包括：排污申报、排污费征收、查询统计等	系统部署在浙江省环保厅中心机房。除了省局外各用户采用 VPN 方式访问和使用	采用 B/S 结构。基于.NET 技术开发，采用 SQL Server 数据库	由省环境信息中心负责系统日常运行维护	1．应用服务器和数据库服务器 1 台； 2．网络交换器 1 台； 3．操作系统软件； 4．数据库软件； 5．应用软件	浙江弘申信息技术有限公司	省、市、县三级
	企业环境信用信息管理系统	用于全省各级环保机构对全省企业环境信用信息进行管理	主要功能包括：填报、上报、汇总、查询等	系统部署在浙江省环保厅中心机房。除了省局外各用户采用 VPN 方式访问和使用	采用 B/S 结构。基于.NET 技术开发，采用 SQL Server 数据库	由省环境信息中心负责系统日常运行维护	1．应用服务器和数据库服务器 1 台； 2．网络交换器 1 台； 3．操作系统软件； 4．数据库软件； 5．应用软件	自行开发并实施	省、市、县三级

	系统名称	信息系统描述	系统主要功能	系统部署概况	系统结构	日常运维状况	信息系统基本要素	软件实施商	使用状况
辅助支撑	财务管理系统	用于对省环保厅财务状况进行规范化管理	主要功能包括：财务处理、电子报表、预算处理、出纳管理、票据管理、固定资产管理、查询统计等	系统部署在浙江省环保厅中心机房。除了省局外各用户采用VPN方式访问和使用	采用B/S结构。基于J2EE技术进行开发，采用ORACLE数据库	由省环境信息中心负责系统日常运行维护	1．应用服务器和数据库服务器1台； 2．网络交换器1台； 3．操作系统软件； 4．数据库软件； 5．应用软件	用友软件	省级
党政工团	OA办公系统	用于省环保厅日常办公管理	主要功能包括：拟文、签收、初拟意见、审核、会签、核稿、批示、文件制作、归档、查询等	系统部署在浙江省环保厅中心机房	采用B/S结构。服务端使用IBM Lotus Domino系统软件。客户端采用Domino结合J2EE技术开发	由省环境信息中心负责系统日常运行维护	1．服务器1台； 2．网络交换机1台； 3．工作站1台； 4．操作系统软件； 5．系统软件	杭州飞软软件有限公司	省级

2．系统众多，信息孤岛现象严重

浙江省环保厅在不同时期根据自身需求，进行了一系列信息系统建设，主要的系统包括：环境质量和污染源在线监控系统，OA 办公系统、财务管理系统、全省环保政务网、环境信访管理系统、浙江省环境质量自动监测与信息管理系统、建设项目审批系统、排污申报与收费系统、企业环境信用信息管理系统、污染源动态管理系统。从环保各个业务覆盖面上、应用深度、应用集约度、业务协同度、数据准确度上，对业务起到了一定的支持作用。从调查统计来看，各系统还是孤立的，形成了大量的信息孤岛，从而大大限制了信息化总体效能。

3．各自独立，整体性不强

浙江省环保厅信息系统的建设大多以各环保业务的需求为依据进行条块分割，而不是以提高整体效率为驱动，如在基层单位中，同一环境监测数据需要在多个软件的输入接口中重复录入，在一定程度上增加了工作量，同时也使得数据源头不唯一，从而使得最终的统计结果存在差异；同时，由于各系统大多是仅满足某部门业务需要，应用系统的流程化管理理念有所欠缺，对业务流程变化的适应性还不够，使管理者难以从整体上掌握整个环保状况。

4．GIS 平台尚未建立

浙江环境信息化建设尚未建设 GIS 平台，这在很大程度上制约了应用的深入和信息的共享；而建设浙江环境 GIS 平台是今后的重要工作，也是提高环境保护管理水平的重要手段，对直观地掌控浙江环保信息、应急指挥和实时监管具有重要意义。

（二）网络体系

浙江省环保网络建设基本上与应用同步，如环境质量监测采用联通光纤，污染源在线监控采用电信光纤，同时 OA 等采用 VPN 专线；这些在一定程度上支持了信息化的应用，但是随着信息化建设的深入也产生了一些问题，给管理和应用带来了不便。目前浙江省环保在网络管理机制和运行维护方面还不够完善，实时监控、接入控制和应急处理能力较弱；网络管理和维护人员不足，管理能力还需提高。

（三）数据资源

1．数据缺乏标准，尚未形成数据中心

首先是标准问题，信息化建设缺乏统一的标准体系，信息系统的信息编码、技术标准、规范也不统一，使各类信息资源没法得到充分挖掘和利用；完善环保信息化标准体系和建设贯穿省、市、县三级体系的数据中心，成为未来环保信息化工作非常紧迫的重要任务。

2．数据无法共享，系统集成性不足

随着环保信息化工作的推进，已经建成的和正在建设的环保信息系统数量逐渐增加，目前信息化建设缺乏一个总的基础数据库、良好的数据环境以及数据管理策略，造成“信息孤岛”现象严重，加上数据分散，数据分析工作难度较大，导致数据深层应用不足。在此情况下，在一个统一的框架下对现有系统的应用进行整合、环保信息化统一数据库建设成为继续推进环保信息化工作亟待解决的重要问题。

3．数据挖掘分析需要不断深入

信息系统数据的分析、预测功能较为欠缺，GIS 系统建设滞后。目前环境信息系统虽然可以完成统计报表、属性数据查询等工作，但缺乏对数据更进一步的利用，对环境信息的综合分析能力弱，对环境知识的挖掘力度不够，难以高效地利用已有的环境历史信息，趋势预测、决策支持功能较弱。

4．数据管理制度有待完善

目前数据虽然严格地由统一的部门进行管理，总的来说在同一信息系统内运行的数据准确度较高，也能够减少因数据错误带来的决策失误；但很多时候因为管理需要对多系统进行多次手工输入，会出现人为输入错误的问题；数据管理制度特别是涉密数据管理制度尚未完善，对数据如何进行有效管理和利用缺乏制度支持。

（四）信息安全

1．没有统一规划

由于涉江环保涉及一些国家规定的涉密数据，又包括公众需要及时了解的非涉密数据，如何将其进行有效管理，需要统一规划，并与网络系统、应用系统、备份系统相结合。

2．防护手段有待提高

目前在防护手段方面有防火墙、入侵监测、防病毒、数据备份等基本技术手段，但是还不够完善。灾难备份、身份识别、安全认证、数据加密、安全评估等安全防范技术手段尚不够到位，例如信息技术各层次（物理层、网络层、系统层、应用层）安全评估分析工作进行较少。

3．涉密数据安全管理需不断强化

当前，环保数据包括涉密数据和非涉密数据两部分，涉密信息走专用通道并与非涉密信息物理隔离，而且各应用系统的安全级别均根据相关法律法规和文件做了具体规定，但是如何更好地对涉密信息安全进行管理、利用，需要从各个层面进行规划设计并辅助实施。

扎实工作　开拓创新
不断提高安徽环境信息化水平

安徽省环境保护厅

在环境保护部和安徽省政府的领导下，安徽省环保厅准确定位环境信息化工作方向，抓住机遇推进环境信息化工作，加强组织领导、建立健全机构，充实力量，加大投入，扎实工作，开拓创新，努力提高环境信息服务与技术支持的水平，积极发挥环境信息化在环境保护历史性转变中的促进作用。现把安徽省环境信息化近年来的主要工作情况汇报如下：

一、努力推进组织机构建设，建立学习型组织

安徽省环保厅高度重视省环境信息化机构建设，多次与省编委、省财政厅协调，在 2006 年解决了省环境信息中心的机构问题，将其由自收自支改为全额财政拨款事业单位，机构设置为正县级。机构建设的有力推进，为加快安徽省环境信息化进程、全面实现环保电子政务提供了重要的组织保证。

随着社会信息化技术的不断更新，安徽省环保厅根据环境信息化发展现状和发展趋势，提出了建立学习型组织的目标，把人力资源开发作为一项重要的组织发展战略，把对系统内部员工的培训作为建立学习型组织的切入点，认真筹划培训方案并落到实处。一是对全省环境信息系统的技术人员采取以项目培训员工的方式。近年来随着全省环保专网、环保视频会议系统以及重点污染源在线监控系统等项目的实施，省环境信息中心积极筹划全省环境信息化技术人员的培训工作，通过面对面的技术培训与交流，技术人员进一步熟悉了环境信息化的技术。二是组织省环境信息中心全体技术人员参加了 MCAD（微软认证应用程序开发专家）培训并通过认证考试，全部获得了 MCAD 全球认证证书。通过建立“项目培训+认证培训”的学习模式，基本形成了全省环境信息系统的学习型组织，为全面开展全省环境信息化工作储备了较为丰富的人力资源。三是高度重视内部员工的职称评定工作。通过多年的努力，目前，省环境信息中心 12 名同志中有 4 名同志具有高级工程师资格，6 名同志具有工程师资格，2 名同志具有助理工程师资格，为有效开展全省信息化工作提供了技术人才保障。

二、重视基础能力建设，推进全省信息化建设工作

根据原国家环保总局“关于建设全国环境信息广域网络系统一期工程及视频会议系统的通知”（环发[2005]86 号）精神，安徽省环保厅精心部署、通盘考虑建设安徽省环保专网，2005 年克服资金不足等种种困难，建成全省环保 VPN 专网；随着环境信息化的不断发展，在虚拟专用网已经不能满足环保系统业务需要的情况下，在 2007 年本着“项目实施，规划先行”的原则，对各市环境信息化建设情况进行了调研并制定了《安徽省环保专网实施方案》，最终于 2007 年 9 月圆满完成了 2 兆带宽的全省环保专网建设工作，形成了以省厅为网络枢纽，上连环境保护部，下通 17 个市环保局的环保专网。全省环保视频会议系统与全省环保专网同步建设，按照《安徽省环保视频会议系统建设方案》对全省视频会议系统建设进行了统一部署，并拟定了《视频会议室装修改造基本技术要求》，省厅积极组织协调，各市环保局通力合作，于 2007 年建成了省厅与 17 个市局的视频会议终端连接，同时与环境保护部视频会议系统联通，实现了声音、视频及数据的实时交互传输，为降低行政成本、实现协同办公，提高综合决策和防灾应急能力发挥了积极的作用。

根据原国家环保总局信息中心下发的《全国环保系统环境信息机构规范化建设指导意见（暂行）》和《全国环保系统信息机构规范化建设标准》文件精神，安徽省环保厅积极向省政府争取，将环境信息标准化建设工作纳入了省政府与各市政府签订的“十一五”环保目标责任书中，要求全省 17 个市级环境信息机构在“十一五”期间分批达到《全国环保系统信息机构规范化建设标准》。在安徽省环保厅的积极推动下，全省各市环保局也高度重视环境信息标准化建设工作，通过各方积极协调配合，目前全省共有 14 个市成立了环境信息中心（科）；全省第一批申请达标验收的四个市环保局积极争取机构编制，稳定专业队伍，落实建设经费，信息化建设取得了长足发展，基本达到了《国家环境信息化建设标准》的要求。通过深入开展环境信息标准化建设工作，安徽省环保基础能力建设得到了加强，为全面贯彻国家环境信息化方针政策提供了更有力的基础能力保障。

三、注重系统标准规范建设，全力服务环保中心工作

从 2003 年开始，安徽省环保厅在全省范围内开展了重点污染源调查，收集了大量污染源第一手资料，制定出污染源编码规范，建立了比较完整的污染源数据库，并组织实施了《安徽省污染源监控》《安徽省环境质量监测》和《安徽省环境保护局综合信息平台》的系统开发工作。其中《安徽省污染源监控》项目不仅制定了安徽省污染源编码规范，而且制定了《安徽省数据采集仪通讯规范》和《污染源监控数据库规范》。《安徽省数据采集仪通讯规范》在原国家环保总局下发的 HJ/T 211 协议的基础上进行了扩充，使其包含了空气质量和地表水环境监测相关功能，统一

了安徽省污染源监控和环境监测数据通信和数据交换标准。《污染源监控数据库规范》是省环境信息中心在建设污染源监控系统期间，通过与各业务部门的交流，最终形成了一套污染源监控以及环境监测信息化数据标准，这套规范已经在省环境信息中心自主开发的软件项目中实施。数据交换规范以及标准化数据的建立极大地方便了各个业务系统之间的数据交换，避免了“信息孤岛”的产生。

按照《国控重点污染源自动监控能力建设项目建设方案》的要求，安徽省环保厅积极落实重点污染源自动监控能力建设项目，按照环境保护部的要求统一规划安徽省环境监控系统，利用网络资源整合全省环境信息，避免重复建设，实现信息共享，现已基本完成省本级和 17 个市级监控中心的建设工作，实现对全省所有国控、省控污染源的在线监控。安徽省环保厅还通过此项目的建设，将全省的 25 个地表水自动监测站、44 个城市空气自动监测站的监测数据纳入系统中，实现了对全省环境质量的在线监控，为提高行政效率、提升环境保护部门的决策力和执行力提供了及时准确的环境基础数据。

四、加强政府门户网站建设，提升服务公众水平

“安徽环境热线”网站于 1998 年建成，作为服务安徽省环境保护的社会窗口，经过几次较大规模的改版，现已实现“信息公开、在线办事、公众参与”等功能。特别是近几年，安徽省环境信息中心根据管理需求，对省厅综合信息平台及“安徽环境”“生态安徽”进行了全面规划和改造，旨在打造电子政务的新平台。按照环境保护部、省政府关于政府网站建设的要求，在省厅领导高度重视、大力支持下，省环境信息中心对网站栏目进行了认真梳理，对环保机构、污染控制、生态保护、环境监察、环境监测、环保法规、环境质量、环境标准等方面的政府信息进行主动公开；同时通过网站为社会公众提供资料下载、信息咨询、网上申报等服务，并将重点污染源在线监控信息在网上发布，为重点排污企业和市县环境管理部门提供了网上在线监控结果实时查询。对所有发布在政府网站的信息，安徽省环保厅严格按照网站信息发布制度进行统一审核。

经过努力，安徽省环保厅门户网站建设工作较以往取得了很大进步，在 2008 年度全国环保系统政府网站绩效评估中荣获第四名，近日又被省政府评为 10 大优秀网站之一。安徽省环保厅也于 2008 年荣获“‘数字安徽’五年建设先进单位”的称号。

五、安徽省环境信息化前景展望

一是加强基础网络建设。安徽省环境信息网络建设已具有一定规模，但现有环境信息传输网络仅覆盖地市级环保局，随着环境管理应用需求的不断增加，环境数据实时传输、信息资源共享的要求将越来越高，网络的覆盖范围、传输速度和稳定

性等还需要不断加强和提高，安徽省将积极落实环境保护部环境信息和统计项目，将省环保专网延伸到县级环境保护部门，形成国家、省、市、县四级环保信息网络，并加强网络安全管理，建立体系先进、宽带高速、互联互通、安全可靠的全省环境信息网络系统。

二是把信息化技术运用到环境管理中，借助信息化技术手段，建立并不断完善安徽省环保业务管理信息系统，实时收集大量准确数据，进行定量和定性分析，为环境管理工作提供科学决策支持。

三是利用现代信息网络更好地收集和公开环保信息，建立安徽省环境保护公共服务平台，通过服务平台开展政府与公众互动，保障公众在环境保护方面的知情权、监督权和参与权，更好地保障公众权益，调动和发挥公众参与环境保护公共事业的积极性。

四是建立安徽省环保数据交换规范，实现环保资源共享机制，全面实现全省环保政府资源的集成和整合，优化政务业务管理流程，提高环境信息资源共享程度和利用水平，进一步提高行政管理和公众服务效率。

服务海峡经济区　加快环境信息化建设

福建省环境保护厅

福建省人民政府高度重视信息化工作，“数字福建”的实施和推进是实现福建省跨越式发展的重大举措。“十一五”期间“数字福建”建设的主要任务是：建设全省政务与公共信息服务体系、省政务信息资源目录体系与交换体系、省级网上行政审批系统、省市县三级突发公共事件处置系统、政府辅助决策支持系统、省公共安全管理体系、重要政务信息应用系统工程、政府门户网站整合升级、省电子政务管理中心等。

数字福建领导组要求：各级各有关部门必须要从思想上高度重视，充分认识加快“数字福建”建设的重要性，把思想统一到省委、省政府关于信息化建设的部署上来，立足当前，着眼长远，深入细致地做好规划，积极主动地开展工作。主要领导亲自过问，分管领导负责具体落实，及时研究解决建设与发展中遇到的困难和问题，从政策上、资金上、技术上大力支持信息化建设。一定要推进国民经济信息化，促进经济发展方式转变；提高电子政务水平，服务政府自身建设；加强社会事业信息化，促进社会和谐；加快信息科技创新，支持自主创新；保障网络与信息安全，维护国家安全、经济运行安全和社会稳定。各地各有关部门要增强信息化工作的紧迫性和责任感，注重科学性和系统性，共同提高信息化建设的层次和水平。

福建省的环境信息化虽然取得一定的进展，但整体的建设还处于初级阶段。主要存在的问题：①环境信息管理机制尚未充分理顺，环境信息基础设施建设落后，软硬件设备严重不足，人才队伍技术水平有待提高；②信息采集传输方式落后，时效性差，环境应急体系建设落后，预警能力低，无法满足各个环保业务部门协同工作的需求；③环境信息开发利用和共享水平较低，应用系统建设各自独立，缺乏统一的管理和技术规范，“数出多门”“各自为政”“信息孤岛”现象突出，环境信息无法转化为各级环境管理与决策人员所能利用的资源，满足不了提高行政效率、加强环境监管水平的要求；④环境信息化手段落后，服务面不宽，无法满足环境保护参与综合决策、指导区域发展、强化执法监督的需要，也无法满足政务公开，服务于民的需要，满足不了接受群众监督，依靠社会支持，实现环保工作可持续发展的需要；⑤环境信息化建设资金投入不足，普遍存在重硬件、轻软件，重建设、轻应用问题。

加强环境信息化建设，是提高环境综合决策管理能力的重要基础。借助环境信息化建设，能够实现全省范围的网络互联互通，提高信息传输的准确性、时效性，扩大信息采集、传输、加工、利用和分析的范围和类型，有利于加强污染源管理，防范环境污染事故的发生，实现环境管理和决策从定性化分析向定量化决策转变。

根据政府信息公开条例，加强环境信息化建设，有利于推行政务公开、主动服务，加强环境保护部门与社会和公众之间的良性互动，形成环保工作的合力。

环境保护部提出的环境信息化建设的五统一、四集中、两分离，是各级环保局信息化建设的指导纲领。而目前的信息谁采集，谁管理，谁使用的方式，造成数据多头采集，数据一致性差，冗余大。因此要将信息采集与使用分离，将应用与管理分离，避免“信息孤岛”。信息系统建设宜统筹考虑省、市、县三级，不宜分散投资和建设，避免人力、财力的浪费。环境信息包括环境质量数据、环境管理数据、生态环境数据等方面，涉及面广，层次多，相互之间关系复杂。对环境管理过程中产生的信息流，加以详细、系统分析，要充分考虑系统建设过程中的数据间的协同。

福建省环境信息化的目标和展望。在科学规划的基础上，通过三至五年时间的建设，初步建成全面覆盖本省环保系统核心业务的综合业务信息管理系统；到“十一五”末，实现 100%行政许可项目网上审批，80%的环保核心业务信息化，50%的信息实现共享，环保工作效率提高 30%。

为扎实推进和组织管理好此项工作，福建省提出以下几点具体的建议：

（1）加强领导。为了加快推动全省环境信息化的建设，成立了“福建省环保厅环境信息化推进领导小组”，下设信息化推进办公室和技术组，信息化推进办公室挂在厅办公室，负责协调组织有关工作，技术组负责信息化工作的具体实施。

（2）统一规划。贯彻落实环境保护部关于信息化建设应统筹规划、设计、标准、建设和管理的“五统一”指导方针，聘请专业规划设计单位，围绕福建省环保系统省、市、县三级环境管理核心业务，系统分析各业务之间的协同关系，根据“十一五”和“十二五”期间福建省环保系统的工作重点和发展要求，研究制定全省环境管理信息系统发展规划。

（3）科学管理。根据调研掌握的情况，初步估计全省环境管理综合信息系统总投资在 5 000 万元左右，投资数额大，建设项目多，必须在系统建设过程中实施科学的管理。重大建设项目采取政府招投标，具体开发项目采用项目经理制的管理方式，使得系统建设管理科学、有序、规范、高效。

（4）分步实施。一个覆盖省、市、县三级的全省环境管理综合信息系统涉及的核心模块有 20 多个，主要有：地理信息系统（三维可视化平台）、办公自动化与信息发布模块、环境监测数据管理在线模块、污染源管理与在线模块、总量控制与减排模块、建设项目管理模块、排污许可证、排污申报登记、环境统计模块、突发污染事故应急指挥系统、危险废物管理模块、放射源管理模块、视频监控系统和 12369 环境投诉管理系统等。这些模块都应在统一规划前提下逐步建设完善。近期可采取“拿来就用”策略，先期建设环境保护部和兄弟省市环保局已经开发、技术成熟的模块。2008 年起开展了四方面的工作：顶层设计、办公自动化和环保门户网站建设、总量减排数据模块和应急管理三维可视化平台。2009 年年底前全面运行。

（5）考虑到技术发展很快以及将来环境信息化的需求，对省厅新建大楼的机房、网络、计算机安全按照有关规范和标准进行重新设计，统筹考虑。

统筹规划　稳步推进江西环境信息化建设

江西省环境保护厅

江西省环保厅领导对信息化工作历来非常重视。在全国最早一批成立了独立的省级环境信息中心，配备了稳定的专业技术人员队伍，并始终在工作经费等方面予以保障。全省环境信息化工作，经过十多年的建设发展，也逐步形成了一定的工作基础和能力，随着近年来国家电子政务和环境信息化的飞跃发展，原有的人员、机构和经费保障等问题正在逐步得到解决，全省 11 个设区市环保局均成立了信息化工作机构（大部分为宣教信息中心），省市两级环境信息网络系统和应用平台基本建成。

江西省环境信息中心成立于 1993 年，是江西省环保厅直属副处级全额拨款事业单位，也是全国成立最早的独立省级环境信息机构之一。主要承担全省环境信息业务和技术的归口管理，负责规划和组织实施全省环境信息网络及应用系统建设；建立健全和管理全省环境信息收集、传输、存储、处理及应用系统；组织全省环境信息技术培训；保障省环保厅计算机网络系统与全国环境信息网络、省政务信息网络正常连通和信息安全传输；承担省环保厅互联网政府网站的建设、维护等。已初步建立起了地理信息及遥感应用系统、网络安全管理系统、多媒体制作系统、数据综合分析系统、网站建设管理系统等在内的软硬件应用和开发环境，积极承担或参与环境保护部、省科技厅以及省环保厅下达的多项重大科研项目和工作任务，逐渐成为江西省环境保护现代化建设的重要组成队伍。

一、以全省环境信息网络系统及核心应用平台建设为核心，加强环境信息基础能力建设，努力培养一批具有一定技术素质和实际业务能力的技术骨干队伍

1996—2000 年，完成了世界银行贷款《省级环境信息系统建设（B-1）项目》（江西省）。2002 年，完成《省级环境信息系统改造建设项目》；

2000—2003 年，组织完成全省《重点城市环境信息系统建设项目（B-1 扩和日援项目）》；

2004—2006 年，组织完成《全省环保政务信息网联网工程》；

2006 年，组织完成全省设区市以上环保局政府门户网站建设；2008 年，完成省环保厅门户网站改版建设；

2008—2009 年，组织完成《全省污染源监控中心建设项目》《环境在线自动监测监控数据传输网络建设项目》。

二、以环境信息技术应用为突破，不断提高环境信息服务与技术支持的能力水平，强化信息中心在环境保护工作主战场应有的地位和作用

1999—2002 年，与清华大学合作完成省、部级重点科研项目《赣江流域环境遥感及数字化环境管理研究项目》；

2002—2003 年，组织完成了《江西省地表水水（环境）功能区划项目》。并于 2005 年、2007 年完成了两次修订。

2002—2008 年，参与完成了《江西省生态环境现状调查》《江西省生态功能区划》《江西省饮用水源地调查与保护规划》《江西省土壤污染现状调查》《江西省第一次污染源普查》等项目。

2005—2007 年，参与完成了国家“十一五”科技攻关项目“流域水污染物总量控制技术与示范研究——赣江流域水污染物总量控制技术与示范研究项目”，获 2008 年江西省科技进步二等奖。

2008 年至今，参加了“国家水体污染控制与治理科技重大专项——赣江流域水生态功能分区与质量目标管理技术示范”课题研究，并承担其中第五子课题研究任务。

三、以环境信息化发展规划为抓手，争取上级领导及各部门对环境信息工作的支持力度，增强环境信息意识，加强资源整合力度，保障环境信息化建设持续、均衡发展

江西省环保厅 2002 年就成立了信息化建设领导小组，“一把手”任组长，分管领导任副组长，在资金和项目安排上，突出资源整合、统筹安排的思路。信息中心参与了全省“十五”“十一五”环境保护规划和能力建设规划的编制，在重点项目规划和资金安排中，对环境信息化建设进行总体规划和资源整合。在全省重点污染源自动监控能力建设项目中，省环保厅提出由信息中心统一负责规划和实施全省项目中的信息基础平台、网络传输以及应用系统建设，并配合相关部门，对项目总体建设进行协调和指导。以系统资源整合和信息综合应用为目标，突出能力建设，逐步实现监测、监控、应急一体化，建立健全全省环境安全监控指挥信息平台，实践证明，已经取得了非常良好的建设效果，也标志着江西省环境信息化工作进入了一个新的阶段。

以污染减排“三大体系”建设为契机全面提升环境信息化基础能力和应用水平

山东省环境保护厅

“十一五”以来，山东省环境信息化工作紧紧围绕污染减排“三大体系”建设任务，以“三级五大自动监控系统”和省市县三级环境监控中心建设为契机，继续推进山东“数字环保”工程的实施，全省各级环境信息网络基础能力得到了全面加强，网络与信息资源的应用水平进一步得到提升，为全省环境管理走向制度化、经常化、数字化提供了有力的技术保障。

一、环境信息基础能力建设

（一）省市两级“三中心一视频”项目建设

根据山东省厅《关于进一步做好〈山东数字环保工程〉项目建设工作的通知》（鲁环发[2006]39 号）和《山东数字环保工程总体规划》的要求，山东省环境信息中心组织于 2006 年完成了省及 17 个市环境数据中心、环境监控中心、环境应急指挥中心和视频会议系统基础设施建设。为落实项目规范化建设的要求，制定了技术规范和验收标准。省厅投资 1 600 万元为各市建设补助资金，统一配发了服务器、存储、交换机、网络安全、视频终端等关键设备和 GIS 软件，保证了设备的统一和质量。省环境信息中心根据各市的实际情况，从建设方案、招标采购、工程实施等多方面进行现场指导，提高了项目建设的标准和质量，当年年底完成了该项目的验收工作。

17 个市在项目建设中，共筹措落实资金共计 4 263 万元用于“三个中心”基础设施的配套建设。

（二）“三级五大自动监控系统”项目建设

按照环境保护部“三大体系”建设和省厅“三级五大自动监控系统”（三级是指省市县三级，五大自动监控系统是指重点监管企业、城市污水处理厂、主要河流断面、城市环境空气和城市饮用水源地自动监控系统）建设的要求，按照全省环境自动监测系统建设和管理“四统一”原则，我中心制定了五大自动监测系统数据采集传输和各级监控中心建设的相关技术标准；为了实现全省环境自动监测系统的统一联网，我中心对全省重点污染源自动监测设备安装情况、设备类型、运行情况进行摸底调查，组织系统开发商研制、改进了适用于山东省的数据采集传输仪，对 80 余家集成商、上百种仪器的不同通讯规约进行统一编写。制订了联网计划，组织实施了省控以上重点污染源自动监测数采仪的安装和联网，按时完成了国控重点污染源的联网工作。重点加强数据采集和传输质量的管理，确保监测数据的实时采集、传输。全省 1 179 家省控以上重点污染源（含污水处理厂）和 205 个环境质量自动监测点位与省、市、县三级环境监控中心实现了联网，共计 1 725 个数据接入点，形成了较大规模的环境自动监控系统数据传输网络。

（三）全省三级环境监控中心项目建设

环境监控中心是环境自动监控系统管理的枢纽，在系统的运行管理中起着举足轻重的作用。按照统一规划、互联互通、先进实用、灵活扩展、安全可靠的建设原则，省、市、县三级环境监控中心建设共投入 1.65 亿元。截至 2008 年，全省 1 个省级、17 个市级、140 个县级环境监控中心全部建成并投入运行。

各级环境监控中心项目的建设，由省环保信息中心统一规划、统一标准、统一指导，在环境保护部制定的建设标准基础上，结合山东省的实际情况与各市环境信息化基础能力现状，提高了基础硬件设施、应用系统环境、监控端专用设备、网络及安全系统、数据存储备份等配置标准，增强了系统容量和应急能力，保障了监控系统稳定性、可靠性和安全性。在明确省市两级建设的基础上，重点加强了县级环境监控中心的建设。为保障项目的顺利实施，制定了《山东省各级环境监控中心建设标准（暂行）》和《山东省市、县两级环境监控中心建设设备配置及技术要求》，明确了三级环境监控中心的建设重点和目标。省环保信息中心及时指导检查市县两级环境监控中心的建设工作，对各市的建设方案进行认真审查，并以省厅文件批复后实施；派员参加各市项目招投标的现场监督，确保了各市按照环境保护部和省厅的标准进行建设。同时下发了《关于对全省市县两级环境监控中心建设项目验收的通知》，制定了环境监控中心的验收方案和评分细则，2008 年底完成了市县两级环境监控中心项目的验收。

近几年来，山东省环境信息工作紧跟形势，抓住机遇，通过“数字环保”工程、“三级五大网”、环境监控中心等项目的建设，加强了网络、安全、存储、系统软件及配套设施的配置和升级完善。截至 2008 年年底，省市两级信息化设备由 2006 年的 360 台套增加到 573 台套，固定资产由 5 263 万元增长为 11 132 万元；全省县级信息网络设备固定资产由 300 万元增长为 7 985 万元。

通过各级环境信息基础能力的大幅度提高，增强了各级环境网络运行与业务系统的承载力，提升了各级环境信息化的能力与水平。尤其是县级环境信息化从无到有，产生了质的飞跃，为实现全省各级环境保护部门与环境保护部的四级联网打下了坚实的基础。

二、环境信息应用能力建设

（一）以“三级五大自动监控系统”建设为重点，建成了山东省环境监测监控信息管理系统

环境监测监控信息管理系统是环境监测和环境管理的重要平台，山东省环境信息中心自 2005 年以来就负责组织软件公司进行设计开发，并根据管理工作的需求不断进行完善。“三级五大自动监控系统”作为 2007—2008 年全省环境管理的重点工作，环境自动监控子系统平台的稳定运行和数据安全，也就成为了近两年环境信息化应用方面最为重要的工作。按照省厅的要求，在原有系统的基础上，对功能模块进行了调整，实现了实时数据监控、数据查询、数据统计分析、监控信息交流、系统管理、信息发布和视频监控等功能，实现了重点污染源和环境质量在一个平台上的统一监控管理。针对各级政府领导和管理的需求，进一步开发完成了该系统的发布版软件，设计了科学的数据统计分析模式，实现了实时监测数据与企业排放常态值以及是否达到国家、省控制标准的对比分析，河流实时数据与剔除上游因素以及水质达标的对比分析，使得数据更加真实、更加可用，系统更加直观，更加简捷，更加适用于各级领导和各管理部门。该系统软件在全省各级环境保护部门得到了应用。同时，还在环境自动监控系统中增加了质量控制和数据审核功能，实现了对自动监测设备的远程启动、清洗、反吹、留样、校零、校标等远程控制功能。建立了省市两级环境数据库，实现了全省环境自动监控数据的集中存储、共享与应用。目前山东省环境自动监控系统日均采集数据量 630 万个。

环境自动监控系统的建立，全面、及时、准确地反映了重点污染源的排放状况和水、气环境质量的情况，提升了环境监管的力度，促进了总量减排任务的完成和水气环境质量的改善。山东省环境自动监测数据主要采取网络输送、每日报送、立即传送等方式，为领导及时提供情况，为全省环境统计、总量减排、定期通报、以奖代补、环境执法、排污收费等环境管理工作提供了可靠的依据和技术支持。

（二）其他业务应用系统的建设

一是开发完成了山东省环境事故应急处置指挥系统、山东省固体废物环境管理信息系统、山东省环评和“三同时”信息管理系统；二是完成了全省环保电子政务交换平台建设方案的编制，将环保政务管理、公文流转和业务管理系统进行统一整合，实现相关信息的交换与共享；三是对视频会议系统进行了整改完善，扩展了业务应用，实现了国家、省、市、县四级可同时召开视频会议的功能，进一步提高了视频会议系统的利用率。在青岛沿海发生浒苔事件期间、奥帆赛期间和残奥帆赛期间，保障了每周一次视频调度会议的召开，共召开全省性视频会议 58 次。

三、下步工作打算

到“十一五”末，山东省环境信息化建设的主要发展方向是进一步完善全省环境信息网络功能，提升信息化应用能力，提高环境信息网络的安全性，拓展环境业务的信息化应用范围，增强各级环境信息化应用水平。

一是按照国家、部、省的信息网络保密安全要求，进行内外网物理隔离。新建一套内网系统，对现有的网络与安全系统进行改造完善；同时设计省厅新建综合大楼的信息网络系统，制订信息网络建设方案。

二是根据环境保护部和省政府对网站建设和考核的要求，网站改版工作现已启动，充分整合内外网信息交换，增强网上在线办事和互动交流等为民服务的功能，满足当前党政机关网上办公的需求，加大政府环境信息公开的力度和部门工作的透明度。

三是计划近两年内开发完成部分环境管理业务系统，包括：全省环保系统电子政务信息交换平台、环境自动监控软件升级和环境自动监控系统管理与数据应用软件、环境数据库动态管理系统、环境管理业务综合应用平台、山东省基础环境地理信息应用系统、核安全与辐射环境管理系统等。

四是加强全省环境信息网络的安全管理与运行维护，采取多种有效的手段，提高网络运行效率，增强网络安全性，确保各业务系统的稳定运行和数据安全。

五是配合部信息中心做好“环境信息与统计”（山东部分）建设项目的实施。

以环境管理需求为导向
切实开展环境信息化工作

河南省环境保护厅

自世界银行贷款 B-1 项目（省级环境信息中心建设）开展以来，河南省环保系统的信息化工作已经开展十几年了，各类环境信息系统也经历了从无到有、发展壮大的过程。通过环境信息化工作的开展，切实起到了信息技术为环境管理与决策服务的作用，并借此有效地推动了各项业务工作的顺利开展。现将这些年来环境信息化工作的经验、做法及今后发展思路汇报如下。

一、环境信息化工作的快速发展得益于领导的高度重视

环境信息化工作是一项需要较大资金投入的工作，没有领导的重视和关注是很难顺利开展起来的，而且如果没有领导的持续关注，即使开展起来了也很难顺利实施和运行，容易成为形象工程、半拉子工程。

河南省环保厅（局）的信息化工作经历了三个发展过程，每一次都是在厅（局）长的高度重视下开展起来的，而且重视的级别从厅（局）长重视到引起省委省政府领导的高度重视。一是 1998 年下半年以局域网建设为先导，建设 C/S 方式的办公自动化系统，实现内部信息共享为目的的信息系统建设。此次建设在局领导的重视下，整合了机关和各二级单位的人、财、物资源，建设起了统一的局域网和 OA 系统。二是在 2004—2008 年，按照此前编制的全省环境信息系统建设规划，开展了全省环境信息系统一期、二期工程建设。局领导高度重视，积极协调建设资金，通过这两期建设，建立起了全省网络中心，构建了省市环保专网和无线专网，实现了水质自动监测系统、重点污染源自动监控系统等的开发应用，实现了内部办公自动化系统的升级改造（变为 B/S 方式），开通了省市视频会议系统、政府门户网站系统等，其中水质自动监测系统已用于对省辖市政府的考核，有效地实现了信息化对环境管理工作的支持。三是自 2008 年下半年开始的总投资 6.7 亿元的河南省环境自动监控系统建设，该系统建设既是对此前相关系统的修改、完善，也是对全省环境自动监控系统的丰富与提升，涵盖了地表水、饮用水源地、城市空气、辐射等环境质量的监测监控和重点污染源、城市污水处理厂的监测监控，以及放射源的监控、数据中心建设、环境应急系统建设等。省政府领导对此高度重视，郭庚茂省长指出“要把环境自动监控系统建设作为环保是否真抓实干的标志，作为环保处罚、环境

监察等各种环保措施的基本依据，作为第一位的事情锲而不舍地抓好、抓出成效。”张大卫副省长先后多次听取环境自动监控系统建设工作情况汇报，专门召开省长办公会进行研究部署，并多次作出重要指示。以全省环境自动监控系统建设为契机，以该项目建设为主体，全省环保系统高度重视环境信息化建设。

各省辖市环保局环境信息化发展状况也无一不体现了领导重视对环境信息化工作的深远影响。

二、环境信息化工作的有序发展需要提前做好规划

由于信息化工作是一项需要较大资金投入的工作，而且信息技术发展日新月异，这就决定了环境信息化工作也是一项循序渐进的工作，是需要有步骤、分批、分期来开展的工作，这就需要环境信息化工作管理部门能够站在全省环保系统的角度、站在信息技术发展的角度，认真谋划环境信息化工作的开展，积极思考并提出本地区环境信息化发展的思路和方法。2003 年，在省环保局的统一组织下，河南省环境信息中心与解放军信息工程大学合作完成了《河南省环境信息系统总体规划建设方案》并通过专家评审。该方案提出了四层三体系的架构和以应用促发展的思路，提出了统一建设与分级、分期建设相结合的原则，提出了以数据中心建设为核心、建设统一应用支撑平台的思路以及 VPN 网络建设思路，该方案成为近年来河南省环境信息系统建设的重要指导性文件，2004 年至 2008 年开展的全省环境信息系统一期、二期工程就是根据该规划有序开展的。

环境自动监控系统建设是环境信息化的重要、基础内容，加强环境自动监控系统建设是提升环境监管能力的具体体现。为落实科学发展观，全面提升环境管理能力和水平，河南省政府作出了“通过两至三年的时间，建立起‘覆盖全省、功能完备、技术先进、全国一流’的环境自动监控系统”的决定，为切实做好此项工作，河南省环保厅自控办组织人员编制了《河南省 2008—2010 年环境自动监控系统建设规划》，明确了到 2010 年 6 月 30 日前全省环境自动监控系统建设的目标、要求和各项任务。

规划先行，是环境信息化工作有序发展的前提。

三、环境信息化工作的健康发展必须以服务环境管理各项业务为出发点和落脚点

环境信息化说到底就是环保各项业务的信息化，它对环境管理与决策的支持与服务正是体现在环保工作的各项业务上。河南省环境信息中心作为河南省环境保护系统环境信息化工作的技术支持和技术管理单位，以环境管理业务需求为导向，着眼于环境管理各项业务，积极开展环境信息化工作。在工作中能够充分认识到数据库技术在环保系统应用的重要性，紧密结合环境保护工作管理需求，迄今开发完成

了多项数据库管理软件并应用到全省乃至全国的环保系统中，有效地推动了相关业务工作的开展。开发完成的环保系统软件项目包括：河南省排污申报数据管理系统、“十五”全国环境统计专业报表数据管理系统、河南省环境统计信息系统、河南省建设项目数据管理系统、河南省环境监测年鉴数据管理系统、河南省乡镇工业污染源调查数据管理系统、河南省生态调查数据管理系统等。其中“十五”全国环境统计专业报表数据管理系统在全国环保系统广泛应用，并和河南省环境统计信息系统分获 2006 年河南省环境保护科技进步一、二等奖。在开展的环境信息系统一期、二期工程建设中，也是以污染源自动监控、环境质量自动监控等污染源监督管理和环境质量监管为主体，同时发展其他信息系统建设。

四、环境信息化工作正常开展必须大力抓好人才队伍建设

河南省环境信息中心自 1996 年成立以来，就一直注重自身人才队伍建设，切实提高人员素质，注重中心人员各项业务技术能力的全面培养，注重信息技术和环境管理并重的复合型人才的培养。中心虽然人员少，但每个人都能熟悉多项信息技术，不论是数据库、GIS、操作系统等软件，还是服务器、交换机、磁盘阵列等硬件设施，均有多人能够熟悉并有效解决出现的问题。而且在开展信息系统建设时，中心人员也能参与环保业务需求分析，既可独当一面进行设计开发，也能担当起业务处室与承建商之间的桥梁与纽带作用。河南省环境信息化工作的开展就是在领导的高度重视下，在信息中心人员全员参与下顺利开展的。但是，河南省各省辖市环境信息机构和人员队伍建设相对落后，只有郑州、开封、安阳、焦作等少数市有信息中心和专门的信息技术人员，人才队伍的缺乏使得大部分省辖市的信息化工作相对落后。

五、关于今后环境信息化发展

当前，河南省正在大力开展环境自动监控系统建设，我们将以此为契机，抓住此次机构改革机会，大力推进省市各级机构、人才队伍建设，并借助环境信息与统计系统能力建设，进一步提高全省环境信息化水平，把全省环境信息化工作继续向前推进。

加快环境信息化建设
为环境管理和公共服务提供有力支撑

湖北省环境保护厅

近年来，在环境保护部、省政府和省环保厅的领导重视下，在环境保护部信息中心和省电子政务办的业务指导下，在有关部门的大力支持下，坚持以环境信息化（电子政务）重点项目建设为核心，强化电子政务应用，完善信息化管理保障体系，经过全省环保系统的共同努力，环保公共服务水平和信息化支撑能力明显提高，有力地促进了环境监管效能提升和环保政务业务创新，全省环境信息化建设取得长足进展。

一、湖北省环境信息化建设概况

（一）着力环境信息化重点项目建设，信息化支撑能力不断提升

1．升级扩建“全省环境保护在线监控系统”

该项目完成于 2007 年，开发了全省统一的监控平台软件，整合“重点污染源在线监控系统”和“环境质量自动监测管理系统”。目前已接入监控企业 598 家（其中水 389 家、气 177 家、污水处理厂 32 家），联网终端设备 605 套。具备实时数据空间展示、超标报警、系统运行状况自我诊断、查询分析、报表预览、导出、打印等功能。

2．搭建省厅办公、信息共享和应用系统集成的“省环保厅综合信息平台”

该项目完成于 2007 年，实现了厅内部协同办公、信息发布和共享、数据资料查询、个人信息管理等功能，建立邮件系统和 BBS 论坛，集成了省级环境数据中心、环境地理信息和在线监控等应用系统。

3．试点建设“污染源基础数据采集系统”项目

该项目由武汉市环保局试点建设，着眼环境管理创新，在排污企业与环保局之间建立数据采集系统，在环保局端建立数据库管理系统，解决“三表合一”（环境统计、排污申报和排污收费数据）问题，为说清楚环境状况打下基础，于 2007 年完成建设。目前，已在该市 13 个区推广运行，采集存储企业数据 4 000 余户套，还应用于武汉市污染源普查工作。

4．完成“省级污染源自动监控中心”项目建设

该项目经过反复提出、修改建设方案，认真组织实施，于2008年12月底完成建设，经过试运行，2009年3月顺利通过验收并投入使用。项目根据环境保护部《污染源监控中心建设规范（暂行）》要求，建设了120英寸大屏幕投影系统、会议系统、高度集成的中央控制系统，实施了污染源自动监控服务器存储与网络安全系统改造升级等，为湖北省环境执法监督提供了有力支撑。

5．认真落实环境保护部“环境信息与统计能力建设”各项任务

根据环境保护部的统一部署，认真组织落实环境保护部“国家环境信息与统计能力建设项目”有关初步设计方案（湖北省）需求确认和申请参与“环境信息安全”、“身份认证”与“污染源编码”规范标准编制等工作任务，为全省环保信息化能力建设打下基础。

6．积极推进省电子政务第二批应用系统“湖北省排污收费管理公共服务系统”项目建设

该项目包括两个子系统：①排污收费管理公开服务子系统，包括数据采集、管理、发布与交换等子系统功能；②建设项目环评业务管理子系统主要涉及审批业务和验收审批两个流程。该项目于2008年开始规划设计，2008年10月17日，项目建设任务书、批复书和资金补助正式下达并启动，目前已经进入招投标实施阶段。

7．积极筹划武汉城市圈“环境监控信息共享平台”项目建设

根据武汉城市圈“两型社会”建设综合改革试验总体规划的要求，积极组织项目需求调研、方案编制等工作，先后多次向环境保护部和省政府递交“信息共享平台”建设方案，申请国家环保专项资金和武汉城市圈建设省部合作的资金支持。2009年5月开始组织起草“武汉城市圈环境监控信息共享平台”建设规划，目前规划正在不断修改完善，各项准备工作正在抓紧推进中。

（二）积极推进环保电子政务应用，环保公共服务水平不断提高

1．不断深化网站环保信息公开，加强公共服务功能应用

2008年修编了《湖北省环境保护局政府信息公开指南和目录》，加大了国家和湖北省的环保法律、法规和规章，国家和湖北省的普发性非涉密环保及相关公文，环境质量状况公报、月报和日报，建设项目环境影响评价及审批文件，环境执法监督公文等政府信息公开力度，各类信息发布及时快捷。2007—2009年上半年网站共发布信息11 474条。省厅网站在环境保护部2007年度和2008年度“全国省级环保局（厅）网站绩效评估”中分别获得第二名和第十二名，在2007年度省电子政务办组织的考评初评中排名第二十名。

建立网上24小时值班制度，网上环境投诉和咨询的回复责任到人。2007—2009年共处理环境投诉1 600余件，回复环境咨询200余条，回复厅长信息400余条。

2009年对省厅政府网站进行了改版升级，在旧版网站“政务公开”功能优势

的基础上，开发了湖北省环境质量查询服务系统，建立了环保审批、许可网上办事服务系统。强化了网站公众参与、网上办事等服务功能。新版网站已于 2009 年 7 月 22 日上线运行。

2．加强对市（州）环保局政府网站建设的指导和管理

2008 年 10 月根据《湖北省市（州）环保局政府网站绩效评估办法》（鄂环办[2008]21 号），对市（州）环保局政府网站绩效进行了调研和初步评估，及时将结果反馈给各市（州）环保局，引起各地领导高度重视，有效促进了各市（州）网站的建设和管理。2008 年 12 月完成市（州）环保局政府网站的年度考核工作，并对优秀网站进行了表彰。

3．积极开展省厅综合信息平台应用推广

不断编辑、上传各类信息，对重要公文进行分类整理，配合重大教育活动及时建立专题专栏，2007—2009 年上半年共上传各类信息 5 937 条。2008 年开始定期在“平台”公开各处室、单位财务支出。目前正在着手以“平台”为依托推行全厅系统网上办公，综合信息平台应用不断深入。

4．不断完善“污染源在线监控系统”网络、平台的运维管理

安排专人负责在线监控系统网络和管理平台运行状况监控，定期发布在线监控日报、周报、月报，及时协调解决故障和存在的问题。2008 年为配合污染源在线监控管理，组织采集完善了全省在线监控污染源基础信息数据电子档案。2008 年年末根据省厅领导要求，积极改进监控平台功能，完善数据信息，实现重点污染源在线监控信息向公众实时公开功能。

（三）加强环境信息化制度建设，信息化管理保障体系不断完善

为加强和规范环境信息化管理和应用，先后制定并印发了《湖北省市（州）环保局政府网站绩效评估办法》《湖北省环保局政府网站管理暂行规定》《湖北省环保局网上诉求管理暂行规定》《湖北省环境保护局环境信息网络管理规定》《湖北省环境保护局综合信息平台管理暂行规定》《全省环境保护在线监控系统监控网络、平台运行维护管理规则（试行）》《省环保局计算机局域网用户规范化管理暂行规定》《湖北省环境保护局政府信息公开指南和目录》《湖北省环境保护局计算机信息系统安全保密管理规定》9 项制度，内容涵盖环保政府网站管理、环境信息网络及系统运维管理、省环保厅政府信息公开及信息系统安全保密管理等多个方面，已基本形成省环保厅环境信息化和电子政务建设管理制度体系。

二、湖北省环境信息化建设的几点思考

（一）以环境信息化重点项目建设为基础，提升信息化支撑能力

着力加强环境信息化重点项目建设，搭建良好的信息网络基础环境，开发适应

环境管理需要的环保应用系统，是实现环境信息化（电子政务）应用的前提，也是提升环境管理效率、履行环保公共服务、创新环保体制机制的支撑条件。近年来，在省电子政务建设项目和环境保护部环境信息化能力建设项目的推动下，湖北省环境信息化的支撑服务能力和在环境管理中应用水平不断提高，并为环境信息化的进一步的发展和应用打下了重要基础。因此，环境信息化建设要抢抓机遇，要积极参与环境管理综合决策和列入环境监管能力建设规划，通过项目建设，不断提升环境信息化的重要支撑能力。只有这样，环境信息化的现代科技手段才能与环保政务业务创新紧密结合，才能以环境信息化的便捷和高效、共享与协同、公开和服务，服务于探索环保新道路。

（二）以提高环保政务公开和公共服务水平为抓手，推进环境信息化（电子政务）应用

建设责任、法制、服务、廉洁政府，环境信息化具有广阔的应用前景，环境信息公开和服务是建设责任、法制、服务、廉洁环境保护部门的重要抓手，也是推进环境信息化应用的着力点。环境信息化的特点决定了它是提高环境管理效率的平台、环境信息公开的平台、为民（企业）服务办事的平台、环保政务监督的平台和环境保护宣传教育的平台。加强环境信息化应用，发挥信息平台作用，就要以公开和服务为要旨。在湖北省环境信息化建设过程中，省领导和厅领导多次强调要加大环境信息公开和服务力度，明确要求污染源在线监控的实时数据要向社会公众公开，指示开发全省排污收费公开服务系统，并督促在省厅综合信息平台内部公开全厅财务开支管理情况。以上指示和要求有力地促进了环境信息化的应用，也产生了良好的管理和服务效益。因此只有以提高环保政务公开和公共服务水平作为环境信息化建设出发点和落脚点，才能促进环境信息化（电子政务）应用发挥实效，有效提高环境监管能力和科学决策水平。

（三）以环境信息化制度建设为重点，提高信息化规范管理水平

完善的环境信息化法规标准和管理制度体系是环境信息化建设、应用和管理的重要保证。近两年来，环境保护部和部信息中心在推进环境信息化重点项目建设时，高度重视并预先进行相关制度、标准建设，为我们作出了榜样。湖北省也在环境信息化建设和应用不断推进的过程中，注意了相关制度规范的建设，制定出台了多项制度，为湖北省环境信息化的规范管理打下了一定基础。因此抓紧、抓早环境信息化标准、制度建设，对于确保环境信息化建设发挥功能效益、规范管理、促进应用具有重要作用，是环境信息化（电子政务）建设规范健康发展的基础和前提。

三、湖北省环境信息化建设存在的问题和下一步工作计划

（一）存在的主要问题

1．思想认识落后于环境信息化发展需要

对于环境信息化（电子政务）重要意义的认识还不够深入和全面，对于网上办公、在线审批、视频会议等新的效率更高的行政方式感到不适应，对于有可能改变传统管理方式的新的信息化手段存在抵触情绪，阻碍环境信息化融入实际工作中。

跳出环保看信息化建设，公安部门提出“公安信息化”的建设目标，并称之为一场“警务革命”。创新了“网上追逃”、“人口信息数据库”等执法管理手段；工商部门实行“网上年审”、“工商管理信息系统”，提高了服务水平；地税部门大力推行“地税核心信息系统”，税收征管水平大幅提升。在日本，城市通常有几百个空气质量自动监测点，就设在某个公园或某条街道的角落里，日夜不停地往数据中心输送数据，基本上半个小时就能出一套监测数据，反映空气质量的状况；公民可以自由地获取这些信息，可以上网查询，也可以到监测中心站索要。这就为整个社会都来关注和治理城市空气污染提供了广泛的基础，也实现了环保全民参与的有效途径。借鉴以上经验，环境信息化应大有可为。

2．环境信息化管理体制不够完善，机构能力建设亟待加强

环境信息化建设政出多门、各自为政的现象削弱了信息化建设的效益。信息中心职能定位不明、人员编制少、机构能力弱的问题长期存在，随着环境信息化任务不断加重，更显突出。市（州）环保局信息化组织管理松散，全省只有少数市（州）成立了独立的环境信息化管理机构，严重缺乏高素质专业技术人才，技术支撑能力弱。目前，信息中心是唯一没有能力建设标准规范和职责定位的环保直属单位。

3．环境信息资源未得到全面有效开发和共享

湖北省环境信息数据的采集、传输、加工、存储和应用还比较分散，缺乏规范化，功能上还限于简单的查询和统计，环境数据尚未能全面有效转化为可用资源。同时，部分地方和部门对于数据公开和共享认识不足，出现各自为政、封锁闭塞的现象，导致“信息孤岛”的出现，成为信息化建设的重要“瓶颈”。

4．环境管理核心业务信息化和业务协同程度还很低

许多核心业务应用系统（如政务交换平台、建设项目环评审批管理系统、视频会议系统、环境应急管理系统、生态保护管理系统、核安全与辐射管理系统等）尚待开发。另外，许多部门独立运行的许多环保应用系统之间没有任何信息交互，业务协同程度低。

（二）下一步工作计划

2009 年，湖北省以武汉城市圈“两型”社会建设综合配套改革试验和生态文明建设为契机，把“武汉城市圈环境监控信息共享平台”建设作为促进环境监管能力建设的重要组成部分，列入《武汉城市圈资源节约型和环境友好型社会建设综合配套改革试验总体方案》《武汉城市圈综合配套改革试验三年行动计划（2008—2010 年）》和《武汉城市圈“两型”社会建设综合配套改革试验 2009 年重点工作安排》。同时也列入了环境保护部与省政府签订的“部省合作协议”。

下一步湖北省将着眼武汉城市圈生态环境建设的改革、创新、试验，开展“数字环保”改革试点，围绕“武汉城市圈环境监控信息共享平台”建设，着力建设稳定、优质、快速的环境信息网络环境，科学、先进的环境监测、预警、决策、指挥和公共服务系统，加强环境信息化管理机制体制和信息安全保障体系建设，实现环境管理和行政执法的网络化、信息化，实现城市圈内各级、各地环境保护部门网上协同办公，实现“一数一源，一源多用，数据共享”，充分发挥环境信息化在提高环境监督管理效能和环保公共服务水平中的重要作用，促进环境监管体制、方法的改革、创新，为建设“两型”社会，保障经济社会可持续发展提供有力支撑和有效服务。

同时，我们希望环境保护部办公厅信息办和部信息中心对武汉城市圈环境信息化建设和“武汉城市圈环境监控信息共享平台”项目给予指导与支持，将武汉城市圈“数字环保”试点创新作为环境保护部环境信息化建设的试验田，把环境保护部开发建设的各类环境信息化应用系统优先在湖北和武汉城市圈先行先试，推广应用。

找准问题　明确目标
努力推进湖南省环境信息化工作

湖南省环境保护厅

近年来，在湖南省环保厅党组的领导和环境保护部信息中心的关心指导下，湖南省环保厅信息中心本着“贴近主业、立足应用、强化服务、构筑平台”的工作思路，紧紧围绕提高环境信息对环境管理决策和为社会公众服务的工作目标，以基础设施建设、政府门户网站建设、业务系统软件开发及基础平台搭建为工作切入点，取得一定成绩。现总结汇报如下：

一、基本情况

（一）基础设施建设

湖南省环保厅领导十分重视信息中心的基础设施建设。刚刚交付使用的厅机关新办公楼的弱电建设均采用了目前的先进技术及设备。大楼共有一个主机房及两个分机房。八楼主机房按照“电子计算机机房设计规范”A 类机房标准和一级防火标准设计，现摆放有 16 个机柜，主要配备有 4 台核心交换机，16 台接入交换机，16 台服务器及其他信息安全及存储设备。网络系统建设分为内网、外网、专网三大部分，分别实行物理隔离或逻辑隔离。其中专网包括污染源在线监控数据传输网和金财网。厅机关办公楼分别有 293 个外网点和内网点，监测楼有 325 个外网点和 120 个内网点。

为了实现资源的整合，污染源监控中心纳入信息中心统一管理，监控中心的建设严格按照《污染源监控中心建设规范（暂行）》（环函[2007]241 号）要求，在基础硬件设施、监控端专用设备、显示系统环境、网络及安全系统、数据存储备份系统等分项目上按部里的规范和标准要求的档次（规格、性能）和数量足额采购，部分设备的档次要高于部里的标准。省—市租用 14 条 2 M SMTP 数字链路组成省市专网，市（州）监控中心租用 14 条 10 M 互联网链路、省监控中心租用 100 M 互联网链路作为污染源数据传输链路。另外加上部与省早已开通的 2 M 数字链路，到 2010 年 1 月为止，湖南省环保系统的网络布局已实现了部、省、市的互联互通。

（二）网站建设

湖南省环境保护厅公众网建于2004年，并与2006年实现全新改版。已设置政务信息、政务公开、处室业务、公众参与、网上办公等多个板块，并开通了行政许可办事大厅和二级网站的定制。网站的访问量逐年以数量级递增，从 2004 年第一版的 4 000 多人次访问量到 2009 年累计超 130 万人次。近年来向省政府和环境保护部网站投稿近千篇。

网站主要对政务信息、环境质量、建设项目、排污收费、行政执法、重大项目招投标、其他行政公示（如上市公司上市核查）、环境管理业务等信息进行公开。2008年共发布动态信息4 032条，其他业务信息和公开信息1 765条。

通过模板定制的专题网站有污染源普查、固废管理、评估中心、实践科学发展观、千里湘江碧水行动等，并单独为中挪合作项目开发了洞庭湖生物多样性专题中英文网站。2008年6个二级专题网站发布信息量达974条。

（三）应用系统开发

1．办公自动化系统（OA 系统）

历年来湖南省环保厅一直积极推进办公自动化。2002 年结合湖南省环保厅实际，委托软件公司开发了省环保局办公自动化系统（简称OA系统1.0版本）。2005年又在原有的基础上进行了一次全面改版升级。作为湖南省环保厅开展信息化建设以来开发的第一个应用软件，该系统密切结合实际办公需要，并用很小的投入产生了极大的效用（注：总共投入 20 万元），开发完成后即投入了广泛的使用，受到领导和同志们的一致肯定。经统计，现归入档案库的发文共计 8 244 份，收文共计 3 333 份。有了省局的成功经验，现已将该系统推广到部分市州（注：目前已推广到湘潭和怀化市环保局）。除保留省环保局原有的阅文、发文等流程外，针对市州特点进行了二次开发，“量身订制”了一些功能，如办公室增加了业务督办、工作计划、文件传阅等功能。市州的推广为将来全省环保系统公文流转的实现打下了良好的基础。

2．行政许可项目在线处理系统的开发

按国信办“2010 年以前 50%以上的行政许可实现网上办理”的要求，湖南省环保厅与省政府签订了《建设项目环境影响报告书（表）审批》《建设项目环境保护设施竣工验收》《固体废物跨省转移行政许可》《放射性同位素转让备案》《废旧放射源送贮备案》等11个行政许可项目在线办理责任状，现均已开发完毕，投入正常运行。该系统与省质检局的组织机构代码库和省公信局的人口信息库相连进行机构及个人的身份校验，可以有效防止恶意注册，并能将代码库信息导入保证信息的唯一性，有效地消除信息孤岛，并与湖南省环保厅的短信系统结合进行短信的提醒和督办、催办。该系统还能与公众网实现信息交换，在线办理事项在公示阶段可通过大厅和网站首页进行同步公示。目前共受理办结件数 35 件，

正在办理件数 38 件。

3．省环保信访管理信息系统

该系统是一个全省各级环境保护部门共用的一套 B/S 架构的软件系统，可以定制个性化界面，有办件归档、查询、统计、流程定制、流程监控等功能，并与短信系统相连，进行办件提醒和催办、督办。能实现将投诉内容转入信访系统一并处理；实现省、市环保局定制流程各自进行信访件交办；实现全系统内信访件查询和统计，提高湖南省环境信访案例的办理效率。省局 2008 年共处理网上投诉 549 件，省局向下交办信访件 383 件。

4．省环境监测管理信息系统

系统主要是将市（州）、县（区）环保局监测站上报省中心站数据电子化、自动化。原来市（州）、县（区）上报监测数据都是通过电话口头报送或传真方式，现在全是网上填报。优点是：①数据入库的录入环节减少降低了误码率；②数据入库后自动计算，自动出报各类统计报表；③方便数据的集中管理和查询统计；④提高工作效率。该系统处理的数据主要有空气质量日报、水质分析（包括河流、湖库、地下水）月报、环境噪声年报。

（四）信息平台搭建

1．污染源监控平台

建立在省市 2M 专网和部省专网共同组成的部、省、市三级专网，通过部署西安长天污染源监控软件，搭建起了湖南省的污染源监控平台。在组网中我们严格按部里的网络地址编码规则部署，保证环保四级专网的完整性，方便了网络管理和维护，也为监控平台的联网联调和网络故障判断定位提供有力保障，目前部、省、市监控平台的污染源数据的交换已经通过此专线正常传输。

2．环境地理信息平台（GIS）

我们利用已有的污染源普查数据、污染源监控数据、环境质量数据等建立起来的数据库构建了基于地理信息平台的污染源普查数据分析系统、环境质量分析系统、环境数据中心管理系统、应急指挥系统，此平台搭建分三期工程，现已完成了整个项目的第一期。一期工程通过与地理信息系统的结合，实现基于地理信息系统的污染源数据的查询、统计、分析，实现污染源基础数据与地理数据的互动，直接满足污染源普查分析基础数据查询及专题图制作的需要。二期和三期工程分别是全省污染源监测管理信息系统和全省环境数据中心建设，全部工程完工后可以实现大量的基于污染源的业务管理，最终实现全面的信息化环境管理。

二、存在问题

随着环境信息化的逐步深入，近年来湖南省环境信息化建设整体上取得了长足的进步，有了一定的创新和提高，但也存在一些问题。

1. 认识的偏差

作为技术服务手段的信息化工作还不能普遍引起重视和共识。一些工作人员对现代信息技术和环境信息化工作的认知和重视程度不够，需求不明，自觉应用信息技术、提高办公水平和效能的意识不强。有些市州局对信息化建设的紧迫感不强，存在等待、观望的现象。

2. 资金投入不足

信息化建设的迅猛发展导致更新换代加速，整体项目所需的资金投入较大，却很难得到稳定的经费来源。近几年，湖南省环保厅用于信息化建设的经费主要开支到硬件基础设施建设上，列入应用开发上的费用很少，2004 年 10 万元、2005 年 15 万元、2006 年 20 万元、2007 年 20 万元、2008 年 50 万元，尽管逐年递增，但递增幅度小。各市州局每年的经费投入更是少得可怜。

3. 机构队伍不健全

目前，湖南省环境信息化队伍建设发展状况还不平衡。据近期对各市州局信息化工作机构人员摸底情况来看：已有长沙、岳阳、娄底 3 市成立了信息中心，其他 11 市州尚未成立。环境信息化机构不健全、技术人才匮乏、队伍素质整体水平较低等问题也极大地影响了环境信息化建设进程。

4. 机制体制不完善

湖南省环保厅信息中心既是一个技术服务的部门，又是一个协调的部门。比如，网站的建设就与办公室负责的信息公开工作密切相关；重点污染源监控系统的管理与维护与总队、减排办、监测站、污控处等处室关系紧密；在线审批应用系统的应用也需各相关业务处室的大力推广，因此要建立完善相应的制度，理顺关系，才好开展工作。各市州信息工作也是五花八门，有的归办公室管，有的归监察支队管，有的归宣教中心管，体制不顺的话，不利于信息化建设的整体推进。同时，环境信息化工作还缺少必要的行政支持和目标考核等措施。

三、下一步工作打算

1. 抓好队伍建设

环保工作面临新的挑战，环境信息化工作同样面临新的挑战。新形势下，省厅成立了信息中心，下一步就是需要继续引进高技术人才，加强力量，充实队伍。还要督促各市州局成立专门机构，加强对全省环境信息化工作人员的培训。

2. 以环境保护部“环境信息与统计能力建设”项目的实施为契机，推动各市州环境信息化建设

我们将摸清湖南省环保系统信息化建设情况的底数，配合部里做好四级网及城域网的普及工作。

3. 进一步搞好环境业务管理系统的应用开发

逐步实施全省环境质量管理信息系统、污染源管理信息系统、环境数据中心、应急指挥等系统的开发，使湖南省的环境管理水平能迈上新台阶。

4. 继续做好污染源监控平台的管理维护

保证传输网络的稳定运行，从信息手段上为污染减排、排污申报、排污收费、环境执法等提供依据和保障。

5. 部署实施全省环保视频会议系统

不仅节省厅会议支出而且为应急指挥奠定基础。

克服困难　致力服务于广西环境保护中心工作

广西壮族自治区环境保护厅

广西环境信息化建设经过十几年的发展，克服了无机构、经费缺、人员少等困难，始终致力于为广西环境保护中心工作服务，取得一定的成绩，同时也存在需要进一步解决的问题，现将有关情况汇报如下：

一、取得的成绩

（一）积极促进信息化建设

2005 年建立了自治区环保局—14 个地级市环保局 2M 数字电路的广西环境信息广域网（电子政务外网），2006 年建设了全区环保视频会议系统，到 2006 年底建成了环境保护部—自治区环保局—14 个地级市环保局的三级电子政务外网。为污染源在线监控、全国污染源普查、全国环保视频会议、环境保护电子政务信息交换平台提供安全、可靠、稳定的通信网络。保障环保电子政务外网、自治区党委机要网、自治区政府资源网的正常安全通信。

（二）积极参与环境保护日常工作，为环保中心工作服务

（1）为利用信息化手段支撑污染减排三大体系数据采集汇总、指挥调度、综合分析、决策支持，全面实现行政许可审批和日常办公业务信息化，依托各类业务系统，实现全区突发环境事件应急指挥信息化，广西环保局正在实施“广西环境监管及预警信息系统”建设，以使环境信息化更好地为环保中心工作服务。

（2）建立了广西环保局互联网门户网站，在 2008 年环境保护部省级环保网站绩效评比中成绩排名比 2007 年上升 10 名以上。

（3）独立完成广西环境现状调查与发展趋势研究、广西污染事故演示系统。正在开发广西环保专项资金管理系统。

（4）积极参与了全国乡镇污调项目、在西部生态遥感调查项目、国家生物多样性评价试点项目、第一次全国污染源普查项目、污染源在线监控系统项目的建设。

（三）积极指导各市、各县信息化建设工作

举办过全区环境信息技术培训班，为各市环保局培养了信息技术人员；指导各

市环保局信息化建设，信息化建设水平都得到了较大提高，特别是南宁市环保局、柳州市环保局、桂林市环保局、梧州市环保局和北海市环保局信息化水平较高，具备一定的信息系统研发能力。

（四）积极撰写论文

广西环保局环境信息中心公开发表了《广西环境信息广域网及其应用》《环境信息安全管理》《省级污染源在线监控系统建设研究》《环境污染突发事故应急指挥中心系统建设研究》《基于 Arc IMS 的生态广西 WebGIS 信息系统设计研究》《广西环保 IP 语音频视频会议系统一体化建设与应用》6 篇论文，其中《省级污染源在线监控系统建设研究》《环境污染突发事故应急指挥中心系统建设研究》《基于 Arc IMS 的生态广西 WebGIS 信息系统设计研究》《广西环保 IP 语音频视频会议系统一体化建设与应用》分别获中国环境科学学会 2006 年、2007 年学术年会优秀论文奖，并入选中国环境科学年会优秀论文集。

二、存在的问题

（一）无组织机构，人员缺少

目前广西环保局信息中心没有得到自治区编制部门的批准，不是正式在编的环境信息机构，专职从事环境信息化工作人员也只有 3 人，其中两人从环境监测中心站借调，一人外聘。

由于人员少，信息中心工作疲于计算机网络、计算机的日常维护，难以有更多的时间对信息化建设进行更深层次的研究，为广西环保提出更好的信息化建设规划。

（二）经费难以保障连续性

由于没有独立机构，财政经费申请存在一定难度，经费的保障直接影响项目的连续性和信息化建设的可持续性。

（三）研发能力有待提高

广西环保局信息中心目前研发能力明显不足。一个项目涉及各方面的专业，需要一个团队来支持，而广西环保局信息中心现在的人员结构是难以满足要求的。

（四）办公面积太小，机房和办公场所分工不明确

广西环保局信息中心总面积 60 米^2，机房和办公场所难以按照功能区划明确划分，造成机房和办公场所混用，对机房安全造成一定的威胁。

三、建议和意见

（一）尽快出台环境信息机构标准化建设国家标准

由于成立全额拨款事业编制的环境信息机构难度非常大，广西壮族自治区的省级环保局和大部分市级环保局至今都未成立，严重影响了广西环境信息化建设的步伐。环境信息化机构标准化建设有助于广西环保局环境信息化能力的提升。

（二）环境保护部信息中心对广西环保局环境信息化建设多一些指导与支持

受到广西环保局信息中心自身能力的限制，广西环保局环境信息化建设需要得到环境保护部信息中心的更多指导，组织机构建设、系统开发等方面多予以支持。

构建先进信息平台　高效服务环境管理

广东省环境保护厅

一、环境信息工作概况

（一）机构建设情况

“十一五”期间，广东省各市环保局环境信息机构得到了较好的落实和完善，21个地级以上市中，有 19 个市设立了信息中心或宣教信息中心，环境信息机构覆盖率达 90.5%；在县区级环保机构中，也有部分如佛山南海区、深圳宝安区等经济发达地区环保机构设立了环境信息中心。

广东省环境信息中心于 2000 年成立，在“十一五”期间的机构改革中，职能得到了加强，中心现有人员 25 名，设立综合科、信息资源科、开发科三个科室，下设了行政与市场部、信息采集与应用部、系统运行管理等八个部门，全省初步形成了机构完善并具有一定工作能力的环境信息机构和技术队伍，在环境管理中，发挥着越来越重要的作用。

（二）网络与应用系统建设

广东省 2001 年为了建设全省空气质量日报系统，开通了省—地级市环保局（监测站）帧中继广域网，带宽 128K，实现全省城市空气日报信息的自动传输与发布。2003 年省局新大楼建设落成，建设了包含计算机网络、综合布线、大楼视频监控、音响/广播、计算机机房等十多项信息化基础工程，实现了所辖直属所有单位的光纤联网，使省环境信息化工作跨上一个新的台阶，大大提高了省环境信息化能力。2004 年依托全省电子政务平台和互联网，使用 VPN 技术改造全省环保信息网络，连通全省地级市环保局、监测站等单位，实现全光纤联网，提高了网络的带宽和通讯能力，并建设了全省环保 IP 电话系统。其中通过政务网联网的城市有广州、深圳、珠海、汕头、佛山、东莞、江门、惠州、河源、韶关、茂名、潮州、揭阳、云浮、梅州；通过互联网（10M 光纤）建立 VPN 联网的城市有湛江、肇庆、阳江；2004—2005 年核应急指挥中心工程项目，补充建设了覆盖大亚湾核电站、国家核应急办、深圳、惠州核应急管理机构，以及 11 个相关厅局的计算机网络。其中深圳、广州、中山、佛山等市已经建立了连接区镇的信息化网络。

在网络等基础信息化能力建设的同时，建设了一系列的全省级环境管理应用，如全省建设项目审批管理系统、城市空气日报管理系统、公文交换系统、污染源在线监测系统、排污费征收管理、系统内部门户、电视会议与 IP 电话系统、粤港空气质量在线监测监控系统、空间地理信息服务系统、全省核辐源信息管理系统十多项应用。

“十一五”以来，各市环保局不断加大对信息化建设的投入，大部分市借助国家三大能力建设项目，以建设污染源在线监控为契机，开展环境信息化建设。如深圳市环保局投入了 4 000 多万元进行了数字环保工程建设，并取得了较好的成效；佛山市、中山市、珠海市等均投入超过 2 000 万元进行环境信息化和环境在线监测等工作，信息化能力大大增强；省环保局在信息化建设的直接投入资金也在逐年稳步增加，“十一五”以来投入资金超过 6 000 万元，省环境信息中心固定资产超过 3 000 万元，信息化能力和应用水平大大提高，应用广度和深度不断扩展，环境信息化呈现良好的发展势头。正在建设的广东省环境监控中心的污染监控中心、大型计算机网络机房建设面积约 600 米^2，项目投入使用后，配合国家的环境统计能力建设项目，将大大增强全省环境信息的基础能力，带动省、市、县三级环境信息一体化建设上新台阶，为环境管理提供更好的信息服务保障。

二、环境信息工作的体会与教训

广东省环境信息化建设方面取得了一定的成绩，在环境管理中环境信息扮演着越来越重要的角色，总结为以下几点：①信息化工作真正得到领导层的重视，环境信息化已经成为环境管理现代化不可缺少的重要组成部分。在管理层重视下，项目建设资金、信息化管理队伍建设、协调解决项目建设过程中遇到的困难等方面，都能得到解决。②重视人才培养，创建了一支既懂环境管理又精通信息技术的复合型环境信息化队伍。省环境信息中心成立近 10 年来，在“增强实力、科学管理、高效服务、争创一流”的宗旨指引下，一直把人才培养作为核心工作来抓，努力打造有利于、有志于投身环境信息事业的专业技术人才发挥聪明才智的平台，发挥自身技术和管理优势，建立起了一支信息技术和环境信息应用相结合的复合型专业技术人才队伍。这些人才队伍已经成为广东省环保局和全省环保系统信息化的核心技术力量，带动全省环境信息人才的培养。③多途径将环境信息与环境管理相融合。环境信息从产生、处理、应用等环节中，按照我国的环境管理体制，涉及众多的部门和单位。广东省环境信息中心主动参与到环境管理的主要业务，努力使信息化建设与环境管理核心业务相融合，使信息系统项目建设使用对象明确，效果显著。④努力利用环境信息化的先进手段，改造创新环境管理模式，整合环境信息资源，不断改进落后的信息管理模式，适应新的环境管理体制，更好地提高工作效率。例如，正在建设的广东省污染源综合管理系统，就使用了信息化流程改造的方法，打破原有的污染源手工信息管理方式，打破部门之间的信息孤岛和信息封锁，使每个部门都是信息的提供者，也都是信息的使用者，建立服务于全方位的污染源综合管理系统，实现横向部门间、上下部门间的污染源信息沟通与共享。

同时必须看到，在广东省环境信息化工作取得长足进步的同时，与环境管理的迅速发展对环境信息化的需求相比，全省的环境信息工作还存在着很大的差距。信息化与环境管理还存在几方面的不协调：①环境管理对环境信息化需求与环境信息中心所能提供的服务能力不协调；②环境信息的发展与环境污染的形势不协调。主要是体现在，很多地方环境污染已经从局部污染扩展到区域性污染，信息化能力还基本维持在局部建设上，不能进行各级环境信息的共享和沟通；③环境信息管理机制与环境管理机制不相协调，大部分的信息中心还属于后勤服务机构，对环境管理的核心业务了解不深，信息化建设处于被动的状态；④区域间的环境信息化能力不相协调，地区之间、上下之间差距有扩大的趋势，形成环境管理上的信息鸿沟。

总之，广东省环境信息化工作整体水平尚处在起步阶段，各地市之间的信息化水平差异较大，建成的信息系统相对封闭，信息共享和交换上还存在很多障碍。应用于省、市、县三级环境管理机构上的信息化项目还不多，能力还比较弱。同时缺乏详细的全省环境信息化长远规划和信息资源规划，应用系统建设缺乏计划性保障，在真正发挥信息化在环境管理和决策支持方面，在环境信息资源整合，优化管理流程，明显地提高管理效率等工作上，任重道远。

三、信息化建设的思考与建议

环境管理现代化离不开环境信息化。在广东省经济高速发展的今天，环境污染的压力越来越大，环境管理的能力不论从总的形势要求，还是环保管理自身内部的需要，环境信息现代化建设都存在强烈的需求。环境管理已经从粗放型的行政管理模式，逐步向总量化的精细管理模式转变，总量化离不开数字化，数字化管理信息化是基础。

环境信息化工作无疑是今后 5～10 年的环境管理重点工作之一，环境信息化的重要性在相当部分地区得到领导认同与重视，机构建立、人才配备、资金投入等逐年增加。环境信息化与环境管理的业务将日益紧密，应用深度不断增加，应用范围不断扩大，从核心环境管理业务向全面的环境管理扩展，从业务信息化向综合辅助决策支持发展。

如何应对环境管理的形势发展，把握环境信息化的发展机遇，我们提出以下几点建议：

1. 在制定“十二五”环境保护规划和目标的同时，把环境信息化建设规划作为主要的内容，制定今后五年的信息化发展规划

规划需明确各级的信息化建设目标，理清各级环境信息部门的职能和主要任务，分层次地进行环境信息系统建设。各级联动，相互联系，相互补充，使规划成为整个系统信息化和业务规范化的技术指南。

2. 环境信息部门要不断创新工作思路，寻找破解制约环境信息工作发展的“瓶颈”问题

信息部门要尽可能参与到环境管理的业务中去，深入了解环境管理业务的内在联系与关系，寻找使用信息化手段解决实际问题的办法，特别是制约环境管理效率提升、环境信息资源整合，国家、省、市、县（区）管理架构下的协同工作等问题。

信息中心要致力于不断提升软实力，不能只满足于拥有更多的固定资产和设备，而没有拥有专业技术人才和技术能力等软实力。目前的大部分环境信息中心都没有信息获取渠道和能力，也没有配备专业人员，更没有环境信息的分析能力。没有掌握环境信息资源的信息中心，在环境管理中难免边缘化，也没有发展潜力，更难以为环境管理提供决策支持服务。信息中心要成为所辖区域环境信息的收集者、加工者、分析者、信息提供者。

3. 要充分重视省、市、县（区）纵向环境信息系统的建设

以国家环境统计能力网络项目建设为基础和契机，加大纵向环境信息系统应用的建设力度，使基层环保管理业务信息化，让他们成为环境信息资源的提供者和使用者，推广环境信息系统建设从局域应用，到全系统的一体化全面应用。

创新机制　积极开展环境信息化建设工作

海南省国土环境资源厅

在环境保护部和海南省国土环境资源厅的领导下，海南省环境信息化建设始终坚持以科学发展观为指导，认真开展环境信息化工作，创新机制，做好环境资源数据大集中、统一业务管理平台建设，不断推进电子政务建设步伐，取得了一定的成效，为海南省环境行政管理提供信息化服务，为海南省环境电子政务建设提供技术保障。

一、信息化投入基本情况

海南省是欠发达地区，环境信息化方面的资金投入不多，怎样才能把环境信息化工作做好，是我们一直考虑的问题。

海南省国土环境资源厅职能包括环境、土地和地质矿产管理三大块，我们充分利用体制上的优势，搭载国土资源信息化建设顺风车，积极申报国土环境资源信息化有关项目。到 2009 年 6 月底，排除国土资源信息化投入，“十一五”期间，省一级环境信息化建设累计投入 1 573 万元，主要投入在全省骨干网建设，环境监测信息能力建设，机关办公自动化系统及网络建设，办公大楼网络建设，“12369”环保信息系统及在线监控建设，污染源普查项目信息化管理设备及软件，环保行政许可审批系统建设，全省视频会议及培训（已立项，尚未建设）等。

二、信息化能力建设情况

海南省有别于全国其他省份，实行的是省、市县两级行政管理体制，环境和国土资源合并在一起办公，同时实行国土资源系统垂直管理，实行“小政府，大社会”的管理模式，内设机构少，工作人员少，为了更好地做好环境信息化建设，海南省采用“数据集中，平台统一”的建设模式，按照“急用先上，不断完善”的原则，环境信息化能力建设取得了一定的成效。

（一）机构建设

分别于 1997 年和 2002 年成立了信息中心和信息化领导小组。

（二）硬件能力建设

2007 年年初，海南省国土环境资源厅机关及信息中心进驻新大楼办公，信息化管理用房由原来的 20 米^{2}增加到 200 米^2，建设了约 60 米^{2}的计算机房；建设了内外网物理隔离的办公网络系统（包括省国土环境资源监察总队、核辐射监测站、信息中心）；省环境监测总站（省环科院）也建立全站联网的办公局域网并与省厅实现联网。

目前，已部署机架式及塔式服务器超过 20 台，IBM 小型机 3 台，正在部署存储容量达 109 TB 的 EMC CX3-20C SAN 光纤存储设备，DELL ML6010 机架式磁带库，厅机关和信息中心配备了 PC 电脑 300 多台，同时还配备了图型工作站，A0 幅面高精度扫描仪，A0 幅面彩色绘图仪，B0+幅面彩色打印机，环境监控中心 DLP 大屏幕、投影仪、触摸屏等，以及监测监控专用设备、音响系统等。

（三）软件基础建设

海南省国土环境资源厅在做好硬件能力建设的同时，也积极做好软件基础建设，购置了各种系统平台软件，包括操作系统、大型数据库管理平台、网络管理系统、组件式开发平台、地理信息系统（GIS）等，见下表。

软件基础建设情况表

部署情况	软件名称	数量	型号及基本参数
已部署	操作系统	各 1 套	Microsoft Windows2003 Server，Windows2007 Server，Microsoft Vista
已部署	GIS 软件	各 1 套	ESRI ArcGIS9.3 Server、SuperMap、MapGIS
已部署	数据库管理平台	各 1 套	SQL Server 2003、Oracle、DB2
已部署	安全管理软件	1 个	Symantec AntiVirus 企业版 10.0，包括 Windows 2003 server 杀毒软件，100 用户端，5 个服务器端，1 个 for Exchange Server 2003，200 个用户客户端
已部署	中间件开发平台	1 套	EOS
正在部署	备份软件	1 个	IBM Tivoli Storage Manager

（四）环境监测监控能力建设

为了做好企业污染源在线监控监管，海南省在 2006 年建成“12369”环保信息系统，实现环境数据的集中管理，国控和省控企业的污染源实时在线监控。在 2007 年中央财政投入海南省重点污染源自动监控系统项目的基础上，按照环境保护部关于污染源自动监控平台建设的要求，海南省采购了一批应用服务器设备，基本满足了环境保护部关于搭建污染源自动监控平台的要求。

三、项目规划与建设情况

（一）做好各项信息化规划工作

历年来，海南省国土环境资源厅制定了一系列环境和国土资源信息化方面的规划与计划，并开展各项信息化建设可行性研究，为海南省国土环境资源厅申请项目立项及资金支持提供了可靠依据，使得海南省环境信息化建设能够稳步向前推进。

（1）编制了《海南省国土环境资源信息化“十五”规划和2010年远景目标（纲要）》《海南省国土环境资源政务管理信息系统和信息服务系统建设总体方案》《海南省国土环境资源信息化建设“十一五”规划》。

（2）编制一系列方案并付诸实施，包括《海南省环境信息能力建设项目方案》《海南省环境信息与统计项目建设方案》《海南省探矿权生态敏感性论证成果应用方案》《海南省环境保护管理行政许可业务审批系统建设方案》《海南省国土环境资源信访管理信息系统建设方案》《污染源普查数据库及管理信息系统建设方案》。

（3）开展各项可行性研究，包括“海南省省、市县两级环境综合管理平台建设可行性研究”“海南省各市县局域网建设和骨干网联网工程可行性研究”，编写的《可研报告》通过了海南省工业与信息产业厅组织的专家评审，同时已在海南省开始实施建设。

（二）以办公自动化建设为核心，服务于环境行政管理

海南省于2001年建设了办公自动化系统，以微软Exchange2000 Server为平台，基于Outlook邮件分发技术的办公自动化系统，实现全厅公文收发、文件传输无纸化。

海南省国土环境资源厅搬进新办公楼后，为了适应海南省国土资源垂直管理、国家“金土工程”建设、国土资源部电子政务建设等要求，海南省国土环境资源厅信息中心自主开发了基于 SOA、J2EE 等技术架构的新版办公自动化系统，包括发文管理、收文管理、借阅管理、查询管理、安全管理等功能模块。实现公文收发及流转、公文传输、电子签章、查询借阅、邮件分发等功能。

（三）积极开展数据大集中和统一电子政务平台建设

根据海南省国土环境资源工作需要，海南省国土环境资源厅创新机制，由信息中心自主开发建设了元数据管理系统、统一架构管理系统，为海南省国土环境资源省、市县垂直管理，数据大集中管理、统一电子政务平台建设提供了可靠的技术支撑，为实现海南省“省、市县、乡镇”三级数据管理及应用系统联网运行打下良好基础。

1. 元数据管理系统

元数据管理系统可实现环境元数据的统一管理，为元数据以及元数据所描述的

数据提供查询检索、展现等功能，并与“统一组织架构管理系统”紧密结合，为各业务系统提供应用数据接口，为海南省国土环境资源厅各类数据的大集中管理及应用提供了有效的技术手段和方法。

2．统一组织架构管理系统

在元数据库及“元数据管理系统”建设的基础上，海南省国土环境资源厅信息中心自主设计开发了“统一组织架构管理系统”，可有效管理数据库生成脚本文档，统一定制和控制审批流程、审批环节以及各系统模块所调用的空间数据库图层权限。设定组织架构管理角色和操作员权限；建立相关审批流程，规范管理整个系统的各种数据、构件、角色、模块和开发模式，实现对开发的各个环节进行质量控制，从而实现搭建各业务系统的基础架构。系统具有机构管理、角色管理、菜单管理、功能管理、逻辑管理、构件包管理、构件管理、数据库管理、空间图层管理、CVS管理、申请流程管理等功能模块。

3．数据大集中管理

在建设“元数据管理系统”和“统一组织架构管理系统”的基础上，海南省国土环境资源厅将逐步实现环境数据大集中管理。采用集中建库管理和更新维护、集中建库和分工更新维护、分布式建库和更新维护三种数据生产存储管理方式，形成完备的数据组织建库、存储管理、更新维护机制，大大提高了海南省环境资源数据存储管理水平。

（四）大力开展信息化项目建设，提高信息化管理水平

为了更好地做好环境行政管理，开展环境监管工作，培育和提高海南省国土环境资源厅信息化管理水平，海南省国土环境资源厅及各直属事业单位积极开展和参与环境信息化项目可行性研究、项目申报、建设和管理，以项目建设带动信息化管理水平的提高，在提高环境信息化管理水平的同时，提高行政效能、监督监管能力和信息统计能力。为海南省环境保护、生态省建设、国际旅游岛建设提供有力的保障。

1．行政许可项目审批系统建设

按照“金土工程”及省政府有关文件要求，海南省国土环境资源厅组织力量，由信息中心承担建设了省一级的“行政许可项目审批系统”，已于2008年7月应用于海南省政府政务服务中心。系统具有行政审批登记、电子报审材料调阅、文档在线批注编辑、电子签名签章、地图空间分析、审批业务实时监控、审批项目实时在线备案等众多功能。应用该系统，海南省国土环境资源厅实现审批业务从受理窗口接件到最终发文公告的无纸化运行，实现行政审批流程电子化和无纸化。

2．省、市县两级公文传输系统建设

海南省国土环境资源厅于2008年建设了“国土环境资源公文传输系统”，目前海南省国土环境资源厅及各市县国土环境资源局、各直属事业单位均实现了公文无纸化制文、电子签章、打印和网络传输。

3．海南省“12369”环保信息系统建设

该系统于 2006 年建成，采用了 WEB、GIS、语音、数据无线传输等技术，实现全省“12369”联网举报投诉、全省污染源在线监控与报警等功能，已在全省联网运行使用。

4．海南省污染源普查数据管理系统建设

海南省国土环境资源厅结合全国污染源普查工作的开展，正在设计开发污染源普查数据管理系统。该系统基于海南省国土环境资源统一电子政务平台，基于 J2EE、SOA 技术架构，WEB 和 GIS 技术，具有污染源数据转换管理、污染源数据管理、污染源普查档案管理、污染源普查数据处理和分析、查询统计、报表管理、决策支持等功能，实现污染源普查数据的统一管理及利用；并计划与“环境管理行政许可业务审批系统”、“国土环境资源电子沙盘系统”集成，到时可根据污染源挂接如污水处理厂模型、管道线路等三维数据，可直观地了解污染源目标状况，为行政许可审批提供数据依据，为领导决策提供技术支持。

5．海南省国土环境资源电子沙盘系统

海南省国土环境资源厅正在建设“国土环境资源电子沙盘系统”，将实现三维景观导航、放大、缩小、漫游、飞行、属性信息查询等功能，可提供海南省土地、矿权交易电子沙盘展示，环境保护行政审批管理，日常办公辅助决策及提供科研服务，为海南省“国际旅游岛”建设提供服务。

未来还将在海南省国土环境资源统一电子政务平台上实现行政审批电子沙盘会审，特别是对重点项目环评、土地供应、土地用地指标的审批管理，提供三维直观的电子化管理模式。

6．海南省国土环境资源信访管理系统建设

海南省国土环境资源厅正在建设“国土环境资源信访管理系统”，实现全省国土环境资源信访工作的联网办公，从案件受理、处理与协调、案件回复、办件监督全业务流程的电子化处理。省厅和各市县局可通过该系统查询信访基本情况、办理详情、统计分析等。该系统将在海南省统一电子政务平台上构建。

7．工作计划与会商管理系统建设

根据海南省环境数据大集中、环境行政垂直管理工作要求，海南省国土环境资源厅于 2008 年建设了“工作计划与会商管理系统”，省厅和各市县局及直属事业单位均通过该系统编写周工作计划和日程安排，省厅领导可进行全面监管。可实现部门单位、个人工作计划与总结、日程安排及提醒、短信发送、查询统计等功能。

8．政务信息报送系统建设

为了加快政务信息报送速度，减轻工作强度，为政府行政提供信息支持，提升政府综合决策能力，海南省国土环境资源厅建设了“政务信息报送系统”。该系统可通过全省国土环境资源骨干网，实现全省国土环境资源政务信息发布、上传、分发、查询统计及采用评分等功能。

9．信息资源和标准化建设

（1）信息资源建设

建设了海南省水环境功能区划空间数据库、海南省污染源数据库、放射源数据库、海南省水源保护地数据库、探矿权生态敏感性论证成果数据库、海南省中部山区水源涵养数据库、历年环境统计数据库等，正在建设海南省污染源普查数据库。

（2）标准化建设

按照《国土资源核心元数据标准》和环境保护部有关标准，海南省国土环境资源厅制定了《国土环境资源元数据入库标准》，规范海南省国土环境资源各类数据的建设和入库。海南省国土环境资源厅还积极参与国家有关环境标准的编制工作，2008 年，海南省国土环境资源厅信息中心与沈阳、江苏环保信息中心共同承担了“全国环境系统河流代码标准”编制工作。

（五）开展全省网络建设，提高环境监管能力

海南省国土环境资源厅较重视全省环境信息网络建设，厅机关和省环境监测总站、核辐射监测站、国土环境资源监察总队、信息中心均建立了办公局域网，并实现网络互联、公文传输。在此基础上，海南省国土环境资源厅在 2009 年建成了全省国土环境资源骨干网，省级带宽 155 M，市县局统一采用带宽为 4 M 的 SDH 电路，实现公文传输、数据交换共享。海南省国土环境资源厅计划在近两年建立起市县局及各乡镇办公局域网，实现省厅、市（县）、乡镇国土所三级网络格局。

（六）建设政务服务网站，不断深化政务公开

按照《政府信息公开条例》要求，海南省国土环境资源厅对政府信息资源进行全面梳理，认真组织栏目，建立了政务服务网站，除了提供环保、土地和矿产资源等政务服务信息外，还对外提供在线办事、信息公开目录、环境质量报告、城镇基准地价、公众建议、行政审批结果等公开内容。2001 年以来，连续三次获得海南省政府网站评比三等奖、一次二等奖。

四、下一步信息化工作思路

按照国务院“关于支持海南省国际旅游岛建设的若干意见”要求，海南省正在加紧建设国际旅游岛，积极推进海南省资源节约型和环境友好型社会建设。海南省国土环境资源厅将继续创新机制，凭借“国际旅游岛”建设东风，加紧研究申报有关项目，以项目带动海南省环境信息化建设步伐。计划在“十二五”期间开展如下几项环境信息化建设工作。

（一）建立省、市县两级行政许可审批系统

海南省国土环境资源厅正在积极开展项目可行性研究，计划在 2009 年年底前

启动“省、市县两级行政许可审批系统”建设工作，该系统建成后，将实现省、市县两级行政许可审批业务全电子化和流程化处理；保证市县局行政许可审批事项从窗口接件、审批、备案均在“一个平台、一张图、一个网”上运行（全省统一电子政务平台、统一数据、全省联网）。

（二）建立突发环境污染应急指挥系统

计划建立“突发环境污染应急综合指挥系统”，以“海南省‘12369’环保信息系统”和“海南省国土环境资源电子沙盘系统”为基础，集成大量基础空间数据，充分满足事故现场应急反应的需要，建立简洁、灵活、方便的突发环境污染事件应急系统。实现事件地图查询，分析事件的影响范围、影响人口；根据监测值模拟事件的状态；预测事件的发展情况；对事件的发展进行动态模拟，为事件的处理决策提供科学的依据。从而组织、协调、指导各部门快速地应对全省突发性环境污染事故，将影响和危害降到最低限度，保障人民群众的生命财产安全，保障社会经济稳定和社会和谐发展。

（三）建立水资源保护管理系统

海南省已完成省级水源保护区规划，正在开展市县级水资源保护区划。计划在“十二五”期间，建立海南省“水资源保护管理系统”，将海南省各级水源区划数据入库管理，对水源保护地的地理位置、地形、地貌、地质、气候及气象信息、所在城镇的城市总体规划、总体空间布局、供水现状与规划、农村水利情况、污染源、水质、监测点位、保护级别等信息入库管理，包括属性和空间数据。同时对规划保护区关键点地理坐标、应急能力情况等进行全方位管理。实现属性和空间数据查询、统计、图表输出等功能。结合“行政许可审批系统”，实现行政许可审批项目空间叠加分析，为行政审批工作提供迅速准确服务；结合“应急指挥系统”，为水环境污染突发事件应急指挥提供基础数据和决策支持。

（四）建立政务公开网站一体化管理平台

计划在 2009 年、2010 年两年开发建设“海南省国土环境资源政务公开网站一体化管理平台”，建立起全省统一的环境信息公众服务集群平台，建立健全环境信息采集、更新、汇交、发布管理和共享服务制度，建立环境信息分级目录体系和动态更新机制。实现全省统一技术标准、统一数据目录、统一后台管理、统一操作规范的网站一体化管理平台。

（五）建立环境影响评价预审信息系统

计划建立“环境影响评价预审信息系统”，通过收集和整理海南省环境影响评价所需要的各类基础资料，建立环境评价基础数据库和环境基础地理空间数据库。通过预审项目各类污染因子和参数，实时计算各类污染源对环境空气、地表水、海水、环境噪声、自然生态可能造成的影响，进行项目多厂址论证、对比，初步确定项目环境可行性。该系统将能够提高项目环境预审速度，通过量化计算提高项目环境影响预审的科学性。

（六）建立环境质量综合管理系统

计划建立"海南省环境质量综合管理系统"，建立海南省环境质量监测网点电子地图及电子沙盘，对海南省主要城市环境空气质量、大气降水、噪声进行实时自动监测，对地表水质监测实现预警预报，实现区域重点环境监测数据管理及预警，有条件的话，建设省级区域火箭发射场环境影响定位监测管理。实现对各监测数据的入库、统计、查询及分析，形成各种图表，提供环境管理决策支持。

（七）建立核应急指挥中心

海南省国土环境资源厅计划建设国土环境资源监测综合楼，将参照广东省环保局"核应急指挥中心"的做法，在省监测综合楼建立"核应急指挥中心"，计划建立面积达 300 米 ^{2} 的指挥大厅，配备大屏幕、电视电话会议系统、核电站（昌江）远程视频监控、在线监测数据传输，指挥中心专家会商系统、指挥调度系统、决策系统等。

（八）建立异地容灾备份中心

计划采用光纤磁盘阵列存储，建立异地容灾备份中心，以保证海南省国土环境资源数据的安全。

深入贯彻落实科学发展观
增强信息化支撑环保事业发展的能力

重庆市环境保护局

重庆市环境保护局坚持以科学发展观为指导，认真贯彻落实全国环境信息化工作精神，实施信息化与环保业务融合战略，以“夯实基础、重点跨越、支撑发展”为目标，探索创新环境信息化工作机制，突出信息资源建设和成果应用，打造环保数字化工作平台，锻炼培养环境信息化人才队伍，不断增强信息化支撑环保事业发展的能力。

一、高度重视环境信息化工作，不断探索创新体制机制

重庆市环境保护局领导班子高度重视信息化工作，明确提出信息化是环境保护的“机制创新和管理革命”，要求环境信息化与环境监测、监察等环保支撑体系互为依托，为实现环境统一监管、提升行政效率和环保执行力、提高环境决策科学性发挥支撑和保障作用。为此重庆市环境保护局理顺工作体制、创新工作机制，为环境信息化创造良好的内、外环境。

（1）为信息化统一管理提供制度保证。在局系统“三定”方案中明确“将拟定环境保护信息建设规划，建设和管理环境保护信息系统的职责委托给市环境保护信息中心承担”，使信息部门具备了统一管理信息化规划、标准和项目实施的行政管理职能。

（2）“一把手”亲自抓信息化。要求全局建设必须统一规划、整体构建，做到总体设计、标准统一和信息集成。局长每年两次召开专题工作会，对各级责任人相关工作予以检查、督促。在工作中严格执行需求三级审核、项目进度考核等制度。

（3）按业务信息流制定全局数据更新工作规范，以局务会形式分配各部门数据采集、汇交、审核工作任务，落实各部门工作责任，形成了完备有效的数据管理和更新机制，实现了数据资源集成共享与更新应用，彻底消除“信息孤岛”“数据烟囱”。

（4）为信息化创造良好的外部工作环境。重庆市环境保护局与规划、气象、水利等市级部门签订协议，建立数据共享和项目协作机制，与高等院校、专业单位等合作建立实验室、实习基地，形成科研协作机制。

（5）多渠道保障信息化经费与人员，市局以业务专项、信息化项目、国际合作

等多渠道解决信息化经费，将数据采集、系统运维等纳入日常经费，“十一五”以来共投入 5 100 余万元。同时在编制有限情况下，采取公招、借用、聘用和研究生培养等多种用人形式，使信息中心发展为近 40 人的工作团队。

二、全面推进，重点突破，信息化建设成效显著

重庆市环境保护局按照《重庆市环境保护信息化规划（2005—2010 年）》《重庆市环境质量动态监控系统可行性研究报告》《重庆市环保信息系统工程总体设计》等要求，以项目建设为驱动，以业务和数据建设为核心，全面梳理环保信息流，突破长期制约环保的基础数据难题，构建起集管理应用、数据服务于一体的数字化环保工作平台。

（一）重点建设环保基础数据，探索建立数据更新工作模式

重庆市环境保护局开展数据大收集、大整理工作，通过反复剖析环保数据的业务内涵，建立环保主体业务的数据体系，制定环境空间数据图层规范，出台基础数据库建设标准规范。通过几年来的持续投入建设，现已建成基于全市 8.24 万千米^2 1∶10 000 基础地图（含高程模型），包含全市环境敏感点、质量监测点、功能区划、保护区、饮用水源、工业园区、污染源（排污口、危险源、处置设施等）、城市基础设施和社会经济等 300 余种专题的基础数据库。

重庆市环境保护局通过制定实施数据建设技术规范、数据管理工作规范，不断强化信息部门的数据管理职责地位。建立完善了业务系统审批成果管理更新，环境质量和污染源自动监测系统实时更新，污染源普查等专项调查更新，导入规划、测绘等部门成果协作更新和信息中心采集加工数据整合更新五大数据更新工作模式。GIS 平台和数据建设成果与业务系统无缝连接，全面应用于建设项目审批流程带图运行、日常监管、环境应急和综合数据统计分析等业务中，形成了以“图表融合、数据分级、信息分层”为特点的“数字环保一张图”信息应用模式。

（二）坚持以业务为向导，全面打造环保信息化业务系统

重庆市环境保护局整合环保政务、业务流程，建立“统一门户、事件关联、信息找人、效能监管”的应用模式，实现单点登录、全网访问，使政务与业务系统无缝连接、有效协同。一是建成和应用了办公自动化系统，并延伸到市局直属单位和区县环保局，形成全员参与、运转高效的全市环保政务系统；二是按统一接办件入口、规范业务流程和行政效能监察的要求，建成和应用了建设项目管理系统、排污许可证管理系统、固危废转移许可证、转移联单管理系统、辐射安全许可管理系统等业务审批系统；三是围绕环境监管要求，集成 CTI、GIS、视屏矩阵及多媒体技术，建成和应用了“12369”环境投诉举报热线、环境事件应急指挥系统、现场监察管理系统、环保行政执法系统；四是按照环境管理要求，建设和应用了总量台账

管理系统、限期治理管理系统、综合数据查询系统；五是基于 SCADA 等技术，建成重点污染源在线监控系统，具备在线监测、设施设备监控和视频监控多种远程监管手段，兼容国内外多种监测设备和各种传输网络，实现数据过滤、审核、补全和发布的流程化管理功能。

（三）围绕政务公开，政府网站信息服务绩效显著

“重庆环境保护”政府公众信息网实现了由静态网站向动态网站、由信息发布网站向服务办事网站的转变，成为重庆环境信息权威发布的窗口、政务公开的平台。一是按照《重庆市环境保护局环境信息公开目录》和《重庆市环境保护局环境信息公开指南》，完善网上政务大厅，公开空气质量日报、环境状况公报等信息，公示大厅接办件、排污许可证发放、建设项目环评、竣工验收等行政许可审批事项；二是开设“四大行动”、污染源普查、生态环保、三峡库区水环境信息等专栏，增强环保工作透明度；三是与重庆市政府公众信息网、新华网重庆频道等权威媒体联动，实现环境重点工作、热点问题信息的及时全面报道。“重庆环境保护”政府公众信息网为环境管理者、社会公众提供了多渠道、全方位的“一站式”信息服务，在2008年度取得重庆市政府公众信息网站考评第一名、环境保护部省级环保局（厅）政府网站绩效评估中排名第八的成绩。

（四）通过多系统建设与集成，建立环境信息化基础平台

重庆市环境保护局通过世界银行贷款、日元贷款等国际合作项目和三峡库区水环境安全监管信息系统、区县局及直属单位网络系统、污染源监控分中心项目等重大专项的实施，先后完成了市局、直属单位和部分区县局网络建设，基本具备全市信息化工作能力。借助全市党政网实现了区县局与市局公文交互和信息上报。通过公共网实现全市重点污染源自动监控、环境质量自动监测站的数据和图像传输。重庆市环境保护局目前已基本建立连接市、区（县）两级，涵盖重点污染源和环境质量自动站的环保主干网络，建成市局网络中心和数据中心，并同步建立信息安全、运维保障等技术支撑体系，为环境信息化的发展提供了基础和保障。

三、打造信息化队伍，提升环境信息化软实力

环境信息化事业的发展，除需改善装备水平外，还需要一支业务过硬、团结奉献的人才队伍。重庆市环境保护信息中心把打造“学习创新型团队”作为长期建设目标。

（1）以创建活动为载体，促进干部职工思想素质提升。先后成功创建重庆市“青年文明号”、市环保局系统精神文明单位等，极大地提高了工作质量和水平。

（2）以科研为引导，提升专业技术水平。承担或参加了重庆市三峡库区水环境安全预警平台研究课题、中国-丹麦梁滩河流域治理研究、中国–欧盟生物多样性评

估等研究项目，近两年公开发表30余篇文章。

（3）与重庆师范大学、ESRI中国（北京）有限公司共同筹建环保行业GIS应用实验室，建立“产、学、研”一体化的教学实习、人才培养基地。

（4）定期开展“环境信息化技能大赛”系列活动，以激烈的技术竞赛促进业务学习和团队合作。

（5）建立了数据采集队伍，具备外业采集、室内加工、图形数化等业务能力，使数据加工成为信息部门核心竞争力。

四、存在的问题与建议

（1）环境信息化工作起步较晚，与环境监测、环境监察等相比较，在工作机制、队伍能力、装备水平等方面有较大距离，尚不能满足环境管理工作的急迫需要。建议尽快推出环境信息化标准化建设的工作要求和考核制度，以达标建设为抓手，促进地方环境信息化硬实力的发展。

（2）环境信息化在技术与业务融合的过程中，尚未找到清晰的业务主线。尤其在及时、直接、准确的信息服务方面，与业务距离较大。建议彻底剖析环保主体业务内涵，在信息服务的体制机制、方法途径、实现手段等方面开展基础性研究。

（3）环境信息化各项工作依靠高素质的人才队伍，建议参照100城市项目经验，继续开展全国性的信息化队伍培训，提升管理和技术水平。

勇于探索　迎难而上

贵州省环境保护厅

贵州环境信息化工作于 1996 年正式启动，多年来在环境保护部信息中心的大力支持和省环保厅的直接领导下，经过全省环境信息工作者的积极探索和逐步建设，贵州省环境信息工作从无到有，从各部门不了解不习惯到形成习惯性需要，从单个项目分散建设进入到目前的统一规划整体建设，环境信息化工作得到不断发展，环境信息技术已成为贵州省环境保护工作中不可缺少的一部分。

一、立足省情，积极开展基本能力建设

1996 年，随着原环境保护总局信息中心 B-1 项目的开展，贵州省相继成立了贵州省环境信息中心和贵阳市环境信息中心及遵义市环境信息中心，均属财政全额拨款事业单位。随着环境信息化工作逐步扩展，贵州省环境信息中心于 2005 年年底更名为贵州省环保局电子政务中心，并扩编为 10 人。省财政下拨工作经费也逐年增加，从 2003 年的 60 万元到 2008 年的 125 万元。目前，在贵州省的 9 个市（州、地）中，已有贵阳、遵义、毕节 3 个市（地）环保局成立了环境信息中心。

1997 年，贵州省环境保护局建立第一个局域网，随着工作的不断扩展和投入的不断增加，网络系统和基础设备也逐步得到改进和提高。近年来，根据环境保护部的总体规划和贵州省政府对网络建设的具体要求，开展了各类网络系统建设，目前，贵州省环保系统已建立并正在使用的主要有以下网络系统：

（1）供省环保厅及部分直属单位使用的外接互联网的环保外网，并在其上逻辑隔离了用于省环保厅协同办公的局域网和用于环境监测数据传输的 VPN 专网；

（2）连接环境保护部电子政务外网的 IP 专网；

（3）全省重点污染源在线监控网络系统（现有监控点位 264 个）；

（4）省环保厅与省委连接的信息报送网络；

（5）省环保厅连接省政府电子政务外网网络系统；

（6）用于省环保厅环境数据中心的物理隔离的环保内网。前三个网络系统都建立了硬件“防火墙”、环保外网还建立入侵防御系统，省环保厅为加强网络管理，制定了网络安全保密管理规定。

为满足贵州省国控污染源自动监测项目的需要，还临时建立了连接全省各市（州、地）环保局的数据传输网络系统。

二、畅通渠道，基本实现环保信息资源共享

2004 年在贵州省环保局政府网站上建立了全省各市（州、地）环保信息网上报送、审核及发布系统，2006 年扩展到全省各县级环保局，实现了全省环保信息网上报送和及时交流。2008 年在省环保厅网站上通过该系统及时发布全省各级环保政务信息共 3 400 余条，处理回复网上投诉 166 条。

2004 年，贵州省环境信息中心建立了贵州省环境数据中心，并在省环保厅的大力支持和各部门的通力协作下，收集和贮存了近几年的环保数据，并对环保数据的整合与再利用进行了探索。目前，环境数据中心已收集贮存了 2001—2008 年贵州省环境监测、环境统计及排污申报数据和对应的业务软件，并设计了各数据库查询统一入口。环境数据中心还贮存了省环保厅及直属单位近年来研究、开发的一些项目数据，如“贵州省 3S 环境决策支持系统”“全省污染源普查基本信息数据”等。实现了环保内部数据共享，为环保数据完全整合和再开发利用奠定了坚实的基础。

三、努力探索，积极推进信息技术的应用

从 1999 年起，贵州省环境信息中心结合环保工作的需要，开始了对相关环保应用系统的探索和研究，于 2000 年开发了办公自动化系统在省环保局推行使用，并利用“3S”技术圆满完成了全国水功能区划数字地图（贵州部分）的制作、“黔中枢纽工程”数字地图的制作等业务工作，信息技术逐步渗透到环保工作的方方面面。目前正在使用的应用系统主要有：“贵州省环保局协同办公平台”“贵州省重点污染源自动监控系统”“贵州省放射源管理数据库”，以及环境保护部下发的各类业务系统；正在建设的有“贵州省突发水环境事件辅助决策系统”“贵州省环保行政许可监察系统”“贵州省环境信息化系统”等。通过对各相关环保应用系统的研究、开发和应用，有力地推进了环境信息化发展。

四、完善网站，切实提高服务效率

贵州环保网站建立于 2002 年，并每年根据本省环保工作需要进行改版，逐步完善网站功能和提高服务质量。从 2008 年开始，统一按照环境保护部《省级环保局（厅）政府网站绩效评估指标体系及评分细则（试行）》中的相关要求进行改版，并结合本省实际情况，建立了全省各级环保局网上信息报送和发布平台、网上投诉办理回复平台等，逐步实现了全省环保系统与公众的网上沟通和便捷服务。

贵州省环保局每年举办一期全省环保网站政务信息编报培训班。培训内容主要有政务信息、公文写作及网站功能使用等，既提高网站信息的质量，也为贵州省环境政府信息公开打下了基础。

五、强化队伍，不断提升业务技术能力

人才是切实推进环境信息化最根本的要素，根据环境信息工作扩展需要和信息技术日新月异的特点，着重从两方面加强人才的培训：①根据业务工作的需要有针对性地进行培训。随着“贵州省环保局协同办公平台”、“贵州省污染源普查信息化建设”等应用系统的使用和工作的开展，对全省各级环保业务人员进行了相应信息技术的培训，仅2008年共培训418人（次），到外省考察学习17人（次）。②鼓励职工自主学习。省环保局电子政务中心专门制定了奖励机制，鼓励职工自主学习，积极参加各类资格认证考试，努力提高业务技术能力。通过这些学习和培训，逐步加强了全省环境信息化队伍建设，提高了全省环境信息技术应用能力，有力地促进了贵州省各项环保工作的顺利开展。

经过多年的努力，贵州省开展了以上各项环境信息化工作，并在服务和推进环保工作中取得了实效，但在工作中仍然存在一些薄弱环节。

一是机构不健全，这将制约环境信息化工作进一步全面开展。贵州省9个市（州、地），目前只有3个市（州、地）环保局成立了信息中心，有2/3的未成立，随着环境保护部和省环保厅对环境信息化工作的全面深入推进，未成立信息中心的市（州、地）环保局将缺乏专门的机构和人员来负责具体实施，以及后期的运行管理、协助应用，这势必影响该地区环境信息化工作的顺利实施和可持续发展。

二是发展较缓慢，与发达地区还存在较大差异。由于贵州“欠发达、欠开发”的基本省情，经济较滞后，环境信息化建设的投入虽逐年增加，但十分有限，前几年都以局部开发建设为主，影响面小，发展相对较慢。近两年随着环境保护部在信息化建设中加大对西部省区的支持，开始了较大规模的、全面的建设，但由于基础差，在应用中仍感能力有限。

三是整合能力弱，数据综合利用率不高。目前，数据中心收集贮存的环境监测、环境统计及排污申报等数据，分别采用不同标准的软件，省环保局电子政务中心在数据整合方面存在一定的难度，影响了数据的再开发和综合利用。

在今后贵州省环境信息化工作中，应努力做好以下几方面的工作：

一是争取尽早健全机构，与此同时，贵州省环保局电子政务中心应加大对各市（州、地）环境信息工作人员的培训力度，并建议各地环境信息管理人员保持相对稳定，再借助专业公司力量，确保环境信息化各项工作的顺利开展。

二是在环境信息化建设中要特别注重汲取先进单位的成功经验，少走弯路，避免重复建设，尽量将有限的经费发挥到最大的作用。

三是继续加强数据整合和综合利用的探索开发，在“贵州省环境信息化系统”的开发建设中，力争将环境数据中心所存各类数据和正在产生的其他环境数据进行完全整合，并开发出相关应用模块，综合利用各类数据，为环境管理决策提供更加科学、全面、翔实的依据。

加快云南省环境信息化建设
积极为环境管理提供优质服务

云南省环境保护厅

云南省环保厅高度重视环境信息化工作，把加快环境管理信息化工作放在云南省环保工作的优先地位考虑，云南省环保厅成立了信息化领导小组，由王建华厅长任领导小组组长，机关各处处长及直属单位行政领导任信息化领导小组成员，统领全省信息化建设的工作，为云南省环境信息化建设提供了有力的组织保障。由于领导重视，机关各处、室积极配合，在信息化建设经费有了一定的保障，“十一五”以来，云南省环境信息化建设有了进一步的发展，云南省环境信息中心 2006 年被人事部、原国家环保总局表彰为全国环保系统先进集体；2006 年云南省环保局获云南省信息化领导小组表彰为“电子政务应用推广先进集体”，2006 年信息中心组织建设的项目“云南省污染源在线监测监控系统”获云南省信息化领导小组表彰为云南省电子政务应用推广“优秀项目奖”；2007 年云南省环保厅网站（七彩云南保护行动网站）获云南省信息化领导小组表彰为“云南省电子政务门户网站建设先进集体”，云南省环保局网站在省级部门网站绩效评估中名列第一。2008 年信息中心和办公室负责的政府信息公开工作，省环保厅获云南省人民政府表彰为“2008 年政府信息公开工作优秀单位”。

一、云南省环境信息化发展情况

“十一五”期间，云南省所辖州市成立 7 个环境信息机构，其他未成立环境信息机构的州市已基本落实了环境信息联络员，同时各级环境保护部门已增强了对环境信息专业技术人员的培养和管理，初步形成了一支素质高、业务强的环境信息化队伍。

在网络建设上，通过依托云南省电子政务网络的建设，截至 2008 年，云南省基本上完成了省环保系统的专网建设，省厅与 16 个州市分别通过光缆，VPDN ADSL 等方式完成了网络连接，与省环境监测中心站完成了 10 M 光纤连接。

在环境信息资源建设上，几年来，先后完成了环保法规、标准数据库建设，环境空气质量日报、九大高原湖泊水质月报数据库建设，同时还完成了污染源在线监测数据库、云南省污染源普查数据库、云南省水环境功能区划 GIS 数据库、云南省自然保护区 GIS 数据库四大库建设任务。

在业务系统建设上，先后完成了云南省环保政务信息报送系统、云南省环保厅网上信访系统、云南省污染源在线监测管理信息系统、云南省环保局电子化行政审批系统、环境空气质量日报系统、云南省环保厅省州（市）两级电子公文传输系统六大系统建设。

在网站建设方面，2007 年底，按照省政府七彩云南保护行动的任务分解，在厅领导的亲自参与策划下，省环保厅网站在原“云南省环境保护政府网站”的基础上与省电信下属网站云南信息港合作，利用其作为云南最大公共门户网站的宣传优势、先进的网站后台管理系统、优美的美工设计、良好的共享资源，以全新面貌推出了“七彩云南保护行动网站”并取得了较大成功，网站的点击率有了大幅的提高，日访问量超过 2 000 次，日访问量比原来环保局网站增加了一倍多，成为一个云南省环境保护厅对外宣传“七彩云南保护行动”、推行环保政务公开的平台，成为向社会各界展示云南环保事业所取得辉煌成就的窗口，成为政府与社会各界和公众沟通交流互动的重要渠道。2008 年，网站在全省电子政务网站绩效评估中，获云南省省级门户网站绩效评估第一名，云南省环保厅被评为云南省电子政务门户网站建设先进单位。

在州（市）、县环保网站的建设上，通过云南省政府信息公开工作的推进，2008 年，云南省 16 个州市、129 个县环保局全部完成了政府信息公开网站的建设工作，为云南省环保的宣传提供了一个有力的网络媒体平台。

在政府信息公开工作上，2008 年，云南省环境保护厅作为云南省政府信息公开网站建设试点单位，省环保厅办公室和信息中心牵头负责政府信息公开工作，完成了《云南省环保局信息公开指南》《云南省环保局信息公开目录》《云南省环保局信息公开十三项工作制度》的编制，作为省直试点单位在全省第一个初步完成了省厅信息公开网站的建设，为云南省信息办培训全省各级各部门的信息公开网站建设提供了成功的示范，并获云南省人民政府“2008 年政府信息公开工作优秀单位”的表彰。云南环保厅的政府信息公开工作走在了全省的前列。

在信息服务方面，自 2006 年开始，云南省环境信息中心就承担起编制《重要环境信息》的工作，至今共编制《重要环境信息》近 167 期，为省委、省政府、省人大、省政协以及各州市党政主要领导、全省各级环境保护部门及时了解当前的环保重点、热点情况提供了优质服务。

二、云南省环境信息化工作的薄弱环节

经过几年的建设和发展，云南省环境信息化工作有了一些起步，环境信息化能力建设的投入不断增加，各级环境信息机构建设已经初步启动，全省省、地、县三级环境公众信息网已初步建立，全省环境信息管理各级局域网建设已初具规模，全省环境管理业务网建设已经启动。环境管理软件的应用和环境信息资源的利用有了一些进展，开始步入实用，全省环境管理的业务工作逐步由手工方式向计算机办公方式转变。但横向比较，尤其是与其他厅局的信息化发展程度相比，云南省环境信

息化建设与发展还远远不足。体现在以下几个方面：

一是全省环保系统的网络平台建设还不完善。由于云南省环保系统的广域网建设受云南省电子政务网络建设规划的制约，虽然已接入省电子政务网络，各个州市环保局及其直属单位也还没有接入各州市电子政务网中来。客观上形成了环境信息网络建设的孤岛化，阻碍了环境信息的有效传输、管理和利用。

二是各州市环保局信息化基础还十分薄弱，能力建设滞后。虽然近几年省级已经加大对信息化能力建设的投入，但相比国家对环境监测及监察的投入，环境信息化投入的力度还远远不够，制约了信息化建设的进一步发展。此外，由于受机制和体制的限制，各级信息中心缺乏有效的激励机制，对于信息化人才的培养及留人有较大的困难，人才匮乏已成为制约当前环境信息工作持续发展的关键。

三是电子化、网络化的环境政务、环境业务系统建设滞后。从环境政务到环境业务，对电子化、网络化的需求越来越迫切，但建设缓慢。虽然国家对大部分业务管理系统要求四级联网（国家、省、地市、县），但相关规范及标准出台滞后，不能适应环境政务、业务系统建设的需要；各管理部门对原有的管理方式向信息化管理方式转变，有一定的不适应，发展不平衡；部分管理部门的人员应用计算机技术的素质不够，必须进一步加大对各级环境管理人员信息化应用技术的培训。

四是环境信息共享机制极不健全。没有形成统一、科学的环境信息数据管理、分析、共享机制，不能有效发挥环境信息的应有作用，对科学决策、科学认识环境状况及其变化的支撑作用还没有充分发挥。这个问题的解决一定程度上也依赖于电子化、网络化环境政务、环境业务系统的建设；另一个原因是由于政府部门客观上存在的界限，环境信息的收集和共享存在一定难度。

三、进一步推进云南省环境信息化建设

在下一步推进环境信息化建设上，云南省环境保护厅将以环境保护部的“国控重点污染源自动监控系统建设项目”和“国家环境信息与统计能力建设项目”为契机，加强信息化建设的统筹领导，以云南省环境信息化规划为龙头，加大信息化建设资金的投入，完善环境信息化建设的管理体制及机制，着力改变云南省网络覆盖面窄、数据中心建设滞后、核心业务系统建设缓慢的难题，继续保持云南省环境信息化处于全省各厅局前列。同时，继续完善省、地、县三级环境信息网络；在环境管理业务系统建设上，抓紧建成以环境统计、建设项目环境管理、减排业务应用系统，逐步建设辐射管理信息系统、专项资金管理信息系统、自然保护区管理信息系统、九大高原湖泊管理信息系统为主体的核心业务管理系统；在数据中心建设上，着力建成以环境统计数据库、建设项目环境管理数据库、污染减排数据库为核心的数据库系统，整合全省污染源普查数据库、污染源在线监测数据库等，在此基础上进一步整合和开发其他业务系统，大力推进环境信息化建设，使环境信息化为云南省环境保护的战略目标不断提供有效的技术与信息服务。

机构改革助动力　实现环境信息化的新跨越

西藏自治区环境保护厅

一、环境信息化建设初具规模

2005 年 5 月，西藏自治区环保局升格政府直属局，并成立了环保局信息中心。多年来，在原国家环保总局及现在的环境保护部的关心和指导下，环境信息化建设步伐明显加快，信息中心已形成规划，开通了全国卫星网络系统，并通过卫星远程公文传输系统与原国家环保总局实现了电子公文传输，实现了公文传输的实效性、保密性；在自治区政府网站设立了环境保护专栏，对外宣传西藏环保工作，加强了与群众的联系；自治区党委信息报送专线入西藏自治区环保局，实现了与党委、政府信息交换数字化，提高了信息报送效率；建成了西藏自治区环保局视频会议室，保证了视频会议的正常运行。通过光纤接入 Internet，建立了局域网络。通过日本无偿援助项目拉萨市环保局完成了局内的网络建设，并设立了专门机构负责信息化建设工作；全区七地市分别开通了“12369”环境热线举报电话，畅通信访渠道，维护群众环境权益，确保环境安全。

在环境信息化建设进程中，西藏自治区虽然取得一定的成绩，但与国家环境信息化建设的要求还有一定的差距。主要表现在：①总体信息化程度低，信息化应用能力弱。一些地市的环境业务工作没有实现在网络上的信息共享和电子化操作。②信息缺乏共享交流，内容覆盖面有限。各种环境信息的采集渠道和方法不规范，信息利用手段落后，各部门信息资源不能有效共享，没有形成标准统一的共享数据库系统和建立环境信息资源的共享机制。③人员综合素质不高，对现有人员的业务培训不够。全区各级环境保护部门缺少计算机专业技术人员，网络系统的维护、管理，应用软件推广等难度大。

二、采取有效措施，推进环境信息化建设

一是实施环境信息化“一把手工程”，切实加强对环境信息化工作的领导。加强检查，做到有布置、有督查、有考核、有奖惩；打破部门界限，加强信息的收集、整理、加工和管理，采取多种措施，消除“信息孤岛”，建立信息共享机制。

二是加强环境信息的制度建设，明确环境信息管理的工作范围、主要任务、指

导原则、机构设置及其职能，规定环境信息的采集、使用、流通与传输方式等内容，规范环境信息服务的手段和方式，实现环境信息的统一管理。

三是在 2009 年全区机构改革中，西藏自治区环保局拟将信息中心设立为相对独立的全额拨款事业单位，积极争取自治区政府及上级环境保护部门的资金和技术支持，加快西藏自治区环境信息化建设步伐，逐步建立全区七地市信息网络平台。

四是加强人员的业务培训，为环境管理信息化提供技术保障。加强各级环保管理人员的计算机应用能力培训，提高运用计算机辅助办公的水平，加强环境信息技术人员的业务培训，采取培训与引进相结合的环境信息人才发展思路，努力造就一支思想觉悟高、服务意识好、业务能力强、技术过硬、相对稳定的环境信息技术人才队伍，为推动环境信息化建设储备人才。

三、加快环境信息化建设步伐

（一）环境信息网网站建设

建设自治区环境信息网络系统——自治区环境保护网（包括汉、藏、英文网）、政务信息平台、文件数据审核平台、环境信息数据库，开设网上政务公开、政务监督、环境质量、法律法规、环保宣传、业务办理指南、“12369”环境污染投诉等栏目，把公众网站建设成为面向公众服务、接受公益监督和公众参与环境保护的“窗口”，公众与环境主管部门的桥梁，通过网上互动让群众更加了解环保，激发群众对环境保护的参与和对环境污染的监督，达到全民环保的目的。

（二）环境在线监控指挥系统建设

建设国家环境卫星西藏应用中心。通过接收、解译卫星数据提取有关信息，进行环境状况变化评价，掌握全区环境质量动态变化趋势，对环境污染和生态破坏进行预警监控。建立重点污染源在线监控系统，尾矿库环境安全监控系统，机动车尾气流监测系统，通过在自治区环保厅建立数据接收、汇总、分析、管理系统实现在线实时监测。

（三）环境应急信息中心建设

在全区范围内建设 8 个“12369”投诉中心和 1 个自治区环境应急指挥中心。对突发性环境事件及群众举报问题实行数字化管理，通过信息资源共享平台，达到快速反应，及时解决。为自治区环境监测中心站和七地市环境监测站配备水质和大气突发事件应急监测设备，建成全区环境应急监测系统。

多措并举　加强环境信息能力建设为环境管理和社会公众服务

陕西省环境保护厅

一、加强环境信息化工作的主要做法

环境信息化工作是推进环境保护事业又好又快发展的基础性工作，环境信息化建设是环保系统的重要能力建设之一，是环境管理现代化的重要标志。陕西省环保系统上规模的环境信息化建设，始于 1993 年按照原国家环保局的要求利用世界银行贷款进行省级环境信息系统建设（B-1 项目），经过十多年来的努力，特别是近年来，在环保部的大力支持和厅党组的正确领导下，陕西省的环境信息化建设和应用得到了长足发展，在加强环境信息化工作方面陕西省主要有以下做法：

（一）健全工作机制，把环境信息化工作作为“一把手”工程来抓

陕西省环境保护厅的环境信息化建设与应用工作的组织机构建制是：厅环境信息化工作领导小组负责组织领导，厅环境信息化领导小组组长由厅党组书记、厅长担任，副组长由分管信息工作的厅领导担任，成员由厅办公室主任、规划财务处处长和信息中心主任组成，厅环境信息化工作领导小组下设办公室（以下简称信息办），信息办设在厅专门从事环境信息化工作的直属事业单位陕西省环境信息中心，厅机关各处室、各直属单位为应用单位，至少有一名信息技术应用骨干。从环境信息工作的组织机构上明确了环境信息化工作由“一把手”负责，建立了精简、务实、高效的组织领导机制，形成了环境信息化工作的日常办事机构和技术支撑单位合二为一，充分发挥了信息中心的作用，提高了工作效率，形成了辐射厅系统的环境信息工作和应用队伍，确保了环境信息化工作的有序开展。

在工作中，将该项工作列为环保系统自身能力建设的重点工作，何发理厅长和分管信息工作的连锋副巡视员对环境信息化建设与应用工作高度重视，从全省环境管理的需要出发，对环境信息化工作提出要求和进行决策。厅长何发理在陕西省环境保护厅根据环保部“三大体系”建设的要求、2007 年开始实施的陕西省省、市两级环境监控系统建设中担任项目总负责，多次主持召开厅务会议和厅长专题办公会听取工作汇报、提出要求、解决问题，提出了以环境监控能力建设带动全省环境信息化的建设和应用，通过三年多的努力，到“十一五”末在全省建成统一的环境

信息网络和应用平台的目标；分管信息工作的连锋副巡视员在信息化项目的实施过程中，给予具体指导。

在健全省级环境信息工作机构的同时，以日本政府无偿援助市级环境信息能力建设和机构改革为契机，积极推进市级环境信息工作机构的建立，目前，全省 11 个市区已有 6 个建立了有编制的宣传教育信息中心，并成立了相应的环境信息工作领导机构，为环境信息工作的开展提供了组织保障。

（二）以需求为导向，以应用促发展

陕西省的环境信息化建设和应用，坚持以需求为导向，坚持与环境管理和业务工作紧密结合，通过信息技术在环保工作中的实际应用推动环境信息能力上台阶。

一是紧密结合环保部各项环保业务工作的部署，以及对信息技术的依托，一步步加强能力建设。多年来，通过环保部下达的环境统计、排污申报、生态环境现状调查、水环境功能区划汇总任务，特别是近年来的国控重点污染源环境监控能力建设、污染源普查等工作，对环境信息处理的需求，以工作任务和项目带动环境信息能力建设。

二是紧密结合陕西省人民政府电子政务的建设，推进环境信息能力建设。

三是紧密结合陕西省环境管理工作的实际，提升环境信息工作能力。如针对陕西省环评工作急需陕西省境内的自然保护区、集中式饮用水源地、风景名胜区、历史遗迹等特殊环境地理位置的需求，运用 GIS 技术编制了《陕西省环境资源地图集》，首次将截至 2006 年年底的上述特殊环境地理位置以简明、直观的地图方式表现出来，填补了陕西省环境保护资源编辑出版的一个空白，同时，锻炼了队伍，大大提升了 GIS 技术的应用能力。

（三）统筹规划，建设坚持五个“集中统一”

在环境信息化工作中，树立全省一盘棋的思想，坚持统筹规划，项目建设中坚持五个“集中统一”。2007 年国家启动国控重点污染源环境监控能力建设项目，为通过该项目的实施，使陕西省的环境监控能力和环境信息工作有一个质的飞跃，陕西省环境保护厅将国控重点污染源环境监控能力建设项目与陕西省环境信息化建设的总体规划紧密结合，坚持全省集中统一规划、设计、论证，全省集中统一资金使用，全省集中统一招标建设，全省集中统一项目实施，全省集中统一使用一个环境监管平台，实现了网络资源利用最大化、信息资源利用最大化，建设周期短，资金投入最少，运维成本最低。

（四）办好环境保护部门的政府网站，为社会公众提供便捷的服务

陕西省环境保护厅将网站作为信息公开的主要渠道，服务公众、听取民意、与公众交流互动的重要途径。网站自 1998 年正式开通至今，先后进行四次全面改版，按照政府网站“信息公开、在线办事、公众参与”的三大功能定位不断完善，在环

境保护部组织的2007年度和2008年度省级环保局（厅）政府网站绩效评估中，陕西省环境保护厅网站排名分别为第八名和第二名。

在网站建设和技术支撑方面采取外包的形式，选择既有实力又熟悉政府部门工作的单位承担；在网站管理和维护方面明确权限和责任，先后制定了“陕西环保”网站管理暂行制度、信息制作发布规定（试行）等制度和规定，明确厅机关和直属单位，以及市县环保局在网站建设和管理中的职责，划分网站各栏目的维护权限和责任，保障了信息来源，统一规范在网站上发布信息的格式。

在加强陕西省环保厅网站建设和应用的同时，通过举办环保网站建设和应用培训班、开展市级环保局政府网站绩效评估的方式积极推进市级环保局网站建设和应用。

（五）信息中心勇挑重担

陕西省环境保护厅环境信息工作的专门机构——陕西省环境信息中心成立于1995年，肩负着环境信息工作管理和技术支撑的双重职责，多年来，牢固树立“环境信息为环保事业服务，信息中心为环境管理部门服务”的思想，牢固树立“有为才有位”的意识，在工作中坚持主动服务、优质服务，勇挑重担，2007年6月，原省环保局党组决定把陕西省环境监控管理系统的建设任务交给信息中心承担，针对该项工作时间紧、任务重、技术性强、协调面广、中心可调配人员少的特点，信息中心不讲条件，勇于接受任务，举中心全部力量圆满完成了任务，工作受到了上级的充分肯定。

（六）加强各层面人员的培训，使信息技术在环境管理中充分发挥作用

一是制订培训计划，并将其纳入全省环保干部培训计划；二是分环境信息专门工作人员、各单位信息技术应用骨干、环保工作人员三个层次组织环境信息化知识的培训；三是培训形式多样化，培训注重实效，在培训方式上，采取理论与实际相结合，“走出去”、“请进来”，内部交流研讨等多种方式。

二、存在的主要问题

（1）全省环境信息工作机构队伍不能适应环境信息能力建设和应用的需要。

目前，全省除省级有独立的环境信息工作机构外，市级仅西安、宝鸡、铜川、渭南、延安、汉中市有未独立的环境信息机构（与宣教在一起，为环保宣传教育信息中心），县级无机构，全省实际从事环境信息工作的专职人员仅30人。

（2）现从事环境信息工作人员的知识结构不能适应全省环境信息能力建设和应用的需要。主要表现在新来人员多、知识面窄、技术不精，市、县环境信息工作人员没有相对固定。

（3）陕西省地处西部，环境信息工作的基础差、底子薄、资金不足，由于受到

资金的制约，许多环境信息化的建设和应用无法开展。

三、下一步工作

近日，陕西省环境保护厅在省级机构改革厅机关各处室和各直属单位的职责分工中，进一步明确了环境信息工作的组织领导和分工，原组织领导机制和分工职责不变，为下一步环境信息工作的开展和信息中心作用的充分发挥奠定了基础。

下一步陕西省环境保护厅在环境信息化建设和应用方面，将重点做好以下工作：

（1）谋划好“十二五”环境信息化工作，着手编制陕西省“十二五”环境信息化规划。

（2）在国控重点污染源环境监控能力建设项目实施建成省、市两级环境监控管理系统的基础上，结合国家环境信息与统计能力建设项目的实施和陕西省环境监控管理系统建设项目的实施，在“十一五”末建成覆盖省、市、县环保部门的网络系统和全省统一的环境信息应用系统。

（3）进一步加强省环保厅网站的建设和应用，服务于社会公众。

（4）加强机构队伍建设，通过聘用方式，缓解人员不足的问题，通过加大培训力度，提高人员的素质和能力。

（5）在资金投入方面，多方争取资金投入。

回顾过去　展望未来
努力开创甘肃环境信息化工作新局面

甘肃省环境保护厅

在环境保护部和甘肃省环保局的领导、支持下，在环境保护部信息中心的指导下，经过多年的努力，甘肃省环境信息化得到了较大的发展，取得了一定的成绩。

一、全省环境信息化建设现状

（一）市级环境信息机构建设

兰州市环境信息中心于 1996 年成立。2000 年，天水、嘉峪关市成立了环境信息中心，利用日本无偿援助项目建立了市级环境信息系统，3 个城市的环境信息中心在技术和设备方面得到了提升。2003 年，白银市环境信息中心成立。经过多年的发展，4 个城市的环境信息中心机构不断完善，职责进一步明确，已担负起环境信息化建设的责任。2008 年，平凉市环保局成立了环境信息中心，全省市级环境信息中心达到 5 个。

（二）市级环保网站建设

目前，甘肃省在因特网上建立环保网站的市州级环保局有 8 个：兰州、天水、嘉峪关、白银、张掖、金昌、临夏、甘南。这些网站的建立，加大了对外宣传力度，加强了各地环保机构的联系，在环保政务公开、政策法规宣传、接受网上投诉等方面发挥了重要作用，为宣传环境保护、倡导大众的参与开辟了新的途径。

（三）各市环保局局域网建设

绝大多数市州环保局都组建了自己的局域网，设备不断进行更新和完善，部分市州环保局局域网能够实现数据传输和资源共享，为今后环境信息化的进一步发展奠定了基础。

（四）市级污染源自动监控项目建设

根据环境保护部的要求，在甘肃省将建成 13 个（不含甘南藏族自治州）市级污染源监控中心。按照国家标准、规范，结合甘肃省环保局下发的文件要求，各地都基本完成了监控中心建设，正在进行国家下发核心软件的安装调试工作。

兰州市环保局在已建成的监控中心基础上，提出了升级、整改方案，已完成项目招标和设备的采购。陇南市因受地震灾害的影响，在完成时间上有所推迟，但已完成项目招标。

（五）运用信息化手段协助做好环境保护宣传工作

部分市州环境信息中心，能够配合局机关对重要的环保活动和会议进行现场录像和照相，发布于网站，或运用多媒体技术制作成宣传片、演示稿，或报送电视台和报社等新闻媒体，为环保宣传工作作出了贡献。

各市州环保局信息化建设都有一定的进展，但状况不一，发展很不平衡。

二、省环保局信息化建设工作情况

（一）完成了“甘肃环境保护”新版网站的建设，加强了网站更新和维护力度

根据环境保护部办公厅《关于征求〈省级环保局（厅）政府网站绩效评估办法〉（征求意见稿）意见的函》（环办[2006]756 号）、甘肃省政府办公厅《关于做好“中国.甘肃”省级政府网站内容保障工作的意见》（甘政办发[2006]117 号）和“全省政务专网和全省电子政务建设工作会议”要求，为积极推进甘肃省环保局电子政务公开的工作，提出了关于做好“甘肃环境保护”网站内容保障工作的要求，下发了《关于做好“甘肃环境保护”网站内容保障工作的通知》，要求各单位积极配合网站建设工作，并将各单位的网站内容报送工作纳入了年度目标责任书。

2007 年年底，开通了新版网站，在结构上进行了全面调整，加强了在线办事、公众参与两个板块。新版网站分为政务公开、环境管理、专题板块、在线办事、公众参与五个板块 43 个子栏目、108 个三级子栏目及其下属四级栏目。新版网站充分考虑到技术的先进性、扩展性以及数据的安全性，最大限度地保护了甘肃省环保局网站系统的前期投资，在整体架构上采用了微软最新的.NET 技术，并基于微软的 MS-SQL 数据库。为了确保网上业务和相关服务的连续性，短期内采取了新老网站并行的方式。2008 年，进一步对“甘肃环境保护”网站基本框架和栏目内容进行了调整，加强了信息更新和对外宣传力度。

（二）网上信息报送、信息咨询和信访投诉

为了提高政务信息编辑、上报的时效性，减少重复劳动，省局办公室下发了《关于利用互联网发送政务信息的通知》。近两年，各市州环保局通过互联网上传信息共计 800 余条，并分类统计，上报局办公室。

根据环境保护部的要求，近两年，通过互联网上的环境保护部政府网站信息发布平台，按要求及时向环境保护部上传环保信息共计 140 余条。

通过“甘肃环境保护”网站留言咨询系统处理各类咨询业务50余条。

通过“甘肃环境保护”网站信访系统收到各类投诉100余起，并转交相关处室和单位进行处理。

为实现快捷的环保信息报送工作，2009年，组织完成了“甘肃省环保局信息报送系统（向省政府报送）”和“市州环保局信息报送系统（市、州环保局向省环保局报送）”的编制开发工作。

（三）省级污染源自动监控项目建设

污染源自动监控项目建设是环境信息化建设的主要组成部分。根据环境保护部《国控重点污染源自动监控能力建设项目》和《污染源自动监控管理办法》的要求，作为技术支持单位，省环境信息中心协助省环境监察局完成了省级国控重点污染源监控中心的建设工作。2008年10月，进行了监控中心软件开发项目招标，目前正在组织实施阶段。

（四）环境信息与统计能力建设项目

根据环境保护部“环境信息与统计能力建设项目”的要求，已配合环境保护部完成《分省建设方案》的前期调研、论证和可行性研究报告的编制工作。

（五）全省污染源普查工作

省环境信息中心抽调专人，配合污染源普查办公室较好地完成了全省污染源普查数据的调查、汇总和上报工作。

（六）省环保局局域网建设

完成了局系统各单位新增办公室的增点布线工作。进一步拓展了局域网规模。同时，结合甘肃省环保局局域网的实际情况，对市场上部分不同品牌、型号的网络安全产品做了大量的测试和比较工作。购置了路由器、“防火墙”、统一一体化安全网关、入侵检测系统，进行了安装和调试，完善了甘肃省环保局局域网络安全防护体系。

（七）甘肃省政务专网建设

2008年7月，通过互联网，在线填写了“甘肃省政务专网网络接入申请单”。经网上审批，电信部门施工、调试，完成了与政务骨干网的接入工作。

（八）其他常规性工作

1. 局网络系统及计算机的维护工作

局网络系统及计算机的维护是一项繁重工作，需要耗费大量的时间和精力，其工作量甚至达到工作总量的半数以上。包括各类软件的安装、内外网络参数调试、查杀病毒、电脑和打印机等硬件设备的故障排除以及相关软件的使用等方面。这就要求我们负责信息化建设的技术人员树立为环境管理服务的宗旨，不断学习网络和计算机知识，在实践中总结经验，才能为局系统各单位提供优质服务，确保网络和计算机的正常运行。

2．运用信息化手段，做好环境保护的宣传工作

根据环保工作的重点，利用环境信息资源，积极开展多媒体制作及信息资源的采集工作，配合局机关各处室搞好环境保护宣传工作。为局系统各类会议和活动进行摄像、照相；进行录像资料的采集、编辑，VCD 和数据光盘的刻录；制作演示文稿，并协助操作演示。为甘肃省环保局的环境保护工作留下了珍贵的历史资料。

3．下载编辑《网上环保信息》

利用互联网上丰富的信息资源优势，信息中心安排专人进行下载、筛选和整理，编辑《网上环保信息》，主要内容为各地信息简讯、国内专题和国外专题信息等。及时提供给局领导和局办公室，便于掌握最新环保动态，利于领导决策。

三、环境信息化存在的薄弱环节

（1）甘肃省环境信息化建设还处于发展阶段，环境信息管理机制尚未充分理顺，没有形成完备的规范化、标准化建设体系。各地区环境管理应用软件开发建设缺乏统一的管理和技术规范，信息系统建设各自独立，缺乏环境信息资源的共享机制。

（2）尚未建成一个统一、高速、安全、先进的网络基础环境，未能实现网络的互联互通和充分便捷的信息交流共享，不能满足环境保护行政管理、业务监督的信息服务等各项应用的需求。

（3）全省环境监督和管理等业务工作的信息化手段相对滞后，信息资源开发利用和共享水平较低，如何将各部门采集的环境数据转化为各级环境管理与决策人员所能够利用的信息资源，是全省环境信息化建设最薄弱的环节，也是现阶段全省环境信息化建设的核心内容。

（4）环境信息化工作还存在意识不足，认识不够，缺乏统筹规划、需求导向不明，信息服务面不宽以及缺少必要的行政支持和目标考核措施等问题。这些都严重影响了环境信息化的高水平建设和可持续发展，制约了环境信息为环境管理和领导决策提供良好技术支持的能力。

（5）环境信息技术应用的广度和深度不够，发展不平衡，信息化基础工作薄弱。缺乏可持续投入，造成环境信息应用与环境信息基础设施脱节，信息化建设总体水平偏低。整体上，应用水平落后于实际需求，信息技术的潜能尚未得到充分挖掘，应用效果不够明显。从整个的环保管理来说，未实现网络流程的自动化。

四、环境信息化工作下一步的主要任务

（一）加快环境信息系统建设

根据环信发[2006]06 号文，关于印发《全国环保系统环境信息机构规范化建设指导意见（暂行）》的通知精神，成立环境信息机构，建立环境信息化运行管理机制，制定环境信息化建设发展规划，规范标准和环境信息管理办法，重点加强机构、队伍和基本能力建设。

（二）加强网站建设

各地环境保护部门要进一步完善环保网站。未建立环保网站的市州环保局要尽快建立。省环保局将依照环境保护部相关规范，对甘肃省各市州环保网站提出“绩效评估办法”，进一步督促环保网站的建设，逐步实现网上业务办公，开展公众互动，加大环保宣传力度和公众参与，促进政务公开。

（三）加强网络建设

重点开展全省环保系统内、外、专三网的联网建设工作和信息化设备的配置工作，逐步搭建公文、数据传输、环境应急、视频会议等多种业务的环保网络信息系统。

（四）污染源自动监控项目的后期建设

根据环境保护部《国控重点污染源自动监控能力建设项目》和《污染源自动监控管理办法》的要求，继续做好监控中心及其网络建设的技术支持工作。省环保局统一组织污染源自动监控系统项目的软件开发，并下发各市州使用。各地环保局要积极配合，做好软件开发的需求分析、测试、安装和调试工作，做好自动监控系统的联网运行、维护管理工作。监督落实环境保护部制定的相关技术规范。

（五）做好“环境信息与统计能力建设项目”的前期准备工作

“环境信息与统计能力建设项目”是今后一段时期环境信息化建设的重点工作，要加快实施。

该项目已确认了《分省建设方案》，建设周期初步确定为 1.5 年。鉴于该项目的重要性和实施的紧迫性，要求未成立环境信息中心的市州环保局，要尽快指定专人，负责与省环境信息中心联系，共同做好该项目的具体实施工作。

（六）提高网络安全防范意识，完善网络安全防护体系

当前，网络应用蓬勃发展，各市州环保局都拥有了基本的上网能力，尤其是局

域网接入互联网，方便了大家收发电子文档，查阅、下载资料。但同时，网络病毒大肆蔓延，破坏计算机系统和文件，入侵攻击、机密信息泄露现象时有发生。这就要求我们完善网络安全体系，不断提高安全防范的能力。

（七）健全环境信息化培训体系

加强培训、提高人员素质。在全省环保系统普及信息化意识、知识及其应用，特别是对于领导干部的培训和普及工作，制定相应的考核和持证上岗制度，逐步健全环境信息化培训体系。

综上所述，甘肃省环境信息化建设工作虽然取得了一定进展，但比照环境保护部的要求和当前的环保工作需求来看，甘肃省的环境信息化程度总体上还比较低。各地要以污染源自动监控能力建设项目和环境信息与统计能力建设项目的实施为突破口，建立健全环境信息系统，加快全省环境信息化发展，才能实现环境管理的科学化和现代化，提升环境保护工作的整体水平，加快实现环境保护的历史性转变，为实现环境保护中长期目标提供技术支持和信息服务。

搞好环境信息化工作　服务环境保护工作大局

宁夏回族自治区环境保护厅

近年来，在环境保护部信息中心的指导下，在国家和自治区信息化建设项目的带动下，宁夏环境信息化工作围绕环境保护工作大局，以环境管理应用需求为导向，不断提高服务能力和工作水平，全区环境信息化工作取得了积极进展。

一、基本做法

（一）加强领导，提高认识

环境信息化是信息化的重要组成部分，通过环境信息化可以把环保系统的工作和社会上相关工作联系在一起来共同推进。环境信息化带来的不仅是技术上的更新，更是政府管理流程和行政管理体制上的变革，提升的是整个环保系统的行政效率和业务能力。对此，宁夏环保厅高度重视此项工作，加强对环境信息化工作的领导，成立了以厅主要领导任组长，分管领导任副组长，由厅机关各处（室）、各直属事业单位主要负责人为成员的信息化工作领导小组，下设办公室，专门负责信息化工作。厅主要领导多次对信息化工作作出批示，并在相关会议上提出要求；分管领导多次召开会议协调解决信息工作中遇到的问题。1998 年成立宁夏环境信息中心，是与宁夏环境宣教中心一套机构，两块牌子；2006 年事业单位机构整顿中进一步加强宁夏环境信息中心力量，为正处级事业单位，并增加人员编制，从事信息化工作人员增加到 5 名。环境信息化投入逐年增加，保证信息化系统运行和设备更新需要，为做好信息化工作创造了有利条件。

（二）健全制度，强化基础

先后制定了机房运行管理、信息工作管理等运行制度，发布了《宁夏环境保护网站信息发布管理办法（试行）》《宁夏环境保护网站留言板及电子信箱管理办法（试行）》《宁夏环境保护网站企业环境信息发布管理办法（试行）》等管理制度，规范了网站运行。编制了宁夏环境信息化“十一五”发展规划。2008 年，又结合环保预警应急中心建设与国家环境信息传输与统计项目，对今后四年环境信息化能力建设进行规划，制订了《2009—2012 年宁夏环境信息化能力建设规划方案》，为今后几年的信息化工作开展奠定了基础。

（三）加强网站建设，搞好信息公开

自 2000 年宁夏环境保护网站建设以来，宁夏回族自治区环境保护厅先后制定发布了《宁夏环境保护网站信息发布管理办法（试行）》等管理制度。经过多年的不断探索、总结，网站运行取得了良好效果。在环境保护部组织的省级网站评比中宁夏环保网的名次逐年提前，已位于全国中等水平，网站访问量也逐年攀升，2008 年网站浏览量达 450 余万人次，日均浏览人次突破万人次，年办理群众留言 200 余条。网站建设的良好效果，使自治区环保厅 2008 年获得自治区政府直属机构效能建设目标考核第一名、“自治区政务公开工作先进集体”的好成绩。2009 年结合机构改革，对网站栏目进行改版设计，加强网站政府信息公开功能，强化在线服务功能建设，截至 8 月底，网站浏览量达 350 余万人次，全年浏览量预计达 550 余万人次。

（四）做好应用，服务中心

以信息技术保障为重点，大力发展环境信息化应用，服务环保中心工作。一是网络建设。先后在自治区及国家信息化项目带动下，建设了自治区党委、政府网络平台系统、环境保护部专网，实现了与自治区党委、政府及环境保护部的网络互通，在环保厅临时办公地建设了局域网络。二是应用系统建设维护。建设了环保厅与自治区党委、政府间电子公文和信息交换系统、与自治区档案管理部门的文档管理系统、与环境保护部视频会议及数据传输系统。做好维护工作，确保了环保厅与自治区党委、政府间电子公文和信息的正常交换，以及公文档案管理系统的正常使用，保证了环境保护部召开的多次视频会议宁夏分会场正常进行和宁夏全国第一次污染源普查数据、饮用水源地调查等有关信息上报工作顺利完。三是积极做好环境信息系统的推广和信息技术应用工作。推广环境统计、污染源监督性监测、建设项目、排污收费等环境管理应用软件在宁夏回族自治区使用，做好技术指导工作。参与“全国城市饮用水水源地基础环境调查及评估项目”等研究，积累环境信息资源，制作地理信息环境保护专题图件，为厅领导及环境管理人员决策提供技术支持。编制了《宁夏国控重点源在线监测系统及监控中心建设方案》及《实施方案》，保证了项目在宁夏回族自治区的顺利实施。编制了《宁夏全国第一次污染源普查工作数据处理系统建设方案》并组织实施，协助解决污染源普查数据处理工作中的技术问题。

（五）做好信息化基础工作，推动信息化全面发展

宁夏回族自治区正在建设的宁夏环境保护预警应急中心是今后宁夏环保厅系统的综合办公场所，预警应急中心信息化建设是工程的关键组成部分，关系到信息化工作的长远发展。对此，按照 2006—2020 年国家信息化发展战略、国家电子政务总体框架、环境信息能力建设规范等信息化建设方针、政策的要求，高标准地规范建设信息化基础网络。此外，配合环境保护部办公厅、信息中心做好国家环境信息

传输与统计项目宁夏部分的实施工作，圆满地完成了任务。

二、存在问题

宁夏环境信息化建设虽然取得一些成绩，但与环境保护部和群众对信息化的需求还有较大差距。存在的主要问题如下：

一是信息中心机制体制不顺。多年来，信息中心与宣教中心同为一个机构，与信息化工作的全局性、系统性不相适应。另外，队伍建设相对滞后，人员编制有待增加，人员素质有待提高。

二是网络覆盖能力不能完全满足信息传输与资源共享的需要。虽然建有一定网络，但因目前厅系统多处异地且临时办公，系统城域网络没有建设，网络系统多单点接入，信息化网络基础条件不完善，网络的覆盖范围、传输速度和稳定性等还需要不断加强和提高。

三是环境信息资源尚未得到开发和共享。环境管理工作积累了大量基础数据，但这些数据库的采集、传输、加工、存储和应用比较分散，缺乏规范化，功能上还局限于简单的查询和统计，且单机运行，环境数据尚未能全面有效转化为可用信息资源。同时，各单位对环境信息化的重要性认识不足。

四是环境管理核心业务信息化程度不高。许多核心业务的数据库和应用软件尚未开发，存在重硬件、轻软件，重建设、轻应用的现象。

三、今后工作思路

今后宁夏回族自治区环境信息化工作将按照国家“统筹规划，分步实施，归口管理，协调一致，突出重点，整体推进，整合资源，系统提升”的建设原则，主要抓好以下工作：

一是加强管理机构规范化、制度化建设。在新一轮机构改革中，争取成立独立的信息中心机构，建立和完善环境信息化管理机构，理顺机制体制问题。同时进一步完善各项规章制度，统一规划管理，建立合理的运行约束机制，防止各自为政、重复建设，促进信息开发，资源共享。

二是加强基础网络建设。在新的环保厅综合办公大楼建设中，设计建设标准、规范的环保厅内部环境信息基础网络，为今后信息化发展奠定良好基础。同时依托国家环境信息与统计能力建设项目，建设宁夏环保系统广域网络系统，整合污染源在线监测数据传输网络系统，加强网络系统资源的整合和网络安全管理。坚持建设与整合并举，建立体系先进、宽带高速、互联互通、安全可靠的环境信息网络系统。

三是加快推进应用建设步伐，提高信息化程度。遵循统一的开发标准和技术规范，开发建设满足当前环境管理需要的环境保护政务、业务应用系统。重点建设环境保护政务系统、环境基础数据库、环境信息共享数据库等，建立和完善环保系统信息发布与交换平台及环境数据中心，提高环境信息资源共享程度和利用水平，实现环境政务、业务信息化、环境管理信息资源化、环境管理决策科学化和环境信息服务规范化，提高环境信息化支撑环境管理和环境应急的能力，全面提高环境保护工作效率和效能。

不断加快信息化建设
努力提高环境信息化水平

青海省环境保护厅

青海省环境信息化建设近年来以建设“数字环保”为目标，以信息资源开发利用作为核心任务，用信息化手段创新环境保护监管方式方法，大力推进信息化建设，有效地促进了全省环境保护工作的开展。

一、提高认识，确立以信息化建设促进环境保护工作的理念

根据国家和省委、省政府关于信息化工作的统一安排部署，青海省环境保护厅党组进一步统一思想、提高认识，认真贯彻落实国家关于信息化和电子政务、网络建设等任务，确立了以信息化建设促进环境保护工作现代化的工作思路，并对信息化建设进行长远规划，使得信息化建设工作得以稳步推进、不断发展。

二、软、硬设施建设“两手抓”，信息化建设初见成效

（一）加强硬件设施投入，为建立计算机信息系统奠定良好基础

青海省环境保护厅的信息化建设底子薄、起点低。近年来，通过不断加大信息化建设步伐，在资金有限的情况下，设法挤出经费购买了电脑及各种配套设施。目前，全系统在信息化建设方面投入的资金累计已达到 250 万元，建设了标准化的机房，添置了一大批现代办公设备，为建立完善全省环境保护计算机信息系统奠定了良好的基础。

（二）加强电子政务建设，进一步提高工作效率

电子政务建设是信息化工作的重要组成部分。要加快信息化的发展，就要加快电子政务的建设，充分发挥好电子政务的作用。

青海省环境保护厅建立了办公自动化网络系统（OA 系统），该系统涵盖了公文处理、信息发布等机关内部的主要日常流转工作内容。同时，在办公楼大厅设置电脑触摸屏查询系统，将各部门工作指南等多项服务内容输入了系统，方便群众办事，树立了环境保护服务新形象。

针对青海省环境保护厅门户网站在线办事、公众参与、互动交流功能缺乏的问题，信息中心在人员编制少，没有网站开发专业人员的情况下，群策群立、集思广益，利用中心现有技术力量分别于 2008 年、2009 年对门户网站进行了两次改版，实现了行政审批事项的网上受理。同时，建立了完善的互动交流服务机制，提供渠道完善、反馈及时的互动交流平台。新的网站将力求为公众提供“一站式”服务。

三、信息化建设中的一些经验和体会

青海的信息化基础设施从 20 世纪 90 年代初期简单的几台电脑开始，发展到今天具有一定规模、现代化的计算机信息化管理系统，主要得益于环境保护部的大力支持、帮助和指导。下面是我们在工作中的一些体会。

（一）加强领导是信息化建设取得实效的关键

领导重视，信息化建设才能真正得到发展。首先，厅主要领导高度重视信息化建设工作，统一指挥、协调，加强了对信息化建设的领导，确保了各项工作落实到位。其次，集中人、财、物力重点加强信息化建设。在经费紧张的情况下，于 2007 年投资 150 余万元对省环境信息中心机房按规范进行了装配，建立了规范、标准的计算机机房。此外，在资金有限的情况下，逐年加大对信息化建设投入的力度，为各处室逐步配置了电脑设备，并多次对原有的残旧的电脑设备进行更新，建立了覆盖全厅系统的计算机网络。

（二）加强信息化队伍建设和提高人员素质是确保信息化系统正常运转的基础

人是信息化建设的根本，只有抓好了信息化队伍建设和人才培养，才能更好地利用现代化设备为环境保护管理工作服务。

1．创新思路，加强队伍建设

针对人员编制和经费缺乏，难以适应环境保护新形势下对环境信息工作要求的实际问题，积极开拓创新工作思路，通过积极争取 UNDP 的清洁发展机制（CDM）和加强地方消耗臭氧层物质（ODS）淘汰能力建设的两项国际合作项目，利用创收资金聘用环境信息技术人员，使信息中心人员从原来的 6 人扩充到 16 人。

2．加大对环境信息业务人员的技术培训力度

2008 年以来，参加各类技术培训共 72 人次；对全省环保系统的管理和业务人员共组织了环境信息相关技术知识、计算机基础知识和技能培训共 380 人次，有力地推动了青海省环境信息化建设事业的发展。

（三）建立及执行相关的规章制度是信息网络系统正常运作的重要保障

为确保信息网络系统不受各种人为因素影响，我们十分重视对计算机设施及其网络的维护和对相关人员的监督管理。一方面，组织人员对各部门使用计算机及网络的情况进行定期、不定期的检查，要求大家认真贯彻执行《中华人民共和国保密法》《中华人民共和国互联网管理办法》《计算机网络安全管理规定》《计算机信息网络国际联网安全保护管理办法》等规章制度，对违反相关规定的人员及部门进行通报批评，造成严重后果的进行相应的赔偿和处理，并追究相关领导的责任。另一方面，根据自身的实际情况，制定了《青海省环境保护厅局域网安全管理办法》《青海省环境保护厅门户网站管理办法》《青海省环境保护厅网站环境信息发布实施办法》《工作日志制度》《机房管理制度》《涉密媒体的使用、保存和销毁制度》《计算机上网安全保密管理规定》《计算机安全使用保密管理规定》等规章制度，对计算机及网络系统的薄弱环节进行了补充规定，加强管理，有效防止了火灾、泄密、设施损毁等意外事故的发生，确保计算机网络系统运转正常。

（四）坚持统一规划与自主开发相结合是提高信息网络应用效能的有效手段

信息化建设是一项系统工程，必须统一部署，循序渐进，我们按照统一规划、统一标准、资源共享、讲求实效的原则建立计算机网络系统和数据库系统，充分利用现有的数据库实现资源共享。结合自身的实际情况，自行研制、开发业务软件，有效地提高工作效率。

四、明确目标，迎难而上，把信息化建设工作推上新的台阶

（一）加快环境信息队伍建设

从机构设置和人员配备入手，以计算机专业人员为信息中心的主要技术力量，形成一支具有一定规模、能够从事科研开发和应用，推进全省环境信息化的骨干力量，完善各项规章制度，逐步实现规范化管理。

（二）加强电子政务建设

充分利用办公自动化系统（OA 系统），改变文件批阅方式，实行网上批阅，网上转发，大力推行“无纸化”办公，各单位（部门）之间可以通过 OA 系统传输公文和其他信息资料，努力实现办公现代化，使办公效率和内部管理效率得到提高。

（三）加快环境信息技术的应用开发与普及

建立青海省环境安全应急指挥系统，形成以省环境保护厅为中枢，各州（地、市）、县级环保局、经济技术开发区等为骨干的 VPN（虚拟专网）网络系统、数据和语音通信网络。完成对青海省辖区内重点污染源、高危污染源、重点污水处理厂和垃圾处理场、流域断面、城市空气质量等监测、预警和应急指挥系统，为政府进行突发环境事件的监控与预警、应急决策、指挥调度、现场处置提供全面的技术支持和保障。

（四）搞好政府网站建设

重点抓好“信息公开、在线办事、公众参与、网站设计”四大功能的建设。进一步建立完善信息发布管理机制，加大规划计划、财政信息、统计数据等关键性政务信息的公开力度。大力开展网上办事，实现行政审批事项的网上受理服务。

（五）继续加强对信息工作人员的培训工作

全省环保系统工作人员的信息技能不能适应信息化发展的需要，仍需要进一步提高。信息化建设的高层次、复合型人才缺乏，需要加大培训和引进。一方面要继续加强专业技术人员的培训工作，通过“派出去”、“请进来”等多种形式开展培训，不断提高工作人员的专业技术水平；另一方面要继续加强电脑应用普及培训教育，进行全省环保系统的计算机基础知识和技能的培训，进一步提高公务员及专业技术人员的计算机应用水平。

以制度保障建设　靠勤恳推进工作

新疆维吾尔自治区环境保护厅

新疆环境信息化建设在环境保护部信息化管理部门的关心和指导下，主动适应环境保护“三个转变”的需求，紧紧围绕“服务全局，促进管理，提高效率”的宗旨，不断拓展环境信息化工作范围，努力发挥为环境管理提供服务和决策支持的作用。

新疆环保厅领导班子非常重视环境信息化建设工作，把环境信息化列为新疆环境保护工作的重要内容，提出要以环境信息化带动环保管理工作现代化，要求信息化工作始终坚持以需求为导向，以应用促发展，按照“三个有利于”的方针，即有利于提高环境保护部门的行政效率，推进决策的科学化；有利于推进依法行政，促进政务公开和廉政建设；有利于服务社会，便于社会公众了解和监督环保工作，坚持环境信息为环境管理服务的方向。通过十多年扎实工作，不断创新，在为环境管理提供技术支持和保障以及规范全区环境信息化的建设、积极推进新疆环境信息化进程方面，取得了长足进展，形成了良性发展局面。

一、新疆环境信息化取得的成绩

新疆环境信息化工作经过十多年努力，通过扎实工作，先后取得了多项荣誉，在 2007 年度省级环保局（厅）政府网站绩效评估第三名；2002—2007 年连续多年被原国家环保总局授予“全国环境信息工作先进单位”“全国环境信息化标兵单位”等称号；2006—2008 年在自治区人民政府组织的自治区政府网站绩效考核中名列前茅，被授予自治区优秀政府网站和电子政务工作先进单位称号。多年来，新疆环境信息化工作以机制制度保障建设，靠勤恳勤奋推进工作，主要表现在：

在发展规划和管理制度方面，新疆环保厅先后发布了《新疆环境信息 2010 年远景目标规划》《新疆环境信息化“十一五”能力建设专项规划》《新疆环境信息管理办法》《自治区环保局电子政务职责分工》《自治区环保局网络系统管理规定》等一系列文件，要求按照统一规划、资源整合、信息共享的原则开展信息化建设。

在管理机制建设方面，通过成立自治区和地州市两级环境信息机构，实现了环境信息队伍从无到有、从小到大的跨越式发展。2006 年，成立了以厅长为组长，各处室及事业单位领导为成员的自治区环保厅电子政务领导小组，由厅办公室统一领导、规划和管理电子政务和信息化工作。信息化建设是一个系统性工程，需要各部门携起手来共同推进，否则信息化就只成了口号，自治区环保厅办公室与信息中心联起手来，以此来促使信息化工作处于环境保护整体工作的神经中枢和协调指挥中心。通过建立环保政务信息报送渠道，将全疆 15 个地州市环保局及 43 个环保系统政务信息直报点的报送信息纳入到“新疆环境保护”网站的政务动态信息栏目中，加大了网站的信息量和更新频率，使该栏目一个月的信息量就相当于以前全年的信息量，同时也使该栏目成为反映全区各地、州、市、县环境保护部门工作开展情况、动态和经验交流的平台。

在基础网络建设方面，新疆维吾尔自治区环保厅立足实际，规划全局，开展了新疆维吾尔自治区环保电子政务外网一期工程建设。工程建设从五个方面进行，即数据交换能力建设、数据处理能力建设、网络及数据安全能力建设、数据管理能力建设和集消防、防盗、监控为一体的核心枢纽机房安全能力建设。通过实施一期工程建设，改善了自治区环境管理信息化的基础设施，拓展了全国环保电子政务外网和自治区政府专网的应用功能，增加了新疆维吾尔自治区环保系统中心枢纽节点信息数据的处理交换能力，进一步加大了网络核心枢纽的数据交换、数据处理、数据安全等能力。

在政府门户网站和内部办公平台建设方面，50%以上的地州市级环保局已建立本地环保门户网站，部分环保局还建成局域网办公系统，各县市环保局办公自动化水平不断增强。同时，进一步加强“新疆环境保护”政府网站建设，将各单位信息资源报送制度和网页建设工作列入了责任制考核，使网站全天候实时向全社会发布政府环境保护工作信息，提供各类环境信息服务，真正成为政府为民办事、为民服务的一个窗口。为创新服务模式，更好地服务于民，我们着眼于政府部门的服务和群众的需求，把公众参与和网上办事作为重点，对面向公众服务的办事项目，办事流程进行了全新整理，一是对环境影响评价报告书简本全部在网站上进行公示，充分征求社会公众的意见和建议。二是建立了网上投诉和咨询的相关制度及工作流程，安排专人负责网上投诉、咨询工作，及时转办和回复，提高了网站的可信度。三是建立了网上互动平台，开辟了“厅长网上接待日”栏目，利用网站进一步为公众提供环境权益诉求渠道。每期均由厅领导及各处处长全程参加接待日活动，效果良好。通过上述做法，进一步加大全区环境保护部门对外宣传和政务公开的力度，推动新疆环保网成为其全面、及时、正确地反映自治区环保系统工作面貌的舆论宣传阵地，搭建起一座广大人民群众与环境保护部门之间相互联系的桥梁。

在应用系统建设方面，自治区环保厅针对建设项目审批管理、环境质量管理等业务的实际需求，组织开发“新疆环保厅电子政务平台建设项目”的建设，初步建立起以“三网一库”为基本架构的政府系统信息化框架，即在机关内部政务信息化方面建立行政管理决策系统，在外部建立为公众服务的开放系统。同时进一步推进机关办公自动化协同系统的应用，解决了查询系统在内网网站的嵌入工作和现有档案软件数据向新系统中迁移及公文批示信息查询等问题，实现了收发文在内网网站的全文检索及档案管理等功能。

在信息资源共享平台建设方面，部署以环境质量监测和污染源管理应用需求为核心，围绕实现环境行政管理和业务应用信息化的发展目标，积极筹备基于 GIS 的全区环境信息查询系统，建立全区污染源在线实时监测系统，改变污染监测完全依靠人力的现状，并以此搭建环境污染预警、应急指挥系统。拟通过建立办公自动化综合信息平台、环境质量监测管理系统、环境统计与排污申报管理系统、建设项目管理信息系统，逐步形成结构合理、功能齐全的环境管理电子政务/业务应用平台体系。同时，进一步规范环境信息资源管理工作，对已有的基础资料以及环境管理政务、环境质量监测和污染源管理重点业务应用系统积累的各种环境数据进行整理、整合，初步建成全区环境数据中心体系，促进工作方式的转变。

二、新疆环境信息化存在的问题

新疆环境信息化工作虽然取得了较大进展，但与国家环境信息化发展总体要求和环境管理工作实际需要相比仍然有一定差距。主要表现在：

信息化绩效考评制度尚不完善。目前，自治区环保厅已开展的与信息化工作有关的绩效评估，仅仅是对各地州网上信息报送进行绩效评比，而对信息化建设的整体考评机会缺乏理论支撑和具体操作办法。从长远发展看，需要在环保系统建立一整套行之有效的信息化考核体系是确保信息化建设健康发展的重要保障。

环保信息化人才短缺。全区各级环保队伍中，信息技术领域的专业人才队伍十分薄弱，专业知识水平和应用水平不高，专业技术人才短缺，能力有待提高，发展不全面，缺少既懂环保业务知识又熟悉信息化建设方面的专业复合型人才。

环境管理核心业务信息化程度还有待提高。许多核心业务的数据库和应用软件尚待开发。环境信息化建设与运行维护资金比例失调，缺少系统建成后的更新维护和人员培训等应用能力建设，存在重硬件、轻软件，重建设、轻应用的现象，造成环境信息基础设施与环境管理应用的脱节。

三、新疆环境信息化下一步工作要点

环境信息化工作要认真贯彻国家环境信息化建设“应用主导、资源共享、技术创新”的指导方针，要在过去工作的基础上，抓应用促发展，一步一个脚印地向前迈进，全面建立适应环境保护工作需要的环境信息化体系，下一步主要抓好以下工作。

抓好环境信息化人才队伍建设，建立健全环境信息化机构。建立和完善全区各级环保信息化工作部门，成立负责环境信息化工作的领导机构和工作机构，健全完善各级部门的信息化工作领导体制和机制，逐步实现规范化管理，为环境信息化工作统一管理提供坚实的技术保障。充分发挥各地环境信息中心的作用，加大投入，提升信息化水平。加大对各级环保局的环境信息化知识普及教育，提高全系统人员的信息应用水平，做到各区县环保局都有专人负责环境信息化的工作，为完成环境信息化工作任务提供保障。

加强基础网络建设。要加强环境信息基础网络系统建设，重点建设全疆环保电子政务内网（专网）建设、污染源在线监测数据传输网络系统，扩大电子政务外网覆盖范围，建立多种传输方式，实现环境质量监测点位及重点污染源监控点位与数据中心的连接，加强数据存储与备份能力建设，为数据上报提供基础保障，逐步提升网络的传输能力和数据安全防范能力。

加快全疆环境应急指挥平台建设。工程实施后将建成以自治区环保厅为应急指挥中心中枢，15 个地州市环保局为分节点，环境事故发生地为现场端的全疆环保应急指挥系统，通过多方通信技术建立事故现场与应急指挥中心的信息传输通道，并通过视频会议系统及地理信息系统等，建立全疆环境应急指挥的决策支持系统，实现视频、语音、数据等多媒体实时交互和环境事故的分析处理，并结合“三大体系”中全疆污染源在线监控系统基础平台提供的各类信息数据，初步形成环境突发事件应急指挥的能力。

加快系统应用开发。遵循统一的开发标准和技术规范，加快开发新的环境管理业务应用系统并集成到应用平台，整合现有环境管理应用系统。要重点进行环境基础数据库、环境科学共享数据库、宏观经济数据库，建立和完善环保系统信息发布与交换平台及环境数据中心，提高环境信息资源共享程度和利用水平。

过去几年，新疆环境信息化工作得到了国家环保信息管理部门的悉心指导，同时也得了兄弟省市同行的支持与帮助。新疆地处西北，目前正处在大开发、大开放、大发展的重要战略机遇期，我们将乘着 2007 年国务院 32 号文件的东风，进一步增强紧迫感和使命感，不断学习先进经验，引进新理念，开拓新思路，按照环境保护部各项部署，统一思想，明确目标，抓住机遇，采取有效措施，加快推进新疆环境信息化的建设工作，为最终实现新疆“数字环保”的宏伟蓝图而不断努力。

信息化助推环保人事工作长足发展

环境保护部行政体制与人事司

一、信息化建设工作情况

加强基本建设、基础资料、基本功训练、信息化建设（“三基一化”）是人事工作长足发展的基础，是干部工作规范管理、高效运转的前提条件。近年来，依托中央组织部和人力资源与社会保障部研发的干部人事管理系统，人事司建立了干部电子档案信息库。该系统实现了组织干部人事信息的采集、分析处理、查询统计和各种表格灵活输出，使干部管理工作更加规范化和标准化，优化了工作方式，提高了办事效率。日常工作中，随着干部交流、任免、调动、离退休等变化，对该系统进行了不断完善充实，确保了干部信息的准确掌握和及时更新，提高了干部工作的效率和管理水平，有力地推动了干部人事工作。

二、下一步工作设想

1．完善干部管理信息化系统

加强干部档案信息的收集、整理、安全、保密和电子数据库的更新工作，并在此基础上做好干部信息统计、分析工作。健全各项管理的规章制度，做到干部信息收集、报送、交接、验收有章可循。

2．探索干部培训新方式

《干部教育培训工作条例（试行）》提出要推广网络培训、远程教育、电化教育，提高干部教育培训教学和管理的信息化水平。下一步我们将积极探索环保干部培训新模式，积极推进教育培训信息化工作，采用先进的远程教育培训手段，破解现有培训人员紧张的情况，实现环保干部大培训，扩大培训覆盖面。

共建信息化
全面推进环保科技管理绩效升级

环境保护部科技标准司

一、环保科技信息化主要工作

（一）环保科技奖的申报和评审实现信息化

环境保护科学技术奖申报系统按照环境保护科学技术奖励办法中的规定，环保部科技标准司组织开发了“环保科技奖电子申报系统和评审软件系统”，整个电子申报系统设计合理，操作方便。将原申报资料的纸质文件转化成了电子版文件，既有利于项目申报单位的申报，也方便环境保护科学技术奖的评审工作，有效地提高了环保科技奖励工作的效率和水平，进一步扩大了获奖数量和范围，极大地调动了广大科研人员的积极性，使环保科技奖励工作上了一个新台阶。

（二）科技成果登记利用现代信息技术，促进全国科技成果信息的交流

科技成果登记工作从 1991 年开始相关工作，到目前为止，此项工作实现了由基础、传统登记到信息网络登记的转变，方便了科技成果登记，提高了工作效率，保证了及时、准确和完整地统计科技成果，保障了科技成果的转化，为宏观科技决策提供了技术支撑。

（三）建设项目申报管理系统，实现项目申报信息化管理

科研项目申报进行了信息化管理。组织开发了环保科研项目管理信息系统，实现了全部项目网上申报与过程管理，提高了项目管理工作效率，并规范了专项经费的管理程序，保证了项目申报的公开、公平、公正。

（四）水专项工作实现由人工管理科研项目的传统思维向信息化管理科研项目的现代思维转变

水专项工作涉及的部门多、研究内容广、示范工程多、资金来源分散，其组织实施和管理工作复杂与繁重。针对特点，水专项的组织实施运用网络、计算机程序

开发等信息化手段，参照国家其他重大项目管理模式（国家“863”“973”等项目），结合水专项的特点，建设了水专项信息化管理系统。水专项信息化管理系统包含三个部分，即内网、外网、项目管理平台系统。

内网主要向环境保护部各司（局、办）通报水专项工作进展，密切结合内部各司（局、办）的职能工作，在内部建立起有效沟通的渠道。它挂靠于环保部科技司，设置专项简介、组织机构、领导讲话、近期要闻、工作动态、项目进展、管理办法及政策等栏目。目前已经正式运行。

外网域名为 http://nwpcp.mep.gov.cn，主要进行对外宣传、项目和课题申报、项目和课题执行情况信息上报。水专项办公室指定专人负责日常信息的发布和更新，环境保护部信息中心负责提供网络安全和维护的有偿服务。目前，已经正式开通试运行，并与科技部重大专项网站进行了链接。

项目管理平台系统主要进行项目和课题的申报及执行信息管理。水专项办公室已经通过招标方式确定天地新维科技有限公司为系统的开发单位。开发单位已经开始构建项目管理平台系统，分设了基础信息管理系统、项目申报管理系统、专家系统、项目执行情况管理系统、统计分析系统和权限管理系统 6 个子系统。目前管理平台系统总体框架已经搭建完成，开发完成了项目申报管理系统软件并由各项目（课题）进行了填报。近期正在采购硬件和配套软件，预计将很快投入使用，大大提高水专项的管理效率。

二、环境标准信息化工作

（一）制定环境信息标准规范

科技标准司一直以来支持开展环保信息类规范性文件的制定工作，按照部内分工和“三定”方案，环保信息类技术规范由科技标准司统一归口管理。原国家环境保护总局于 2006 年 2 月印发了《“十一五”国家环境保护标准规划》，在“十一五”期间安排了 42 项环境保护信息标准，截至 2009 年，已有 20 项标准项目得到落实，正在开展编制工作或已发布。从 2007 年至今，环境保护部（原国家环境保护总局）相继发布了《环境污染源自动监控信息传输、交换技术规范》（试行）（HJ/T 352—2007）、《环境信息术语》（HJ/T 416—2007）、《环境信息分类与代码》（HJ/T 417—2007）、《环境信息系统集成技术规范》（HJ/T 418—2007）、《环境数据库设计与运行管理规范》（HJ/T 419—2007）、《环境信息网络建设规范》（HJ 460—2009）、《环境信息网络管理维护规范》（HJ 461—2009）等一系列环保信息标准，为下一步的环境数据资源的建设奠定环境信息化工作的基础条件。2007 年国务院节能减排“三大体系”的“国控重点污染源自动监控项目”和“国家环境信息与统计能力建设项目”中安排了 30 余项标准修订项目。

（二）及时发布环境标准信息，推动公众参与环保工作

为履行环境保护行政主管部门公开环境信息的职责，推动公众参与环境保护工作，环保部科技标准司在国家环境保护标准制（修）订过程中利用环境保护部信息网络平台向社会各界公开信息，包括对标准项目的规划、标准的征求意见稿及其编制说明、标准发布公告和发布文本、对标准的解释和修改单、“十一五”期间标准管理工作等信息。为在标准制（修）订工作中有效采纳社会各界通过网络留言的方式对标准征求意见稿及其编制说明提出的意见，于 2008 年 2 月向标准制（修）订项目承担单位发出《关于收集和处理社会公众对国家环保标准草案意见事宜的通知》（环科函[2008]12 号），明确要求各单位在汇总对标准草案意见时妥善处理网站留言意见。

三、环境污染治理设施运营资质信息化工作

为了实现运营资质申报、审批的自动化流程，便于对获证单位进行动态跟踪管理，保证资质审批和管理的科学性，提高工作效率，环保部科技标准司委托信息中心建立了环境污染治理设施运营资质管理申报系统，并于 2009 年 3 月在全国正式启用。

1．以需求为导向

自 2004 年 23 号令发布以来，环境污染治理设施运营取得了较大发展，申请单位日益增多，工作量大大增加；另外，随着获证单位数量的增加，管理工作也成了难题。因此，建立信息系统是加强行政审批和对获证单位管理的客观需求。

2．在应用中完善系统

为使该系统尽快发挥作用，2009 年 3 月环境保护部举办了环境污染治理设施运营资质管理申报系统培训班，对各省级环境保护部门负责运营资质审批工作的同志约 50 人进行了培训，取得了良好的效果，为运营资质的网上申报、评审和管理打下了基础。同时，在应用过程中随时发现新问题，随时解决问题，从而使系统在应用中不断完善。

3．系统的应用提高了透明度，促进了行政审批的科学性和公正性

系统为三方提供了平台：企业方可通过网上填写申报材料，省级环境保护部门进行网上初审并管理本省申报企业，环境保护部科技司进行终审并对全国申报企业进行管理。企业递交申请后可以在网上了解审批进展情况；省级环境保护部门和科技司可通过系统对申报材料的真伪进行查询，避免企业在人员和业绩方面弄虚作假，提高了项目管理和资质审批的科学性和时效性。

四、环境健康信息化工作

根据我国环境与健康领域的第一个纲领性文件《国家环境与健康行动计划（2007—2015 年）》，明确要求“通过收集、整合国家环境与健康监测数据和突发事件报告，发布风险预警信息，为决策、管理、研究以及社会公众提供良好信息服务”。环保部科技标准司组织建立了环境污染相关健康损害案例数据库，研究环境污染相关健康损害的特点。该数据库总体结构包括四部分：网络结构设计、局域网终端及客户端软件设计、后台维护软件设计及安全设计。以收集案例整体信息为主，有四个方面的功能：数据管理功能、输入输出功能、查询分析功能及帮助生成功能。能够方便地进行输入、修改、查询、输出等工作，并有完整的用户文档和帮助系统。该数据库日常案例收集工作由环境健康处委派中国环境学会完成，数据来源于环境保护部环境监察局及信访办、期刊及文献、网络媒体报道、调查研究成果等方面。该数据库实现了良好的数据动态管理、分析和共享，充分发挥了环境污染健康损害案例的信息效能，对更好地开展环境健康工作具有重要意义。

五、环境信息化工作存在的问题

目前环境信息化工作与环境管理工作仍存在一些差距，主要表现在：

（1）环境信息化资源尚未得到全面、有效的开发和共享。

（2）环境管理核心业务化程度还有待提高。例如，环保部科技标准司的环境污染治理设施运营资质信息系统从无到有，取得了一定成绩。但由于系统使用时间较短，与工作的实际需要还存在着一定差距，同时信息化建设经费不足，缺少系统建成后的更新维护和人员培训等应用能力建设，需通过不断完善系统，以满足日益提高的申报和管理需求。

六、下一步工作建议

1．提高环境信息服务能力

要继续加大环保科技、标准、技术等信息服务力度，以部机关内网电子政务综合平台和环境信息广域网络为依托，完善业务应用系统；以环境保护部外网为依托，进一步完善公众参与，增加信息的透明性，保证各项环保科技工作的公开、公正、公平，推动环保科技的宣传教育工作。

2．实现科技档案数字化、网络化

科技档案是各项科技活动的技术成果和智慧结晶，是进行环保管理不可缺少的依据和条件。随着环保科技工作的发展，科技档案急需数字化、网络化，以应工作成果应用转化之需。

3．进一步完善环境信息标准体系

继续开展环保信息类规范性文件的制定工作，为环境信息化、规范化发展打好基础。

4．加强对环境信息化人才队伍培训

通过继续开展环保公益类科研专项项目申报、科技成果登记、科技奖电子评审、环境污染设施运营资质申报等培训工作，普及信息化技术和意识。

加强环境统计能力建设
全面提升环境统计信息化水平

环境保护部污染物排放总量控制司

环境统计资料是环境信息的主要组成部分，环境统计数据反映了环境污染状况以及环境污染防治的绩效，为国家经济发展和环境保护工作提供重要的基础资料，是环境保护部门进行环境决策、规划和管理以及环境科研的重要依据。随着环境保护进入经济社会发展的主战场，随着污染减排的全面推进和深入展开，环境统计已成为了解环境质量状况、把握环境发展趋势、制定环境政策措施、加强减排监督管理的重要基础。“十一五”期间，环境统计数据更是成为国家对各地污染减排核查、核算及考核工作的重要支撑。

一、环境统计报表制度的发展沿革

环境统计报表制度是目前掌握环境统计信息的主要手段。1980 年 11 月，国务院环境保护领导小组办公室与国家统计局联合颁发了我国第一个环境统计报表制度。此后，根据不断深化环境管理和环境决策的需要，原国家环保总局对环境统计报表制度进行了多次改革和完善。“九五”期间，配合全国主要污染物排放总量控制举措的实施，环境统计报表制度在扩大调查范围、改进调查方法等方面作出了重大改革，首次纳入乡镇工业污染统计和社会生活污染统计，使环境统计年报实施范围扩展为有污染物排放的工业企业和生活及其他排污单位。同时对原有的全面调查表填报统计的方法进行了改革，采用以重点调查和科学估算相结合的方法，解决了对范围广、数量多、排污情况复杂的乡镇工业和社会生活污染调查的可操作问题。“十五”期间，为适应新的环境管理需求，环境统计报表制度增加了对危险废物集中处置情况的统计调查，增加了企业环境统计指标与企业申报登记排污量的对比等内容。为满足环境管理对污染源及时监控的信息需求，增加了对大型企业重点污染源排污情况的统计调查频次，同时采用增设快报的方式满足对统计信息时效性的要求。

环境统计数据的生成主要包括：选取指标、制定表样、确立报表制度、向统计业务主管部门报批文号、逐级向下布置实施、逐级向上报送、审核汇总、对外发布等多个密不可分的步骤。

以环境统计综合年报报表为例，发送和上报流程如下图所示。

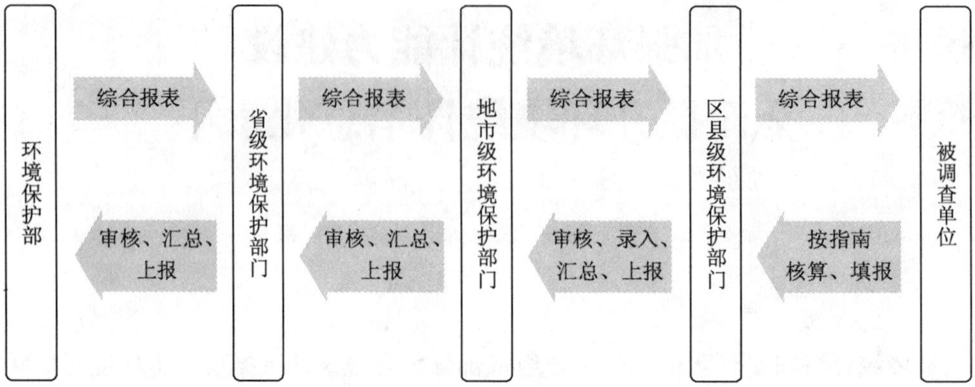

每年 9 月、10 月环境保护部将环境统计调查制度布置给省级环境保护局，省级再逐级贯彻到地市、区县级环境保护局。年底前由区县级环保局环境统计人员将环境统计调查表发放到环境统计重点调查单位，由被调查单位根据其当年生产、排污的相关资料，按照《环境统计报表填报指南》中对有关指标的界定、统一规定的计算方法（实测法、排放系数法和物料衡算法，其中主要是前两种方法）计算出表中所列项目的数值，填报后报区县级环保局。区县级环境统计人员依据填报规范要求，对基表进行初步审查后将数据录入计算机，利用环境统计软件"逻辑校验"功能、相关监测数据以及日常对调查单位的掌握情况进行详细审核，确认无误后，汇总报送上级环境保护部门。经地（市）局、省厅（局）逐级汇总、审核后，于次年的 3 月底前报环境保护部。

二、"十一五"环境保护工作对环境统计数据的需求

为切实改善环境质量，减少污染物排放和促进生态修复，"十一五"期间国家把主要污染物减排作为约束性指标列入"十一五"规划，要求到 2010 年化学需氧量和二氧化硫排放量比"十五"末下降 10%。胡锦涛总书记、温家宝总理高度重视污染减排工作。温家宝总理在 2006 年中央经济工作会议上明确提出要抓紧建立和完善"科学的污染减排指标体系""准确的减排监测体系"和"严格的减排考核体系"三大体系，为减排提供坚实保障。2007 年 2 月温家宝总理再次指示："要充分论证、周密制订建设方案。既要吸收借鉴世界先进经验，又要勇于创新，务必使污染减排指标、监测和考核体系达到国际一流水平。"其中，建立污染减排指标体系的重要内容就是改进统计方法，完善统计制度，逐步形成科学的环境统计体系，确保数据的准确性和时效性。

环境统计是评估"十一五"各地主要污染物减排工作成效、加强目标责任制考核、为国家和地方环境综合决策服务的基础性工作。环境统计数据也是国家筛选国

控重点污染源的基础，各地开展污染源在线监控中心建设，对国控污染源安装在线监测系统并联网，从环境统计数据库中根据主要污染物排放总量、负荷、特征因子进行筛选，确定名单。通过实施环境统计报表制度，各级环境保护部门收集和整理了大量环境统计数据，为环境管理和决策提供了科学依据，无论是指标体系、监测体系还是考核体系都离不开环境统计系统和数据的有力支撑。

为使统计工作更好地为环境管理服务，原国家环保总局组织了对“十一五”环境统计指标体系的研究工作，在认真总结和分析“十五”环境统计工作经验与不足，分析有关管理部门对环境统计资料需求的基础上，围绕“十一五”环境保护目标和计划指标，筛选、确定了“十一五”环境统计指标体系，并以此为基础完成“十一五”环境统计报表制度的制定。与“十五”相比，“十一五”环境统计报表制度在调查范围、指标体系、调查频次，以及环境统计数据上报方式等方面都进行了改进和完善。在调查范围上，为加强对火电行业二氧化硫排放情况的监管，将火电行业从工业行业中单列出来进行调查，并增加了企业自备电厂的统计调查和医院污染物排放的统计调查范围，删除了城市垃圾处理场运行情况调查；加强了环保宣传教育和环保产业等方面的调查范围。在调查频次上，为满足国家经济运行形势分析的要求，增加了对国控重点源污染物排放情况、来信来访、环境事故等方面的季报。在指标体系上，根据“十一五”环境保护规划目标和环境管理的要求，本着继承和发展的原则，删除了一些过时失效的指标，并新增了一些适应现实环境管理需求的统计指标。在业务流程上，理顺了环境统计数据的上报方式，综合报表由各级环境统计部门负责收集、汇总、审核、上报，专业报表采取统一布置，并由各级环保局（厅）业务部门负责实施的方式，各专业报表数据由相关业务部门负责收集、汇总、审核后，报送上级业务部门，同时抄送同级环境统计部门，以提高专业报表数据的及时性和准确性。

三、环境统计信息系统的开发

为提高环境统计信息管理的现代化水平，原国家环保总局十分重视环境统计信息自动化建设。1987 年，组织开发了第一个环境统计软件，实现了各地区环境统计年报数据软盘的报送。1992 年，为适应“八五”环境统计报表制度实施需求，组织开发了第二个环境统计软件，实现了全国三级（地市级、省级和国家级）环境保护行政管理部门的常规统计数据处理与报送。1996 年，组织江苏省环境信息中心开发了“九五”环境统计软件，实现了全国四级（区县级、地市级、省级和国家级）环境统计数据的计算机管理和利用。此后，适应环境统计报表制度的改革和统计工作需求，环境统计软件相继推出了“十五”和“十一五”版本并应用于同期环境统计工作中。其中，“九五”“十五”和“十一五”全国环境统计信息系统的开发实施与运维保障由江苏省环境信息中心承担。

四、存在的主要问题

近年来，虽然各有关方面都加强了环境统计工作，取得了较好成绩，但由于长期以来统计管理基础薄弱、统计技术方法落后，加之环境统计客观上存在统计对象种类多、差异大，数据获取难等具体困难，统计工作还面临着许多困难和问题。

相对于污染物减排目标和环境保护工作的需要，目前，我国环境统计信息化工作存在的突出问题是：

（1）硬件基础条件薄弱，人员队伍素质有待提高。基层环境统计数据是各项统计数据的基础，目前基层环境统计的能力低下问题尤其突出，许多县（区）甚至连最基本的录入和传输数据的计算机、传真机都不具备，最基础的环境统计工作都无法正常开展，更谈不上环境统计信息化建设。

（2）数据综合分析处理能力欠缺，有效集成不足。主要表现在现有大多数环境统计数据还停留在简单的加减统计上，数据的校核和集成基本没有开展，对环境形势的判断能力、对决策的支撑能力都很弱，各级统计部门缺少数据储存设备、专业分析软件等数据挖掘和深度利用的有效手段，需要开发数据综合管理的应用平台，真正发挥环境统计的作用。

五、下一步工作建议

建设一流的环境统计体系，包括完善的环境统计指标体系、科学的环境统计调查方法、先进的统计技术装备、高素质的环境统计队伍和高水平的统计分析能力。为此，近期工作中，应结合污染减排“三大体系”建设项目和环境信息与统计能力建设项目的实施，从软硬件配置、综合数据管理平台着手，切实加强环境统计信息化工作投入，逐步提升环境统计基础能力。

从环境统计信息业务上有以下几个方面：

1. 强化环境统计数据核查，提高环境统计数据准确度和可信度，提高源头数据质量

统计工作的核心是提高数据质量和可信度。统计的生命在于真实，只有把提高环境统计数据的真实性、科学性和可信度作为我们工作的中心任务，才能真正提高环境统计工作的水平，为污染减排和环境管理各项工作提供有力支撑。

调研基层环境统计工作，学习其他部门统计经验，充分利用行业协会力量，强化统计数据分析、核查及总体把握能力。同时积极配合总量减排工作，通过重点行业、重点污染源的核查核算，加强对其他污染因子的宏观核算。

2. 完善环境统计数据审核、使用和发布制度，理顺统计工作体制机制

强化环境统计归口管理职能，统一污染物排放量数据统计和发布渠道，逐步解决国家重点监控企业污染物排放统计数据、申报登记数据、排污收费数据统一采集

与核定问题。各种考核、达标、评比活动，需要采用污染物排放数据的，统一由各级环境保护部门的环境统计综合职能部门负责提供和审核。

贯彻《环境统计管理办法》《环境统计报表制度》《环境统计技术规范》和《环境统计报表填报指南》等有关制度和规定。修改完善《环境统计数据审核办法》，明确各级环境保护部门对环境统计数据的审核分工，层层落实审核责任，建立环境统计数据审查、核查机制。制定《环境统计数据使用规定》，规范污染物排放量数据的使用和发布。

3．创新“十二五”环境统计指标体系，确立相应的调查方法和工作程序

按照“指标少一点儿，体系精一点儿，数据准一点儿”的基本原则，开展环境统计指标体系研究，确定调查方法和工作程序。专业统计指标体系尽可能精简、科学、规范，核心指标纳入国家统计调查制度予以强化，其他环境管理工作的行政记录数据，由各业务司根据业务管理需要自行调查。综合统计指标体系结合国家“十二五”规划、总量控制，以及国家资源环境统计指标体系建立研究等工作，综合研究考虑。在加强核心环境指标统计的基础上，对年际变化不大的指标，可考虑几年或多年调查一次，切实减轻基层环境保护部门和企业负担，提高统计工作的效率。

4．实施环境统计能力建设项目，提升环境统计工作整体能力和水平

加快实施全国环境统计能力建设方案，从统计数据的采集与核查、数据录入处理与传输、数据分析应用与发布、数据存储与备份全过程考虑，既要统筹兼顾，又要突出重点，全方位提升环境统计基础能力。同时，组织实施地市环境统计能力建设方案，提高国家重点监控企业所在地的统计能力。组织开发优质的环境统计工作应用软件，建立重点行业、重点污染源档案管理和污染物排放综合数据平台。尽快下发《全国环境统计标准化建设标准》，指导和规范全国各级环境统计能力建设。

5．加强环境统计分析工作，提高统计数据分析服务能力

积极研究把握国家和地区经济运行情况，围绕经济发展和环境保护的热点、难点问题以及环境管理关注的问题，有针对性地加强环境统计分析，加强环境统计资料的开发应用，增强环境统计的引导功能、决策支撑功能。进一步密切与国家统计部门的联系，积极开展环境经济核算、环境绩效评估、环境数据系统评估等工作，进一步强化统计数据的综合分析和应用。

从环境统计信息化的角度还应加强以下工作：

（1）统筹规划，全面推进。环境统计信息化建设本身是一项系统工程，涉及环境管理的方方面面，要解决长期遗留的历史问题，更好地服务于环境管理各项工作，就必须从环境统计数据的采集与核查、数据录入处理与传输、数据分析应用与发布、数据存储与备份全过程考虑，并充分考虑国家、省、市、县不同级别不同机构统计体系的需求，统筹兼顾、协调推进。

（2）重点突破，解决急需。基层环境统计管理部门和技术支持部门环境信息化能力差是制约全国环境统计能力发展的重要“瓶颈”，近期应以提高基层能力建设为突破口，以污染减排、总量核查相关的基础能力建设为重点，首先完成区县一级的基本硬件设备配置，以解决目前基层环境统计数据录入、汇总和报送问题，先易后难，分步实施，带动全面建设。

（3）相互衔接，软硬配套。“三大体系”建设是一个相互关联的有机整体，环境统计信息化建设与监测体系、监察体系信息化建设密切相关，相互促进，统计信息化建设必须和其他体系建设统筹推进，在功能定位、建设内容相互衔接。在加强硬件建设的同时，着力建设数据分析、审核、台账系统等软件处理系统，并对制约统计能力发展的体制、机制、运行经费保证等问题提出明确要求。

切实加大信息公开力度
努力提升环评工作水平

环境保护部环境影响评价司

环保部环评司对信息公开工作十分重视，根据部里的统一安排，不断拓宽信息公开的范围和渠道，取得了积极进展。

一是做好建设项目环评、“三同时”验收和环评资质等审批事项的信息公开。在环境保护部政府网站上，对受理环评的建设项目、拟批准环评的建设项目、拟验收的建设项目、拟批准环评资质的单位一律公示，对已批准环评的建设项目、已验收的建设项目、已批准环评资质的单位一律公告，主动接受社会监督。

二是推进公众参与。在环评审批中，高度重视公众参与所反映的问题，认真核实每一个细节，保障公众的合理意见得到尊重和落实。如中国石化海南炼油化工有限公司 60 万吨/年对二甲苯工程通过环评公众参与，督促地方政府进一步明确了卫生防护距离内未搬迁居民的搬迁时限和资金问题。国电泉州南埔电厂一期供热改造工程通过公众参与，建设单位认真听取所在地村委会意见，不再夜间施工并解决了施工扬尘问题。针对部分城市建设项目扰民的问题，环保部环评司组织开展专门调研并下发文件，要求地方环境保护部门对选址敏感、影响面大、群众反映强烈的项目严格把关、慎重审批，对布局在环境敏感区域内的建设项目（国家规定需要保密的项目除外）必须进行公示，通过上门走访、听取居委会意见和召开听证会、座谈会、协调会等多种形式开展公众参与，充分听取公众意见。对垃圾压缩站、公交站场、医院等涉及公众利益且编制报告表的项目，要求地方环境保护部门细化公众参与工作。同时，环保部环评司认真做好相关信息披露，对接到的公众信息公开咨询和环境信息公开申请，一律依法予以答复。

三是建立全国环境影响评价资质管理系统。为促进环评资质管理的公开、透明，2008 年 8 月在环境保护部政府网站发布了全国环境影响评价资质管理系统。该系统共包括评价机构、环评工程师、环评岗位证书持有人员、相关管理规定、处罚通报及意见和建议六个模块，可查询环评机构所在地、评价范围、基本情况、环评工程师和岗位证书持有人员基本情况及奖惩记录等，便于接受社会监督。为及时了解环评队伍对有关管理规定的意见和建议，提升管理的有效性和针对性，还特别设置了意见和建议模块，社会公众对环评机构资质管理、职业资格制度等的意见和建议均可在此发表，还可对违法违规的环评机构或人员进行举报。

四是加强新闻宣传。针对社会公众关心的热点问题，注重通过媒体做好宣传工作，引导社会舆论。如在《建设项目环境影响评价文件分级审批规定》发布后，环保部环评司起草新闻稿，对修订该规定的原因、工作过程、修订原则、主要内容等进行深度解读，受到了广泛好评。在对环评违法违规问题突出的金沙江中游水电开发、华能集团、华电集团及山东省钢铁行业实施建设项目环评暂停审批的过程中，起草新闻稿详细说明违法项目概况、暂停审批的原因、目的等；《人民日报》、中央电视台、新浪网、搜狐网等数十家媒体对此进行了报道，普遍认为这一措施将会对遏制违法建设及“两高一资”重复建设、促进结构调整和发展方式转变起到重要作用。

今后，环保部环评司将继续做好信息公开工作，对环评规章制度、项目审批情况、资质管理情况等继续予以主动公开，并广泛利用网络、报刊等形式，扩大公开途径，方便公众获取环评信息，切实保障人民群众的知情权、参与权、表达权和监督权。

以环境质量信息发布为抓手 积极探索监测工作新道路

环境保护部环境监测司

党和国家历来高度重视环境监测工作的信息化建设，尤其是进入新世纪新阶段以来，国家不断加大投入，创新体制机制，环境监测信息化建设取得了丰硕成果。在这个过程中，环境质量信息发布制度的建立和成熟是信息化在环境监测管理上的重要体现。

一、环境监测质量信息发布的现状

环境质量信息发布是环境监测工作的重要组成部分，具有如下三个特点。

（一）制度化

目前，我国已经建立了一整套环境质量信息发布工作的体制机制。《中共中央关于构建社会主义和谐社会若干重大问题的决定》指出，要“加强环境监测，定期公布环境状况信息”，对建立环境质量信息发布机制提出了明确要求。《环境信息公开办法（试行）》，进一步明确了环境监测信息发布的具体安排，是提高环保工作透明度的实质性步骤。另外，《环境保护部机关“三定”方案》也明确规定，环境监测司负责环境质量、生态状况等环境信息的发布工作，从工作制度上确立了职责归属。这些为建立环境质量信息发布工作机制提供了法律依据。

（二）多样化

我国的环境质量信息发布呈现多样化的特点，具体表现为内容上既有每年的《中国环境状况公报》《全国环境质量报告书》《中国近岸海域环境质量公报》等专门报告，又有重点城市空气质量日报和预报、全国主要流域重点断面水质自动监测周报、全国地表水水质月报、海水浴场水质周报等定期报告，还有专项环境监测信息的特殊报告。在信息发布的形式上，除依托传统的报纸、杂志等纸质载体外，电视、互联网等媒体也越来越多地承担了发布任务。

（三）透明化

近年来，我国的环境质量信息发布呈现越来越公开、越来越透明的趋势。从1998年6月5日我国首次发布空气质量周报到实现重点城市空气质量日报和预报，从2001年3月，《中国环境报》开始发布“淮河流域水质自动监测周报”和“太湖流域水质自动监测周报”到2009年7月1日，实现国家100个地表水水质自动监测数据实时发布。这个过程既体现了环境监测数据信息化建设的成果，也是环境质量信息发布工作逐步走向公开、透明的结果。

二、环境监测质量数据信息发布存在的问题

虽然我国环境质量信息发布工作取得了有目共睹的成绩，为环境保护政策的制定和决策作出了重要贡献。但必须看到，目前这项工作仍存在许多不足，也面临着很多困难，主要有以下几个方面。

（一）缺乏信息传输通道，信息的及时性和完整性难以保证

目前，国家建立的环境信息网络，只连接到省级和100个城市环保厅（局），而产生环境质量信息的各级监测站目前尚未与环保厅（局）联网，仍然靠传统的点对点传输方式报送数据，严重制约了环境质量的完整收集和及时发布。

（二）发布的环境质量状况公信度不高

由于评价方法、参评指标等方面的原因，我们发布的环境质量信息有时会与社会公众的认知有所差异。比如，目前，灰霾没有纳入空气质量评价体系，因此，使用现行的评价方法给出的空气质量结果与人们的实际感觉往往存在差别，这就导致我们公布的信息公信力不够、公认度不高、影响力有限。

（三）环境质量信息应用度不高

环境监测工作是环境保护工作的立足之本，是环境执法的依据，是制定环境保护路线、方针、政策的基础。但目前来看，我国的环境质量数据在环境保护决策、立法、执法等方面发挥的作用有限，存在着应用度不高、重视度不够的问题。这既造成了资源的浪费，也不利于环境保护的科学高效决策。

（四）环境质量信息发布公开化程度不够

随着经济建设快速发展和人民生活水平不断提高，公众对环境信息的需求日益增多，而我国目前的环境质量信息发布的范围和深度与公众对信息的需求之间还存在一定差距，无法在人们的工作和生活中发挥效益。

三、建议

（一）进一步完善评价方法

目前，虽然我国的环境质量信息发布工作取得了一定成绩，但整体来看仍不够完善，尤其与发达国家相比还有较大差距。造成这种结果的原因，很重要的一条就是我们的环境质量评价方法尚不规范、不完善。因此，要解决环境质量信息的认可问题，首先要解决评价方法问题。在今后的工作中必须不断完善环境质量评价方法，使之更科学、更规范、更易为公众接受。

（二）进一步扩大信息发布范围

现阶段，虽然我国环境监测的领域覆盖面很广，空气、地表水、饮用水、噪声、海洋、生态、突发事件、专项监测等领域都属于监测工作范围，但真正对公众公开的信息却仅限于重点城市空气质量、地表水水质、海水浴场等几个方面。为使环境监测数据发挥更好的作用，保障公民的环境知情权，下一步应在不危及国家安全、公共安全、经济安全和社会稳定的前提下扩大信息发布范围、增加信息发表内容。

（三）进一步加大宣传力度

目前，社会上对环境保护工作，尤其是对环境质量信息发布工作还不够了解，甚至存在很多误解。今后应不断加大环境保护的宣传力度，尤其要加强环境质量信息发布工作的宣传力度，使公众能够真正了解、参与、支持这项工作。

环境监测信息的发布体现了环境监测的成果，而环境监测成果只有在不断深化的利用中才能体现其价值。在今后的工作中应注重从整体上提高工作能力，抓住环保事业历史性转变的机遇，积极探索监测工作新道路，确保发布的信息能实现“三个说得清”，为推动环保事业的不断发展，为全面建设小康社会作出新的贡献。

围绕重点业务工作
积极推进环境信息化建设

环境保护部污染防治司

环境信息化建设对于提高环境管理工作效率具有重要促进作用。环保部污染防治司在城市环境管理、工业污染防治、机动车、固体废物和化学品环境监管等方面积极推进环境信息化建设，主动推行环境信息公开，取得了一定成绩。

一、进展情况

多年来，环保部污染防治司在创建国家环境保护模范城市和城市环境综合整治定量考核的日常管理工作中，积极推行环境信息公开（程序、过程、指标、结果和专家五公开），拉近了老百姓与环境保护部的距离，为推动创模城市和模范城市政府解决了一大批环境问题。

近年来我们在上市公司环境保护核查工作中，主动公开有关环境信息，有力推动了重污染行业生产经营公司的环境保护工作，积极引导了上市公司履行环境保护的社会责任，促进了上市公司持续改进环境表现，有效降低了上市公司因环境污染问题带来的投资风险。此外，我们还发布了两批电解铝和九批柠檬酸（盐）出口企业环保达标公告。

近年来我们积极开展机动车环保目录核准工作，定期发布机动车达标公告，主动公布汽车、摩托车和非道路移动柴油机的达标车型和发动机型，有力推动了在全国范围内实施在用机动车环保合格标志管理（黄绿标制度）工作。

为贯彻落实《固体废物污染环境防治法》第十二条“大、中城市人民政府环境保护主管部门应当定期发布固体废物的种类、产生量、处置状况等信息”的规定，原国家环境保护总局于 2006 年 7 月 10 日发布了《大中城市固体废物污染环境防治信息发布导则》（国家环境保护总局公告 2006 年第 33 号），规范并指导大、中城市每年 6 月 5 日之前以公告的形式，在当地综合性报纸、电视台、政府网站、专业环境媒体或其他媒体上发布本城市上一年度固体废物污染环境防治信息。目前全国 200 多个城市已依法发布固体废物污染防治信息。

为落实《中华人民共和国履行〈关于持久性有机污染物的斯德哥尔摩公约〉国家实施计划》和国家有关管理政策，环保部会同发改委、工业和信息化部、住房城乡建设部、农业部等十部门联合发出第 23 号公告，于 2009 年 5 月 17 日全面禁止和限制了滴滴涕、氯丹、灭蚁灵及六氯苯的生产、流通、使用和进出口。此外，为保护农业生产安全、生态环境安全和农民利益，2009 年 2 月 25 日环保部与农业部、工业和信息化部就加强氟虫腈管理的有关事项联合发出第 1157 号公告，对氟虫腈的生产、使用规定了限制和严格管控措施。

二、下一步打算

从长远来看，我国仍处于经济社会发展的重要战略机遇期，工业化、信息化、城镇化、市场化和国际化仍将加速推进。污染防治是一项十分复杂的系统工程，从根本上解决环境问题，需要将综合运用法律、经济、技术、行政和信息公开等措施作为污染防治的根本手段，需要在丰富环境信息手段等方面做大量工作。

为此，我们将进一步加强环境信息公开，积极运用网络等新媒体手段，扩大信息公开范围，把成绩和问题暴露在阳光下，让社会公众充分参与、充分评判、充分监督。除继续做好上述工作以外，拟在以下方面深入推进环境信息化：

一是建立健全城市饮用水水源环境状况的评估与报告制度，每年组织对重点流域各省级人民政府规划执行情况进行考核评估，适时向全国通报；

二是建立健全上市公司环保信息披露制度，开发上市环保核查企业电子档案数据库及跟踪管理信息平台；

三是继续推进城市环境信息公开，进一步完善“城市环境综合整治定量考核信息管理系统”；

四是按照《全国危险废物和医疗废物处置设施建设规划》的要求，建设“全国固体废物管理信息系统”；

五是继续开展持久性有机污染物（POPs）调查，完善“全国 POPs 管理信息系统”。

大力推动信息化建设工作
努力实现向“数字生态”转化

环境保护部自然生态保护司

根据环境保护部环境信息化建设领导小组的有关文件要求和《环境信息化标准指南》，环保部自然生态保护司主要负责生态保护和农村环境有关信息的审核、上报、发布以及生态信息系统的建设，2009 年度生态司大力推进环境信息化工作，努力打造“数字生态”。

一、加快生态信息系统建设

一是建设土壤污染调查数据库。原环保总局组织召开了第一次全国土壤污染防治工作会议，出台了《关于加强土壤污染防治工作的意见》，印发了土壤污染调查布点、采样、分析测试、质量保证、质量评价、风险评估、数据录入、报告编写等一系列技术规定。截至 2009 年 3 月底，全国共采集土壤和农产品样品 78 940 个，完成了 78 852 个样品的分析测试，获得近 300 万个有效调查数据，制作图件 8 575 个，初步建立了国家级土壤污染源数据库。在确保完成国家规定任务的同时，各地根据实际情况，相应增加了调查项目，初步建立了省级土壤污染源数据库，以便更好地服务于地方环境保护和经济社会发展。例如，江苏省增加了有机调查项目，浙江、重庆、四川增加了放射性物质的调查指标。

二是建设物种资源数据库。为摸清我国生物物种资源底数和受威胁的状况，环保部门联合 17 个部门在全国开展了重点生物物种资源调查工作，目前已取得了阶段调查成果。物种资源编目工作已基本完成，初步建立了全国物种资源及保护现状数据库，关乎国家长远战略利益的重要生物物种资源已基本收录完成。2007 年，环保部门联合相关部门共同编制印发了《全国生物物种资源保护与利用规划纲要》，对生物物种资源的保护和利用作出了长远的安排。

三是建设了外来入侵物种数据库。生物安全管理格局基本形成。组织编制《全国转基因生物安全管理规划》，开展了典型省份外来入侵物种调查和环保用微生物现状调查以及转基因棉花环境影响监测工作。联合有关部门共同完成《中国履行卡塔赫纳生物安全议定书第一次国家报告》，加强了生物多样性和生物安全宣传和培训。

二、加强环境信息管理

一是多方收集环境信息。对各个处室明确量化任务，要求每个处室每月至少报送 1 条高质量的信息。及时编报《生态省建设工作简报》，做到一月一报，及时掌握各地的生态建设示范工作进展。

二是整理加工环境信息。“信息为中心工作服务”，在生态建设示范工作方面，主要突出生态文明试点建设、生态省市县建设的先进典型；在土壤污染状况调查方面，主要报道全国各地土壤污染调查布点、采样、分析测试、质量保证、质量评价、风险评估、数据录入、报告编写等工作的进展；在自然保护区建设管理工作方面，主要是曝光一些地方为了眼前利益随意调整自然保护区范围、影响自然保护区功能的情况；在物种资源调查和生物多样性保护方面，围绕联合国峰会确定的关于“2010年大幅减缓生物多样性损失速度”主题，宣传我国履行《生物多样性公约》各项规定义务，树立我国生物多样性大国的地位和在发展中国家中负责任的国际形象。

三是严格审核环境信息。环境信息经过层层审核把关，信息质量有了大幅度的提升，无错字错句的现象出现。环境信息终稿以纸质件和电子件的形式上报部办公厅信息办，由信息办对外发布。

三、存在的问题

虽然生态司的环境信息化工作取得了一定的成绩，但仍存在一些不足：

一是环境信息质量不够高，高水平的环境信息比较少；

二是环境信息的时效性不强；

三是生态管理信息系统建设较为滞后。

四、下一步工作打算

大力推动生态司环境信息化建设工作，努力实现向“数字生态”的转化。

一是加快生态管理信息系统建设。充分运用环境卫星等新技术，加强生态环境监测，建设先进的生态信息系统。

二是加快建立土壤污染调查、生物多样性保护、自然保护区建设管理、农村环境综合整治等综合管理数据库建设，不断提高自然生态和农村环境保护管理水平。

紧扣重点　务见实效
全面提升核与辐射信息化建设水平

环境保护部核安全管理司

一、现状

核与辐射信息化工作从最初的审评计算验证开始起步，已经有二十多年的历史，特别是经过近十年的系统化建设，信息化工作取得明显成效。目前，已建成运行和在建的主要是核与辐射事故应急技术中心信息化系统，同时也已在全国建立 21 个辐射连续自动监测子站，还将在全国建设 100 个辐射连续自动监测子站。

1. 办公 OA 系统

核与辐射管理建立了以网络为基础、以工作流为中心的办公 OA 系统，提供了文档管理、电子邮件、群组协同等基础支持，实现了公文流转、流程审批、会议管理、制度管理等众多实用的功能，极大地方便了员工工作，规范了组织管理、提高了运营效率。方便、快捷地实现内部各级组织、各部门以及人员之间的协同、内外部各种资源的有效组合、为员工提供高效的协作工作平台。

2. 全国环境监测网络（辐射及地表水部分）建设

2003—2006 年，原国家环境保护总局启动“全国环境监测网络（辐射及地表水部分）”建设项目，该项目第一次开始核与辐射事故应急技术中心信息化建设，加强了核应急响应能力与后果评价水平。该项目的实施，主要完成了核与辐射事故应急数据传输与采集软件和专用数据库开发、核事故早期评价专家诊断和源项分析系统（仿真系统）、核事故应急响应评价软件包的开发、核应急响应和信息网络系统。

3. 国家辐射环境监督管理数据库系统开发项目

2004—2007 年进行的国家辐射环境监督管理数据库系统开发是一个研究项目，通过这个项目的开发，为相关数据库系统的开发积累了开发经验，为辐射环境监督建立了较为完整的专业数据库开发框架，为进一步解决长期限制数据库发展的问题提供一条较为可行的途径和建立一套完整的数据库系统开发方案打下了基础。

4. 处置环境与核恐怖袭击事件应急项目

“9·11”事件后，原国家环境保护总局启动处置环境与核恐怖袭击事件应急项目，这个项目从 2004 年开始实施，进一步加强了处置环境与核恐怖袭击的应急响应能力。在 2004 年、2005 年、2006 年、2007 年的实施中，核与辐射安全中心建成了移动应急指挥系统、现场数据传输系统、放射源监管信息系统、采购部分便携式辐射监测设备，初步形成了辐射监测能力，核安全监督站配置了应急指挥车、便携式辐射监测设备，并开始建设核设施监管办公系统。

目前，在已有工作的基础上，正在建设应急决策支持与指挥调度系统，通过这个系统的建设，将建立一个日常监督与应急响应相结合，集应急决策支持、指挥调度为一体的应急响应信息平台。

5. 在线辐射连续自动监测系统

本系统主要包含环境保护部 21 个辐射连续自动监测子站、即将实施的 2008 年中央财政主要污染物减排专项资金核与辐射监测能力建设项目，秦山核电基地 γ 辐射环境连续监测系统。通过在当地建立辐射连续自动监测子站，配置必要的监测设备及数据采集传输处理系统，实时地把监测数据发送至各级数据汇总中心。通过长期连续的监测可获得动态的环境本底水平及变化，为评价环境质量和公众剂量提供基础资料；对辐射水平的任何非预期的增加给出警告，以便在放射性事故发生时发出报警信号；在事故状态下，可以提供辐射污染水平的概况，根据监测数据以及在事故发生前获得的正常本底水平，便可在事故发生后对其环境影响进行评价；有利于掌握放射性物质在环境中的输运过程，并有助于通过放射生态学模型改进剂量评价等研究。

6. 全国电磁辐射设备（设施）申报登记系统

通过建立全国电磁辐射设备（设施）申报登记数据库，推进电磁辐射设备使用单位信息、电磁辐射设备信息电子化管理，系统涵盖了电磁设备信息采集、存储、查询、修改、统计、汇总、传输、显示等功能。在全国电磁辐射设备（设施）全国申报登记排查阶段，已将纸质和电子排查表同时下发各排查单位，有利于申报数据信息完整、字迹清晰可辨、数据录入导入快捷。

7. 本底调查数据库

原国家环境保护局于 20 世纪 80 年代，开展了以摸清环境放射性水平为目的的“全国环境天然放射性水平调查”，并建立了全国环境天然放射性水平数据库。根据该库可计算全国辐射剂量率水平，估算天然辐射所致居民剂量。

8. 核与辐射事故应急预警预测与模拟仿真

环境保护部以北京奥运为契机，建立核与辐射事故应急预警预测与模拟仿真系统。选取重点示范核设施如中国原子能科学研究院的反应堆，完成核事故的放射性污染物扩散模拟研究；选择重要核技术应用单位（如医院、辐照中心或同位素封装）和奥运场馆（如鸟巢工程），完成辐射事故（如脏弹和恐怖袭击）的放射性污染物扩散模拟研究；研究专家决策支持系统，对如何应对突发性核事件、隐蔽、撤离和服碘等决策预案进行研究。

9. 中国辐射环境监测网

中国辐射环境监测网作为门户网站，是面向辐射监测网络成员单位和人民大众的信息公开窗口，旨在加强辐射环境信息化交流，促进辐射监测事业的发展。各成员单位可通过此网站发布辐射监测领域前沿技术和相关工作信息，了解成员单位动态，下载文件资料。同时，公众也可以通过此网站了解辐射及防护常识和相关法律法规，查阅所关注项目的环境影响评价及竣工验收公示，参与群众调查。

二、存在问题及薄弱环节

1．网络体系建设尚未完成

目前还没有覆盖全部网络成员单位的数据信息传输网络。打通网络成员单位的信息通道，是开展实时数据和现场或实验室分析数据传输的必要条件；同时，环境监测数据传输网络应该统一规划建设，重复建设将导致网络资源浪费，辐射监测数据的传输应纳入环境监测数据的传输体系之中，实现物理链路共建共享。

2．应用系统总体应用水平不高，特别是对已有数据的深层次应用尚未付诸实施

人员对应用系统使用存在较多问题，信息化推广需进行大量的培训指导工作，下发系统在各省市区尚未得到充分应用，导致应用水平不高。以完成工作任务为主，缺乏对已有数据的发掘、利用，对趋势预测、决策支持能力较弱。

3．地理信息系统（GIS）平台尚未建立

辐射环境相关诸多系统中，GIS 应用不是很广泛，这在很大程度上制约了应用的深入和信息的共享。国控点位置信息、水体断面和流域信息等 GIS 系统上容易表达，分析空间分布特征，是提高辐射环境监测的重要手段，对直观地掌控环境信息、应急指挥和实时监管都具有重要的意义。

4．需加大对信息系统的整合

在各业务子系统完成以后，各系统的整合变得非常重要，需要开发以数据仓库为基础的决策支持系统，通过从大量的事务型数据库中抽取出数据，通过清理、转换，形成统一的存储格式，给最终用户特别是决策支持者们提供对公用数据的更好的访问支持。

5．应急能力维持与设备维护

当前应急能力维持的主要问题是重建设、轻维护，重建设是因为应急工作的重要性日益凸显，但应急日常工作量与应急响应能力维持的重要性不相匹配，应急响应日常工作不足以维持应急响应能力。譬如，应急技术中心在应急响应中，需要 20 个人启动整个应急响应系统，但是日常维护中只有 2 个人进行系统的日常维护。

6．需进一步统筹协调各项目建设

近几年国家重视应急能力建设，从各种渠道安排的建设项目不少，但由于各个项目间的协调不够，一方面项目建设内容重叠，造成不必要的浪费；另一方面，由于各个项目的资金投向都有具体要求，难以形成合力增强能力建设的效果。

7．需完善保密防护手段

由于目前实行的《环境保护工作国家秘密目录》的定级目录，对辐射监测数据的保密性和安全性提出了很高的要求，使得监测数据的信息化传输、存储和应用成本较高，要建立更为严密的安全防范措施和技术手段以保证数据安全，在一定程度上影响了数据的开发、应用。需进一步完善防护手段，如黑客攻击、病毒入侵；异地灾难备份、身份识别、安全认证、数据加密、安全评估等。需要加强人员安全基础知识教育，建立强化防范意识，了解安全防范的途径。

三、下一步工作展望

核与辐射信息化建设的总体目标是要依靠先进科学技术，建立一个全面涵盖核与辐射安全监管各个工作领域，以一系列专业基础数据库为基础，并在此基础上开发相应核安全监管与研究技术，功能全面、应用合理、安全可靠的核与辐射安全监管信息系统，提高日常监管质量、效率与水平，满足我国核与辐射安全监管的发展需要。

核与辐射安全监管信息系统将以国家核安全局核与辐射安全中心为中心节点，连接国家核安全局、辐射环境监测技术中心、4 个中央本级技术支持中心及院所，6 个地区核与辐射监督站，全国 31 个省级辐射安全监管机构，建成和在建的 8 个核电厂以及计划新建的数十个核电厂，18 个在役民用研究堆及新建研究堆，以及大量的监测点和相关技术单位和研究院所。

项目建成后，将实现以下目标：为国家核安全决策部门的监管与决策提供更为全面、详细、准确、可靠、及时的信息数据与技术依据；为实施核与辐射安全监督管理以及分析研究提供全面技术支持、技术手段与技术交流平台；为社会、公众、与国际交流提供权威准确的核安全信息和知识。

准确定位　夯实基础
着力推进环境监察执法信息化建设

环境保护部环境监察局

作为环境保护部内设业务司局，环境监察局主要职责是：负责重大环境问题的统筹协调和监督执法检查制定环境监察行政法规、部门规章、制度，并组织实施。监督环境保护方针、政策、规划、法律、行政法规、部门规章、标准的执行。拟定排污申报登记、排污收费、限期治理等环境管理制度，并组织实施。负责环境执法后督察和挂牌督办工作。指导和协调解决各地方、各部门以及跨地区、跨流域的重大环境问题和环境污染纠纷。组织开展全国环境保护执法检查活动。组织开展生态环境监察工作。组织开展环境执法稽查和排污收费稽查。组织国家审批的建设项目"三同时"监督检查工作。建立企业环境监督员制度，并组织实施。负责环境保护行政处罚工作。指导全国环境监察队伍建设和业务工作。指导环境应急与事故调查中心和各环境保护督察中心环境监察执法相关业务工作。

为规范环境执法、提高工作效率，环境监察局严格遵照环境保护部信息化总体规划，积极组织全国环境监察执法信息化建设，主要情况有如下七方面。

一、准确定位，全面布局环境监察执法信息化总体建设

环境监察信息化建设的首要目标之一就是支持环境保护决策，环境监察信息化建设的重点是实现核心业务的信息化。

（1）环境监察执法信息化是国家环境保护管理信息化的组成部分。各级环境监察机构作为环境保护行政主管部门的业务部门，环境监察执法信息化建设也是环境保护管理信息化的组成部分。环境监察执法信息化建设应严格遵照国家环境保护信息化建设的统一要求，密切联系环境监察执法业务工作的实际需要。

（2）环境监察执法信息化与其他业务部门的信息化是相互依存的关系。各级环境监察机构信息化建设与环境信息、总量控制、污染防治、环境监测、环境评价机构等其他业务部门的信息化建设，是相互依存的关系。从数据的角度，各业务部门之间资源共享，环境信息机构提供数据运行的物理平台、环境监察执法机构掌握现场污染源数据、环境监测机构掌握环境质量数据、环境评价机构掌握新建项目的数据，各种数据各有侧重，互相作用，都是环境保护数据资源的有机组成。

（3）环境保护部环境监察执法信息化与地方环境保护部门是上下联动、资源共享的关系。与省环境保护部门（环境监察机构）的关系：环境保护部与省级环境保护部门有直接的业务指导联系，是公文传送、数据汇总的直接两方。在信息化整合的层级结构中属于相邻的两个层级。与重点城市环境保护部门（环境监察机构）的关系：环保重点城市污染负荷大，排污单位集中，违法案件突出，是环境监察执法信息化管理体系主要的关注对象，城市环境保护部门环境监察执法信息化是整个环境监察执法信息化能力建设最重要的环节。

二、夯实基础，积极推进地方环境监察机构信息化基础能力建设

通过“主要污染物减排”专项能力建设，环境保护部环境监察局提出，在全国31个省级环境保护部门和300多个地市级环境保护部门建设污染源监控中心。各级污染源监控中心的建设主要包括：基础硬件设施、应用系统环境、监控端专用设备、显示系统环境、网络及安全系统、数据存储备份系统等。

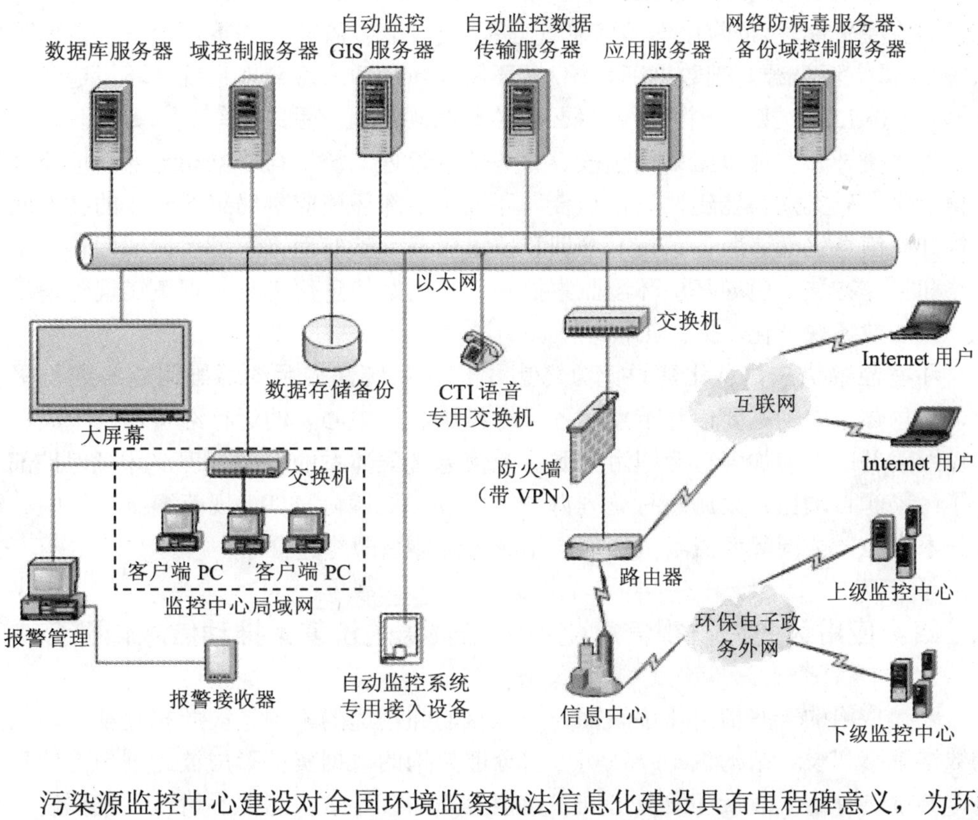

污染源监控中心建设对全国环境监察执法信息化建设具有里程碑意义，为环境监察执法信息化基础支撑环境建设提供一个跨越式发展的机会。各省、市建成的监控中心成为环境监察机构的信息中枢、数据中心，成为联结全国环境监察执法信息化体系的关键节点。另外，监控中心建设中提出的机构人员要求、管理制度要求

等，也为环境监察执法信息化管理应用系统的长期正常运行奠定重要的人员、制度基础。

在推进全国环境监察执法信息化基础支撑环境建设过程中，积极主导或参与有关的数十项标准、技术规范的制定。在工作布置中反复宣贯、要求地方环境监察机构遵照执行。

三、以点带面，着力加强环境监察执法业务核心应用系统的开发、部署和运维

在建立环境监察执法信息化整合理论体系的基础上，环境保护部环境监察局组织具有丰富行业经验的软件研发单位开发业务核心应用软件，并通过数据交换平台消除上下级环境保护部门的信息孤岛，建立共享的全国环境监察执法信息化网络体系，让信息化手段在提高环境监察工作效率、推动环境执法规范化管理、强化科学执法手段、提升环境监管水平等方面真正发挥实效。

近年来建设的一些业务应用系统有：《排污费征收管理系统》《国家级重点污染源自动监控平台》《危险化学品信息管理系统》《地方监控中心重点污染源自动监控系统》《重点污染源基础数据库系统》《环保专项行动信息管理系统（环境违法数据库）》《010–12369 接警指挥系统》《公众监督与现场执法系统》等。

将“统一开发环境监察执法核心业务信息管理系统”与“推动地方环境监察机构信息化基础支撑环境建设”相结合，环境保护部环境监察局组织专业的技术服务机构开展信息化部署服务、技术培训和技术服务，支持地方环境保护部门转变工作思路和工作方法，引导基层环境监察执法人员用好信息化工具，真正实现管理精细化、执法业务规范化，提高工作绩效。

环境监察执法信息化建设充分考虑了信息系统建成后的运维问题。经积极争取，信息体系中的主要信息节点（各级污染源监控中心）的运行经费均由中央财政予以经费补助。为加强对全国污染源监控信息管理体系的运维管理，环境保护部出台了污染源自动监控设施运行管理办法，正在参照国际 ITIL 规范编制监控中心运维技术规范，全国环境监察执法信息化的运维体系即将建立。

四、应用为先，重视信息化中数据资源的价值，推动信息化整合

陆续应用的一些信息化手段因为开发目的和用途的不同，彼此相互独立，采用的数据标准和设计结构也不一致，各自分散异构的数据资源形成彼此割裂的信息孤岛，难以进行信息交换和业务协同。而信息孤岛会导致信息化手段难以发挥进一步的作用。而全国环保系统缺少统一、快速、有效的信息化资源沟通共享平台，将阻碍全国环境监察执法信息化建设进程。用科学化手段加强环境执法工作，也要在整合的基础上对全国信息化建设中数据一致性和数据标准化提出要求，在上下级环境

保护部门（环境监察机构）之间建立统一高效的信息沟通共享通道。

环境监察信息化强调基础数据库建设，注重数据资源共享。环境监察执法工作如申报、收费、现场监督检查、专项行动、案件查处、污染事故应急等都是围绕污染源展开的，污染源是环境执法的主要工作对象，环境监察信息化围绕污染源展开，污染源既是监察执法信息化的基础，也是监察执法信息化的主要归宿。以污染源数据库为环境监察信息化管理的基础库，构建统一的环境监察执法信息化数据资源体系，奠定信息化整合的基础。

（1）信息化整合以消除信息孤岛为目标，以加强地方环境监察机构信息基础能力建设和部署实施三套核心业务应用软件为抓手，实现全国环境监察机构信息传输。

（2）强化数据应用，借助信息化手段的特点，贯通多套基础数据源，推动数据统一，消除数出多门的现象。

（3）利用 GIS 等手段，给地方环境保护部门提供专项申报平台，实现对近万家国控重点污染源经纬度的校正和企业厂区、主要排放口、污染治理设施、自动监控设施等图片信息的集中管理和查阅。

（4）积极推广数据共享标准先行，组织和参与制定了《环境污染源自动监控信息传输交换技术规范》（HJ/T 352—2007），实现了上下级环境保护部门之间的污染源监管业务数据共享。

五、正视困难，汲取前期建设的经验教训，以便有针对性地完善措施方针

信息化建设有“三分技术、七分管理、十二分是数据”的难题。在环境监察局自身信息化建设和推进地方环境监察机构信息化建设的过程中，同样遇到了各种各样的问题，也给以后的工作留下了深刻的教训和值得借鉴的宝贵经验。主要有以下六个方面的认识。

1. 认识问题

对环境监察执法信息化建设工作认识不全面，对信息化实施的复杂度、难度估计不足，对按照信息化的特点改造业务管理流程认识不到位，走了一些弯路。应从规范管理、统一标准的需要出发，在整体推进信息化应用的过程中要充分考虑全国各级环境监察机构千差万别的需求，灵活适应基层环境监察执法工作的具体需要。

2. 资金问题

全国环境监察执法信息化建设是复杂的系统工程、投入巨大。但是目前全国环境监察执法信息化建设的资金保障仍显不足，全国环境监察执法信息化建设难以同步推进、无法快速形成合力。应继续争取专项资金的支持，妥善解决资金渠道。

3. 标准问题

按照环保部信息化建设的有关要求，核心业务应用系统应在统一数据标准的基

础上实现数据交换和资源共享。环境监察执法信息化建设过程中一度忽略了这一点。应通过环境监察信息化标准、规范编制工作的开展，进一步规范全国环境监察信息化工作，为形成全国统一、共享的数据平台奠定基础。

4．管理问题

信息化建设已经成为环境监察队伍能力建设的主要内容之一，信息化建设的成效也应该成为环境监察工作开展情况考核的主要指标之一。但目前还没有对地方环境监察机构信息化建设方面必要的行政管理、考核手段。应通过建立必要的信息化工作制度和要求，指导带动地方环境监察机构加强信息化管理、发挥示范作用。

5．技术问题

我国环境状况不断恶化，新形势下环境监察工作，尤其是环境应急工作，对信息化工具提出了更高层次的技术要求，现有的应用系统已经不能完全适应通信网络、数据库等技术发展的步伐。一方面，应组织技术支持单位继续加大研发力度和技术攻关，不断满足环境监察执法工作新的需要；另一方面，充分依托现有信息化的成果，在数据综合应用方面加大力度，推进数据资源共享、政务公开。

6．人员素质问题

全国环境监察机构信息化应用水平参差不齐，导致了全国环境监察工作信息化改造不同步：一些发达地区能够意识到信息化的价值，信息化实施进度很快，能快速将信息化工具运用到具体的环境监察执法工作中；有的地区执法人员却迟迟不能适应管理、执法手段的变化，影响了信息化实施的效果。应注意多组织一些基层环境监察人员信息化应用能力专题培训，以带动环境监察执法队伍整体素质的提高。

六、总结积淀，实现“信息化建设投入”和“工作绩效”互相促进、互相提高的良性发展格局

环境监察执法信息化定位于环境保护信息化的组成部分，注重建立部环监局和省、市、县级环境监察机构上下联动的资源共享体系。环境监察执法信息化规划深入环境监察执法工作的各项主要业务环节，包括现场监督执法、排污收费、污染源自动监控等。环境监察执法信息化规划覆盖全国 31 个省（自治区、直辖市）环境监察机构、300 多个地市级环境监察机构，2 000 多个区县级环境监察机构，信息化体系节点逾 3 000 个。

1．环境监察信息化建设积极推动了环境监察业务规范化管理

例如，2003 年国务院颁布《排污费征收使用管理条例》，为贯彻落实新的总量收费政策，杜绝协商收费和人情收费，排污费征收管理系统根据法定程序内建了严密的工作流程，实现从排污申报、审核、核定、复核、计征排污费、复议、对账、催缴等一系列工作环节的信息化，规范了基本环境管理制度，对收费过程实现了全程监管。

2．环境监察信息化建设极大地提高了环境监督执法的工作效率

以重点污染源自动监控为例，污染源自动监控就像 24 小时驻守排污口的哨兵，使环境保护部门能够实时在线获取重点污染源连续的排污数据，出现异常及时响应，为现场执法、应急预警、总量减排等环境管理措施提供了保障。

3．环境监察信息化建设有力地支持了环境执法的精细化管理

以重点污染源基础数据库为例，为每一家国控重点污染源建立排污台账和动态申报的工作程序，通过数据库强大的信息检索和数据处理能力，实现对排污数据的统计分析，为环境执法服务。通过将全国环境违法企业数据库与人民银行征信管理数据库共享的信息共享机制，企业环境违法信息还纳入了全国统一的企业信用信息基础数据库，提高了企业环保违法代价、扩大了环境执法的效果。

2008 年 12 月 9 日，2008 年中国 IT 用户年会（从 2000 年至今已经连续举办 9 年）在京召开。会议由中国电子信息产业研究院、中国信息化推进联盟主办。中国 IT 用户年会评选“中国电子政务建设年度先进单位”，主要表彰信息化建设整体水平较高，在提升管理水平、促进协同办公、提高服务能力以及推动电子政务活动方式、建设模式等管理创新、加快技术进步方面发挥了重要作用的部门。此次环境保护部环境监察局与国土资源部信息中心、审计署计算机技术中心等 10 个单位一起获评“2008 中国电子政务建设年度先进单位”。

七、环境监察局开展信息化建设的体会

1．处理好先与后的关系

标准要先行：污染源自动监控系统建设经过长期的探索，总结经验教训，确立了“首先实现标准规范统一、在此基础上逐步打破各地信息孤岛的格局、进而构建联网体系”的原则。环境监察局牵头，信息中心和监测总站配合，组织环境监控、计算机、通信、电子和自动控制等领域的技术专家反复研究，借鉴国外和地方建设中的经验，制定了数据传输标准、数据交换技术规范等信息化标准，并以行业标准的形式发布。这些信息类标准、规范的出台不仅对规范污染源自动监控系统建设具有里程碑意义，作为环保信息领域发布的第一批行业标准，也是推进环保信息化建设的突破性一步。

在具体的信息化实施中，强化地方基础能力建设也应先于信息化部署应用，信息化基础条件不具备，单纯推动应用就是无源之水、无本之木，难以达成建设目标。

2．处理好主与次的关系

环境监察执法信息化建设面向全国几十万家排污企业，使用者涉及各级环境监察机构，信息化建设中只有处理好主与次的关系，才能让环境执法有的放矢，成效提高。近几年排污申报、污染源自动监控等信息化建设中，强调了按照统筹规划、保证重点、兼顾一般、量力而行的原则。

3．处理好业主与供应方的关系

环境保护部门立足“信息化建设的组织管理机构”，应分清角色和责任，将信息化咨询（规划、设计）、信息化实施（软件开发部署、硬件/网络配备）、信息化运维三方面的工作尽可能推向市场，以提高工作绩效。

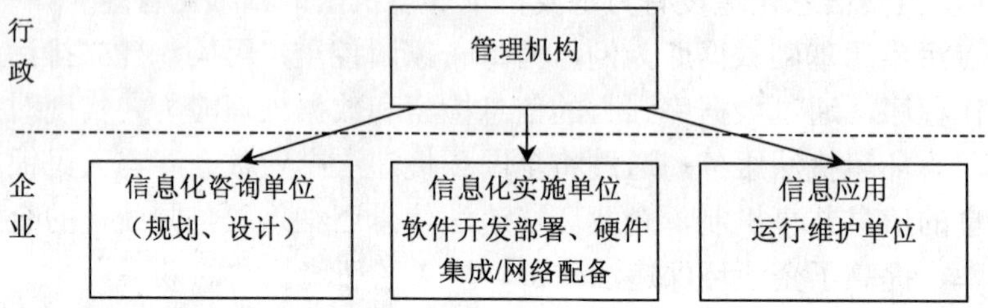

4．处理好项目建设与项目运维的关系

项目建设完成后，为确保系统长期正常、稳定运行，应该高度重视信息系统技术保障和升级更新等运行维护工作，确保运行维护方面的投入。信息化投入大，没有持续的经费保障，就很难取得实效。尤其是处理好建设经费和运维经费的关系。在发达国家，政府信息主管部门每年的预算当中大部分都在运行与维护上，系统运维（使用、升级、改造、服务等方面）投入占 IT 总投入的 75%，建设投入占 25%。

5．处理好使用管理与应用服务的关系

信息系统的两类用户角色，一类侧重于使用管理，另一类侧重于应用服务。要按照使用管理与应用分离的原则、做好信息系统建设的规划。

以用促建　整体推进
全面加强华东督查中心信息化建设

环境保护部华东环境保护督查中心

环境信息化是国家信息化的重要组成部分，是在环保领域贯彻十七大精神，创建服务型政府，促进环保工作历史性转变的重要举措。华东环境保护督查中心认真贯彻落实环境保护部关于环境信息化工作的部署和要求，不断开拓创新，目前已取得了一定进展。

一、主要成效

（一）全面实现了办公自动化和电子化，政务服务水平得到进一步提高

华东环保督查中心通过政府采购方式，购置了计算机、办公软件、打印机等办公设备，基本实现了中心办公自动化和电子化。通过信息技术的应用，改造、优化和规范了政务、业务流程，科学高效地积累和利用信息资源，极大地提高了工作的效率和效能。

（二）建成了中心的门户网站，为环境信息化工作打开一扇窗口

华东环保督查中心门户网站于 2007 年 10 月正式开放，为应用信息技术履行政府职能提供了一条很好的途径。中心网站在公开政务信息、宣传环保方针和政策、传播环境信息、接受群众投诉及环境应急响应等方面都发挥了积极作用。

（三）开展信息技术培训，使中心员工的信息化意识、技术得到普及和提高

开展信息技术培训，通过自学、互学等方式，不断提高干部职工的计算机和办公软件应用水平。中心成员对于环境信息化工作的重要性和必要性的认识进一步深化，逐步推动了干部职工对信息化技术的了解和掌握。

（四）初步建立了规章制度体系，促进中心环境信息化工作健康地发展

在环境信息化建设的实践过程中，中心制定了政务信息工作管理办法等相关的

规章制度，使环境信息化制度体系日趋完善，管理水平日渐提高。

二、主要举措

（一）领导重视，责任落实

中心领导深刻认识到信息化及电子政务是政府管理的重要组成部分，也是提高政府管理工作水平与效率、创新政府管理模式的需要，因此对环境信息化建设工作给予了高度重视。中心加强了对政务信息工作的领导，及时反映中心工作新动态、新情况和新问题。明确一名领导分管信息工作，明确任务，提出要求，加强协调，实现职能到位、人员到位，为信息化建设的顺利推进提供了组织保障。

（二）加强教育，提高认识

环境信息化工作不仅仅是计算机及网络技术的应用，其内涵十分丰富。为避免人员在思想观念上出现僵化滞后的现象，中心加强了信息化的宣传教育工作，定期举办各类政治理论或业务知识的讲座、报告会以及电子政务等培训活动。通过这些活动，使每位干部职工认识到“信息化不仅仅是信息基础设施建设和信息技术应用，还包括信息技术对政府管理和业务流程的改造和优化，信息技术本身和基于信息技术所包含、所带来的信息资源、知识、技术、市场模式等的扩散和创新，以及由此而形成的经济和社会的巨大变革和重组，导致政府管理模式的创新”。

在环境信息化技术应用方面，积极倡导加强自身学习和相互交流，在工作中探索创新，不断提高电子政务和计算机技能。

（三）管理制度的建立和完善

信息化工作的执行与实施需要一整套制度措施予以保障。强大的信息化工作执行能力和持续贯彻实施是保障环境信息化战略目标实现的关键。中心在广泛调研、汲取他人成功经验的基础上，制定了“信息上报”“管理考核”“质量要求”等方面的管理制度，确保信息工作能及时反映有重点、有特色的工作动态，能及时反映本部门的新情况、新问题、新动向、新思路、新举措、新经验，能及时反映本部门需要上级关注、支持或需要其他部门协调解决的情况和问题。对于管理制度在运行过程中暴露出的各种问题能及时发现，并以此为契机对制度进行补充和完善，避免运行模式的单一和僵化，促进信息开发、资源共享，满足服务对象不断增长的需求。

（四）网站的建设与运营

华东环保督查中心的门户网站（http://www.ecesc.gov.cn）建成于 2007 年 10 月，是全国六大环保督查中心中第一个建成的网站。网站的开通对于我们优化工作方式，阳光执法、信息公开、方便投诉，扩大公众参与，接受公众监督，增强服务能力都起到了积极的作用。在网站的栏目设置上，我们认真借鉴其他网站的成功经验，尽量突出重点，体现中心工作特点。共设有 12 个栏目，包括：中心概况、华东要情、污染督查、跨界协调、执法稽查、环境应急、生态监督、项目督查、减排核查、专项行动、党建工作和法规标准。并针对公众参与环保的需求，网站专门开设了网上投诉栏目，凸显服务功能。同时网站设置在线调查活动，以网络调查的形式收集民意。我们力求通过快捷的即时新闻、权威的工作动态以及规范的信息服务，进一步加强环保督查工作的网上宣传与舆论引导，使中心网站成为一个展示中心形象的窗口，一个政务公开的平台，一个为民服务的手段，一个联系群众的桥梁。

三、薄弱环节

华东环保督查中心的环境信息化工作虽然取得了较大进展和部分成绩，但与国家信息化发展的总体要求和环境管理工作的实际需要相比，仍然有一定差距。主要表现在以下几个方面。

（一）信息资源共享程度有待提高

由于环境信息化工作开展时间较短，工作基础还比较薄弱，环境信息资源尚未得到全面有效的开发和共享。数据库在功能上局限于简单查询和统计，环境数据未能全面转化为可用的信息资源。

（二）部分应用软件更新滞后

环境保护工作涉及的范围广泛、内容复杂，数据量庞大；污染事件具有时间上的突发性、地点上的分散性等特点；而且随着公众环保意识逐渐增强，环保投诉和环保纠纷日益频繁。种种现实都要求将各种技术手段融入监测治理以及管理工作当中，为决策提供数据依据，最终实现科学管理和理性决策。相关应用软件的运行是实现这一目标的关键。由于一些数年前开发出来的软件在新形势、新情况下运行往往捉襟见肘，无法满足要求，所以对这部分应用软件的更新势在必行。

（三）标准化方法的缺失

环境信息化的应用涉及环境保护和信息技术的方方面面，是一项庞大的系统工程。在这样一个复杂的系统中如何保障信息基础设施建设的优质高效和信息网络的无缝对接，如何确保系统的互连、互通和互操作，我们目前尚缺少一套标准化的操作方法。

四、下一步工作

环境信息化已经成为环保工作不可或缺的重要内容，它与环保工作各个方面、各个层次的结合日益紧密。《国务院关于落实科学发展观加强环境保护的决定》中明确要求“完善环境监测网络，建设‘金环工程’，实现‘数字环保’，加快环境与核安全信息系统建设，实行信息资源共享机制”。为了尽快实现这一目标，建立一套适应中心环境保护工作需要的信息体系，我们在下一步的工作中将着重落实以下八项内容。

（一）解放思想、努力创新

创新是环境信息化发展的根本动力，是环境信息化事业的灵魂。“只有在不断地总结经验、分析现状、学习知识、展望前景的基础上，勇于创新、善于创新，环境信息化才能不断地获得新的动力，不断地向着期望的目标前进”。因此，下一步工作的首要任务就是树立创新的观念，发挥创新的作用，理顺创新的机制，营造创新的氛围。

（二）进一步完善管理制度

进一步完善环境信息化的各项规章制度，建立合理的运行约束机制，以良好的制度推进环境信息化工作。同时逐步将相关机构的工作重心由技术性业务转移到信息化规划、协调、管理等职能上来。

（三）制订环境信息化发展计划，增强执行力

根据目前的形势和中心环境信息化现状，统筹考虑中长期信息化建设需求，制订未来的发展计划，全面实现资源的整合，进一步提高行政管理和公众服务效率。强化信息化领导机构的指导、服务和监督职能，确保环境信息发展计划在执行中不变形、不走样。

（四）加大信息资源开发力度

加大环境信息资源的整合力度，进一步开发尚未得到全面有效开发和共享的环境信息资源，促进信息技术成为第五公共资源，降低环境信息化的总成本，增强知识、信息在环境管理工作中的比例，扮演好在信息化中的关键角色。

（五）加强门户网站的维护

中心门户网站的运作已有了一个良好的开端，下一步我们还需要在开发利用上下工夫、做文章、挖潜力、强后劲。要进一步加强网站规范化、制度化建设，开辟稳定的信息来源渠道，严把采编、录入、发布质量关，向全面宣传贯彻党和政府环

境保护方针政策、辖区环境督查动态、接访和服务人民群众环境意愿等方面的深度应用发展，以保持网站旺盛的生命力。网站建设要与环境督查工作的特点和规律相适应，以信息流带动和引领华东环保督查中心各项工作的高效运转。力争与时俱进，推陈出新，越办越好，把它办成阳光机关的公告栏，为民服务的办事厅，听取民声的会客室。

（六）做好软件更新工作

加强与软件开发单位的合作，做好环境业务应用软件开发、部署、实施、测试、运行维护和升级的工作，确保中心的应用软件能满足不断发展变化的业务需求。

（七）完善环境信息安全体系

积极应用数据加密、身份认证、访问控制、安全检测、数据备份、双路供电等技术，保证网络环境下用户身份的可靠性，增强系统的安全性，建立可信任网络体系。建立并执行完善的安全管理制度，构筑全方位多层次安全体系，为环境信息化工作健康有序发展提供坚实的保障。

（八）壮大信息化人才队伍

继续加强环境信息化培训工作和信息化技术、意识的普及工作。积极打造一支结构合理、规模适度的高素质人才梯队，为环保部华东环保督查中心信息化工作持续快速地发展提供智力支持和保障。

立足实际　积极创新
全面提升西北督查中心环境信息化水平

环境保护部西北环境保护督查中心

西北督查中心自组建以来，在环境保护部的大力支持下，坚持将环境信息化工作作为中心的一项基础性建设，认真研究，积极推进应用，努力为各项环境保护督查业务工作服务。

一、高度重视，积极安排部署

作为新组建单位，面对环境信息资源缺乏，难以有效支撑环保督查工作的现状，西北督查中心在成立伊始就对环境信息化工作给予了高度重视，并采取多种措施予以加强。

一是专题研究，统筹规划。西北督查中心多次在主任办公会议专题研究环境信息化工作，对现在租用的办公场所和以后新办公场所的环境信息化的建设进行了全面规划，为西北督查中心的长远发展打下了坚实基础。

二是投入资金，购置环境信息化所急需的基础装备。先后安排 90 余万元，给每名工作人员配备了台式计算机，为业务骨干配备了笔记本计算机，为每个处室配备了打印机和传真机，在办公室配置了复印机、扫描仪。全中心现有台式计算机 32 台、笔记本计算机 21 台、打印机 8 台、传真机 4 台、复印机 1 台、扫描仪 1 台、投影机 1 台，在现在租用的办公场所布设了局域网、开通了因特网，基本满足了日常工作需要。

三是配备专人负责环境信息化建设与管理工作。西北督查中心明确由督查一处负责全中心的环境信息化建设与管理工作，并通过国家公务员考试，招录了一名计算机应用专业的人员，专门负责环境信息化建设与管理工作。

四是制定环境信息化建设与管理的规定。在西北督查中心先后制定的《西北督查中心工作规则》（环西北发[2009]8 号）、《西北督查中心财务资产管理办法》（环西北办发[2009]6 号）中，对有关环境信息化建设与管理工作作出了明确规定，并得到有效实施。

二、充分发挥环境信息化的重要作用

环境信息化在宏观环境督查（对地方执行国家环保政策、规划、法规和标准情况进行督查）、突发环境事件应急督查、污染减排核查、重点案件督查、国家审批项目“三同时”督查、政事务管理、财务管理、人事管理等环保督查工作中发挥着不可或缺的重要作用，没有环境信息化，各项工作就很难得到有效开展。环境信息化的应用除了从网络上获取相关环保督查工作的大量资料外，主要应用体现在如下几个方面。

一是为突发环境事件的应急督查服务。为了及时掌握国内主要新闻媒体和门户网站及西北地区主要新闻媒体、网站反映西北地区环境的相关信息，主要包括突发环境事件、环境污染及生态破坏问题等，为中心领导及时掌握西北地区的环境保护动态提供参考。我们在 2009 年 3 月中旬创办了《西北地区动态网络环境信息摘要》。至 6 月底，共编制《信息摘要》11 期，除了中心内部传阅外，还发送相关省（区）环保厅（局）。该《信息摘要》对于中心及时、动态掌握西北地区突发环境事件、环境污染及生态破坏问题发挥了重要作用。同时，在现场督查突发环境事件时，及时借助计算机和网络设备获取事发地的相关信息和应急处置的知识，为迅速处置提供了支持。

二是为污染减排核查工作服务。在污染减排核查培训工作中，我们利用计算机制作幻灯片等多媒体培训课件，进行演示讲解，大大提高了培训效果和污染减排核查的能力。借助计算机和投影仪召开有关工作会议，研究讨论问题，明显提高了工作效率和工作质量。

三是为财务管理工作服务。按照部规划财务司要求，我们给财务计算机接通了专用的宽带，使用了用友软件的网络版财务管理系统，保证财务数据及时、准确地上传到环境保护部的财务管理服务器，接受部规划司的财务指导和监督。

三、积极实施“国控重点污染源监控能力建设项目”

西北督查中心国控重点污染源监控中心建设在即将投运的新办公楼内，由服务器系统、数据备份系统、网络安全系统、大屏幕显示系统、信号处理系统、扩声系统、智能中央控制系统、视频会议系统 8 个部分组成，从 2008 年 6 月起，历经了前期设计、招投标、签订合同、详细设计、方案设计等环节，目前正处于现场实施阶段，计划于 2009 年 8 月完成联合调试投入试运行。在该项目中，西北督查中心计划建设新的办公楼内网络系统，在三层办公区域内分别铺设环保专网和因特网。项目建成后，将进一步提高西北督查中心的环境信息化水平，为环保督查工作起到有力的支撑作用。

为使国控重点污染源监控中心建设项目充分发挥作用，西北督查中心认真研究其基本应用功能和延伸功能。2009 年 6 月西北督查中心第五次专题会议要求，监控中心的建设必须立足于实际应用，具备对西北地区国控重点污染源的自动监控的基本功能、具有环境应急现场督查指挥一些功能、初步具备信息中心功能、具备视频会议功能，从而初步满足西北督查中心实际工作需要。在同月召开的关于加强督查一处工作的专题会议上，对信息化建设下半年工作思路提出明确要求，要求一手抓建设，同时一手抓应用，及时将工作重点转移到监控中心建成后的应用提高方面。

四、环境信息化工作的薄弱环节和今后工作打算

西北督查中心组建时间不久，环境信息化工作尚处于起步阶段，在软、硬件设备的能力建设、工作模式和体制及机制、专业人才的数量和能力培训提高等需要全面建设和加强，进行不断的探索。

一是软、硬件设备的能力建设不到位。由于国控重点污染源监控中心建设项目的实施，环境信息化的基本硬件已经具备，但是与环保督查密切相关的一些硬件设备还不完全具备，如主要应用于环境应急督查的海事卫星系统。软件方面，尚没有适合督查中心的电子政务综合平台，也没有适合突发环境事件应急督查、污染减排核查、重点案件督查、国家审批项目“三同时”督查、政事务管理、财务管理、人事管理等环保督查业务的应用系统。

二是环境信息化的工作模式和体制、机制尚未建立。由于环保督查工作是一项全新的环保业务，既不同于传统的环境管理，也与现行的环境监察执法工作有所区别，目前正在工作实践中探索。环保督查的信息化工作也相应具有不同的工作模式、体制和机制，而在这方面前期研究尚未开展，因而对环保督查的信息化工作中产生的许多问题缺乏理论上的前瞻性指导。

三是专业人才不足，工作能力亟须提高。既懂环保业务又懂计算机与信息业务的“复合型”人才比较缺乏。

针对上述问题，我们将认真总结经验，努力克服困难，积极想办法破解难题，围绕督查中心任务目标，不断加强环境信息化建设，在近一段时间重点做好以下工作。

（1）进一步加强西北督查中心的环境信息化软、硬件能力建设。在国控重点污染源监控中心硬件的基础上，研制开发突发环境事件应急督查、污染减排核查、重点案件督查、国家审批项目“三同时”督查、政事务管理、财务管理、人事管理等环保督查业务的应用系统。

（2）积极建立适合环保督查业务需要的环境信息化的工作模式和体制及机制。随着国控重点污染源监控中心建设项目的建成运行，我们将积极开展相关理论研究，探索建立适合环保督查业务需要的环境信息化的工作模式和体制及机制，以信息工作促进督查工作，进一步提高西北督查中心的督查能力、效率和整体工作水平。

（3）加强业务培训，努力提高工作水平。我们将在现有人员的基础上，加大自

我培养力度，开展信息化培训，尽快培养出既懂环保业务又懂计算机与信息业务的"复合型"专业人才，组织全体职工学习信息化知识，提高全体工作人员的信息化工作能力，尽快解决专业人才不足和相应的工作能力亟须提高的问题。通过积极的努力，充分发挥信息在环境督查中的重要作用，促进西北督查中心督查工作的开展。

统筹安排　全面整合
推动西南督查中心环境信息化平台建设

环境保护部西南环境保护督查中心

由于环境保护部西南环境保护督查中心是新组建单位，办公楼及国控重点污染源自动监控中心尚未建成，目前临时租房办公，环境信息化工作尚未起步，现就下一步环境信息化工作提出如下建议。

一、将区域环保督查中心信息化建设纳入环境保护部信息化建设规划

区域环保督查中心作为环境保护部新组建的派出机构，工作面宽量大，依靠先进的信息技术，建设办公自动化，对提高工作效率非常必要。目前，各区域环保督查中心正处于基本建设阶段，建议环境保护部及时将区域环保督查中心的信息化建设纳入环境保护部信息化建设规划，统筹安排环境信息化建设项目，同时加强技术指导，推动各区域环保督查中心抓住有利时机把环境信息化平台建设好，体现国家派出机构的形象。

二、将区域环保督查中心纳入环境保护部环境信息化网络平台覆盖范围

区域环保督查中心是环境保护部派出机构，代表环境保护部对地方各级政府和环境保护部门执行国家环保法律法规政策情况开展督查，必须及时准确地获取各方面的环境信息。但由于各区域环保督查中心既没有被纳入环境保护部信息平台，也无法纳入地方信息平台，了解信息只能通过传达文件、查询网站或电话询问等方式，信息量小且效率低下，不能很好地适应工作职责的需要。因此，建议环境保护部将各区域环保督查中心纳入环境保护部环境信息网络平台建设，以便及时获取环境信息资源，同时加强同环境保护部的信息沟通，更好地履行环保督查职责。

三、利用国控重点污染源自动监控中心建设项目整合全国环境信息资源

目前，全国环保系统尚无统一的环境信息平台，各级环境保护部门举办的网站形式各异，甚至有相当一部分基层环境保护部门还没有建立自己的网站，上下左右各级环境保护部门之间不能实现信息资源的有效共享和互联互通，也不能很好地体现环保系统的整体形象。建议环境保护部利用正在开展的国控重点污染源自动监控中心建设时机，抓紧研发统一的全国环境信息软件，通过国控重点污染源自动监控中心构建全国环保系统环境信息网络平台，真正实现全国环境信息资源共享。

加强认识
全面夯实东北督查中心环境信息化基础

环境保护部东北环境保护督查中心

在环境信息化工作不断发展的背景下，东北督查中心领导高度重视中心的环境信息化建设，2009 年，中心积极开展了环境信息化建设工作，通过物理隔离的方式将内外网进行分割，并结合督查工作实际，在内网建立了综合信息平台，进一步提高了中心的环境信息化工作水平。现将有关情况总结如下。

一、重视硬件投入与网络建设，夯实信息化建设的基础

硬件、网络是信息化建设的基础，在硬件建设方面，中心在给每个工作人员配备一台台式机的基础上，另外给每台台式机配置了一块硬盘和一块物理隔离卡，并聘请专业人员将硬盘与隔离卡安装到每一台电脑上，保证了每一台电脑的内外网纯物理隔离，使内网与外网完全分割开来，内网不与互联网连接，杜绝了内网信息通过互联网泄密的问题。在网络建设方面，中心聘请网络公司的专业人员进行布线，完成了中心电脑的内部网络连接，搭建了综合信息平台，初步实现了邮件传递、信息发布等功能。

二、加强学习与培训，提高综合信息平台的实用价值

目前，虽然中心的硬件配备比较完备，但缺乏既熟悉中心的各项业务，又具备计算机知识、懂得网络管理的复合型人才，为了保证综合信息平台的正常使用，提高综合信息平台的效用，中心现聘请专业人员对中心综合信息平台的运行与维护进行管理，同时邀请专业人员对中心全体工作人员进行了培训，经过培训，中心工作人员基本掌握了综合信息平台的使用方法。

三、开展环境信息化建设工作的几点体会

中心综合信息平台的建设，使我们深刻地体会到：信息化建设是一项系统工程。在实现信息化的过程中，我们的思维方式、管理理念、工作机制、资源配置都实现

了重大改变。虽然我们在信息化建设方面做了大量的工作，取得了一定的成绩，但是还有很多的不足之处需要改进。

（一）环境信息化意识不强、认识不够

通过综合信息平台的建设，我们认识到，中心对环境信息化工作的重要性和必要性认识不足、重视不够，没有充分认识到环境信息化工作应该贯穿到环境保护督查工作的方方面面，以致人员配备不足，工作职责不清，经费落实不到位。从长远和发展的观点来看，环境信息化工作是从根本上提高中心环境保护督查工作水平，提高日常工作效率的重要保障，应作为中心的一项重点工作来抓。

（二）环境信息人才匮乏，阻碍环境信息化工作的开展

环境信息化工作的开展要求有专门的环境信息人才，要求我们必须抓好环境信息化人才队伍建设，但是由于机构编制的原因，中心现在没有专门的环境信息人才，这就极大地阻碍了中心环境信息化工作的开展，从环境信息化发展的当前和长远需要来看，制定人才发展规划，通过内部培养、外聘专家等多种形式建设结构合理、规模适度的人才梯队是非常必要的。

下一步，我们将在现有的综合信息平台的基础上，聘请专业人员继续开发污染源自动监控、地理信息平台、环境突发事件应急指挥等应用软件模块，逐步建设可集成多种办公系统和业务应用系统的综合信息平台，并积极争取跟环境保护部的内网连接，做到资源共享，努力使环境信息化在推动环保督查事业发展，构建环境友好型社会的过程中发挥应有的重要作用。

加强领导　完善制度
实现信息化建设与辐射监管工作同步发展

环境保护部北方核与辐射安全监督站

我站的环境信息工作紧紧围绕服务环境保护工作，落实环境保护部信息化建设的有关要求，从加强信息工作规范化建设入手，加强对信息工作的领导，加快内外网建设，完善信息工作制度，改进信息工作手段，强化信息队伍建设，实现了信息化建设与核与辐射监管工作同步发展。

一、环境信息化工作基本情况

1．加强对环境信息工作的组织领导及硬件投入

环境信息化建设是环境管理工作的基础，是环保系统改善自身能力建设的重要内容之一，也是核电事业的安全发展所必须做好的一项重要工作。站领导对信息工作高度重视，在研究和部署监督检查工作的不同会议上多次强调要高度重视信息工作，并给予经常性的业务指导，帮助解决工作中存在的问题和困难；同时为环境信息工作顺利开展提供必要的条件，如购买服务器一台，为监督三处存放与其工作相关的资料、文件，实现处内信息共享；为各处配置扫描仪、刻录机等高档次的信息化设备，并安装了相应的办公软件和杀毒软件，有效推动了我站信息化软、硬件建设。

2．加强网站建设初见成效

为了全方位宣传我站执法监督工作，2008 年下半年，北方站网站正式开通。网站图文并茂、内容全面，有工作动态、法规标准，许可证信息，监督检查通知、检查报告等栏目，相关内容每周进行更新，及时反映我站监管工作动态。北方站网站的开通，进一步加强了站内信息的交流和与监督对象的沟通。同时，增加了监管工作的透明度，促进了勤政廉政建设和提高办事效率，网站建设初见成效。

3．加强环境信息工作的规范化和制度化建设

加强信息工作制度化、规范化建设，是保证信息工作顺利开展，提高信息工作质量和水平的重要基础。2008 年下半年，我们专门制定了《北方站网站管理规定》《北方站网站信息更新管理办法》等制度，在具体工作中要求各处选派一名信息报送员定期报送信息，并把信息报送的质量和数量纳入个人年终的考核。从组织管理、工作程序、具体要求等方面都作了明确规定，通过这些制度的实施，使我站的环境

信息工作逐步走上了制度化、规范化管理的道路。

4．及时报送重要的核与辐射监管信息

我站平时加强对各种信息及数据的收集、加工处理，并发挥网络的作用，及时搞好信息发布，确保信息的时效性。对重要的环境信息安排专人采编，及时报送，确保重要监管信息不漏报、不迟报、不误报。2008 年编辑整理上报政务信息 20 条，被采用 12 条，积 24 分，与各监督站相比，名列前茅。2009 年，截至 6 月份，编辑整理上报政务信息 19 条，已被采用 12 条，积 24 分，已与上年采用积分持平。

二、存在的问题

2009 年我站信息化建设虽然取得一定的进展，但是与上级要求的建设水平以及政务、社会需求有一定差距，还存在着不少的问题：目前，我站核与辐射监管任务量较大，人手相对不足，每天都忙于一般的事务处理。同时，很多同志因为没有经过信息化的培训，缺少工作经验，每次报送信息各处处长都要花很多时间进行修改把关，信息化的建设受到一定程度的影响。

还有就是信息报送不平衡，有的处每个月都能落实信息报送责任，报送信息；有的处因由于工作繁忙，不能保证每月都有信息报送。信息报送的参差不齐，造成了信息报送的不平衡，以致出现网站工作动态一栏有时候出现全部反映一个处的工作的现象。

三、下一步工作打算

（1）继续完善环境信息工作制度，狠抓制度的执行和落实，尤其要抓好环境信息工作部署的落实和年末考核，落实环境信息目标责任制，建立和完善环境信息工作管理的激励、竞争机制，促进信息工作走上制度化、规范化健康发展轨道。

（2）紧紧围绕核与辐射监管中心工作，及时、准确、全面地搞好信息的上传下达工作，及时反映核与辐射工作新思路、进展情况、经验和问题，特别要善于发现和总结带有倾向性、普遍性的问题，进行认真分析，提出有价值的建议，提高对环境信息资源的管理、开发和利用水平，为领导决策科学化提供参考，更好地为环境管理服务。

（3）进一步完善北方站网站建设网络，在工作实践中优化结构，及时更新相关板块的内容信息，真正搭建起与监督对象沟通交流的平台，扩大该网站的影响，促进监管信息资源共享。

（4）加强岗位技术培训，结合核与辐射安全信息管理工作的需求，利用多种形式，积极开展信息处理技术培训和教育工作，逐步提高环境信息工作者的政治素质、业务素质和理论水平，增强信息工作者的责任感、使命感，使之增强政治敏锐性，为环境信息工作的顺利开展夯实基础，从而促使我站的环境信息工作再上新台阶。

以“12369”信息平台为基础
着力加强应急调查中心信息化建设

环境保护部环境应急与事故调查中心

一、中心信息化建设工作概况

2002—2008 年，应急调查中心长期与环监局合署办公，主要负责环境监督执法和环境应急工作，承担了“010–12369”环保举报热线综合业务系统、国控重点污染源监控中心以及 www.12369.gov.cn 中国环保热线网站的建设工作。其中，“010–12369”环保举报热线综合业务系统已投入使用；国控重点污染源监控中心已于 2008 年底完成了验收，目前处于试运行阶段；12369.gov.cn 中国环保热线网站于 2001 年开通，正常稳定运行至今。

2008 年 9 月之后，应急调查中心开始独立运行。中心高度重视信息化建设工作，由主任牵头，副主任分管，应急值守处具体负责，对中心信息化建设进行了规划并加强管理。2009 年 6 月 5 日，正式开通了“010–12369”热线，组织了“010–12369”接警指挥系统的完善升级，开发了“010–12369”网络督办系统、环境保护部网上投诉举报系统；推动了 www.12369.gov.cn 网站升级改版工作；尝试探索风险源排查机制、方法和相关管理系统的建设；开展环境应急管理系统实施组织工作。

二、四个信息系统的建设运行情况

目前，围绕环境应急工作投入应用的业务系统有“010–12369”环保举报热线系统、www.12369.gov.cn 中国环保热线网站和环境保护部网上投诉举报管理系统。与“010–12369”系统同期建设的同属“反恐应急”项目（一期）的“危险化学物质、重点污染源自动监控系统”已经完成开发。

（一）“010–12369”接警系统

“010–12369”接警系统是为了满足“010–12369”环保举报热线现代化管理的需要而开发建设的一套信息系统。该系统采用了语音交换机技术、通信技术、计算机技术、数据库技术实现“12369”的智能受理、自动处理和联网办理。

系统实现了四个功能目标：

（1）实现了“010–12369”环保举报的自动受理、处理和数据联网。

（2）采用语音交换机技术、通信技术、计算机技术、数据库技术实现了“12369”的智能受理。通过呼叫分配、来电排队、语音导航、语音转换、自动录音、自动放音、自动留言、呼叫转移、三方通话等手段达到24小时自动受理公众的环境投诉。

（3）实现了投诉受理信息的计算机管理。实现了受理、拟办、批示、转办、反馈、审核、催办、回访等业务流程的电子化管理，实现了业务表单的自动生成以及案件信息的查询、统计和分析。

（4）实现了“010–12369”案件的联网办理，即环境保护部可以通过网络把“010–12369”受理的案件通过网络交办给各省级环保部门，省级环保部门完成办理后可以通过网络进行反馈。

（二）www.12369.gov.cn环保热线网站

www.12369.gov.cn 环保热线网站于 2001 年正式开通。网站分为前台、后台及邮箱系统。前台系统主要用来服务于广大公众、企业，设置了环保法规、环境标准、政务公开、环境监察、监察培训、专项行动、事故应急、行风建设、网上举报、环保建议等栏目，还包括环境监察与环境应急工作有关的各类公告、信息等内容。后台系统主要服务于全国环境监察和环境应急系统的各级机构及应用人员，稳定运行着“专项行动数据传输系统”、“排污收费网上答疑培训系统”、“行风建设网上投诉处理系统”、“联合国环境署 ODS 信息系统”、“秸秆焚烧管理系统”、“矿山企业环境治理整顿情况直报系统”、“自然保护区调查直报系统”、“环境监察机构标准化能力建设系统”等各类业务应用系统。邮箱系统于 2002 年开通，主要用来支持国家环境监察和环境应急部门与各省级对应单位的邮件通信。

需要指出的是，www.12369.gov.cn 中国环保热线网站后台支持着的各应用系统对于实践国家信息化领导小组提出的“改变‘金字塔’树形结构，尝试向‘网络多节点’结构转变”进行了有益探索，加快了数据采集、存储、传输和应用，有效支持了环境监察和应急管理工作的顺利开展。特别是通过 www.12369.gov.cn 网站的后台数据采集和传输系统，有效支持了环境保护总局与中国人民银行就环境监察执法污染源违法企业数据进行交换共享合作协议的顺利执行，也为进一步探讨建立跨部委的数据交换共享机制进行了有益探索。

（三）环境保护部网上投诉举报管理系统

环境保护部网站（www.mep.gov.cn）设有“网上举报”栏目，公众通过该栏目可以进行环境污染问题的投诉或举报。但原有栏目采用的是类似于 BBS 式的非结构化的简单信息发布模式，为有效处理投诉举报件带来了很大麻烦。如为处理 2007 年积攒的 1.8 万多条无法分解的投诉举报记录，应急调查中心从地方抽调了 5 名同志集中处理了一个多月，2008 年收到网上举报 1.2 万件，委托秦皇岛环境干部管理学院对网上举报进行分拣、分类，工作量很大，工作效率比较低，影响了群众举报件处理效率。

为提高网上投诉举报案件的处理效率，应急调查中心在开通“010–12369”环保举报热线后就着手探讨建立网上投诉举报管理系统，经过一个多月的努力，完成了系统开发，并已于 2009 年 7 月中旬正式投入应用。该系统主要实现了两个功能，一是开发了网上投诉举报案件受理接口，可以与环境保护部网站实现无缝连接；二是开发了网上投诉举报案件办理流程，由专门的坐席员通过后台系统分拣整理有效的投诉案件，转班长席审查，经领导审批后可通过网络直接转各省级环保部门调查，调查结果可通过网络进行反馈。通过该系统的使用，规范了网上投诉举报方式，利用“010–12369”环保举报热线综合业务系统及网上交办反馈系统，大大提高了公众投诉举报案件的受理、处理效率。

（四）危险化学物质、重点污染源自动监控系统

危险化学物质、重点污染源自动监控系统是一套用来实现对危险化学物质、重点污染源进行自动监控的信息系统，包括重点污染源排污强度实时监控系统核心软件、污染源自动监控系统接口、领导查询 B/S 软件、重点污染源传输软件、排污异常主动监控报警软件、有线、报警接收设备等构件或模块，可以实现对危险化学物质、重点污染源的实时排污情况进行动态监测。

三、存在的主要问题

目前，环境应急信息化建设的基础设施还比较薄弱。第一，环保部门一直没有建设好联通国家、省、地市、区县的四级专网，局域网、城域网、互联网没有达到满足业务应用开展的基本要求；第二，地方环保部门的基础网络条件很不成熟，部门之间网络连接不畅。比如，环保部和各省环保厅（局）已经有带宽为 2M 的 SDH 电路，但应急调查中心尚不能利用它与各省级“12369”机构进行数据通讯。第三，基础资源共享环境较弱，环境应急工作亟须的常用基础资源如全国 1∶5 万的电子地图、GIS 工具平台等不能通过共享正常使用。

整合资源　深化应用
全面提高环境监测信息化整体水平

中国环境监测总站

中国环境监测总站是整个国家环境监测信息网络运转和指挥的核心中枢，环境监测数据的“图书馆”，负责我国环境监测数据的采集、传输、处理、发布及共享。其主要任务是通过建设全国监测信息传输系统、多功能数据库系统、自动在线监测系统、GIS 系统、信息发布及共享系统等对全国地表水、空气、国家重点控制污染源进行在线监控；实时演示我国空气质量日报和预报的情况、水质自动监测站监测的流域水质情况；及时发布全国及各地区、各流域的环境质量状况；并通过对环境监测数据的挖掘和共享使环境信息资源得到充分的开发和利用，为环境监督和管理提供有效的信息支持。

中国环境监测总站开展环境信息化建设十多年，环境信息化工作取得了较大进展，尤其是在“十五”和“十一五”期间，国家加大了对国家级、省级和部分城市级环境信息建设投入，初步形成了一定工作能力，在环境监测业务领域的信息采集、传输、存储、处理、分析和服务已发挥了显著作用。

一、监测总站在环境信息化建设方面取得的主要成绩

1．加强监测总站 IT 基础设施建设，为环境监测信息化发展奠定了基础

监测总站通过新大楼的建设，使总站 IT 基础设施有了较大的提高，机房面积由原来不到 30 米^{2}扩展到 240 米^2，因特网出口由无到 20M 宽带，搭建了监测总站核心交换千兆的内、外网络，并按不同的业务部门划分了 VLAN 网络，增加了防火墙、入侵检测、UTM、隔离网闸等安全设备，更换、升级了各部门业务应用服务器和系统，使服务器性能有了较大的提升，各处室每个工作人员的工位都设置了内外网的网络接口，这些都为监测总站环境监测信息化发展奠定了基础。

2．以 VPN 方式搭建了全国环境监测数据传输网络，实现了水、空气、污染源自动监测数据的实时采集、监控

随着用户对 VPN 技术的了解加深，以及 VPN 厂商在安全性方面的不断提高，VPN 已经在中国的大多数行业有了广泛的应用。自 2006 年起，监测总站建成了地表水水质监测数据 VPN 传输网，在自动站的数据采集传输网络架构中，采用 VPN

加密网关硬件设备，通过多种方式的 Internet 接入方式（CDMA、GPRS、ADSL 等），组建了 100 个国控断面水质自动监测站和 31 个省、自治区、直辖市的省级环境监测站的数据传输广域网。同时为了保证监测数据及监测总站内部局域网的安全性，监测总站 VPN 网与内部业务网之间安装了隔离网闸，从各地上报的监测数据实时摆渡到内部业务网上，在 VPN 网上不保留任何历史数据，自 2008 年起，113 个城市的空气自动站和部分污染源自动监测站也逐步联入该网络中。通过该网络的建设，使国家更直观地了解地方自动监测的运行状况，更准确地把握环境质量状况，判断环境质量变化趋势等，提升环境监测的管理水平。

3. 建立了全国环境监测数据库及各种业务应用系统

监测总站自 2001 年开始，按照各种监测业务的需求建立了网络版的全国环境监测基础数据库，主要包括：地表水监测数据库、饮用水监测数据库、近岸海域水质监测数据库、空气监测数据库、酸雨监测数据库、噪声监测数据库、土壤背景数据库和环境统计数据库等。在此基础上结合各业务部门的需求，先后开发了空气质量日报预报系统、地表水月报系统、饮用水月报系统、水质周报系统、突发性环境污染事故应急监测响应系统、“三同时”竣工验收管理系统、噪声环境管理系统、环境统计综合年报信息系统、污染源数据管理系统、重点城市空气自动站和地方建水质自动站实时演示算系统等，这些数据库及业务应用系统提高了环境监测信息处理能力，为环境监测业务起到了重要信息支撑作用。

4. 初步建立全国环境监测基础地理空间数据库，搭建了 GIS 演示平台，提高了环境监测信息的表征能力

初步建立了环境监测空间数据库，包括 1∶400 万全国城市点、十大流域和三湖 1∶25 万数据库、100 个城市 1∶5 万城区数据库、2000 年全国遥感影像和土地覆被数据库等。在此基础上为了演示汇报环境监测工作，还开发了地表水监测空间信息平台、空气自动监测空间信息平台、国控水质自动站空间信息发布平台，提高了环境监测信息的表征能力。

5. 建立了中国环境监测网站，提高了环境监测信息社会发布能力

自 2003 年起，监测总站在 Internet 上申请、注册了 CNEMC.CN 互联网域名，建立了“中国环境监测”网站，为全国各级环境监测站提供了一个环境监测信息交流的平台，为国内外互联网用户了解环境监测信息提供了有效的服务。该网站于 2007 年进行了改版和升级，新网站无论从发布的信息量及表现形式都有了较大提高，该网站从 2009 年 7 月 1 日起正式对社会发布国家地表水水质自动站监测实时数据。

二、环境信息化建设过程中存在的主要问题

监测总站信息化建设是一个不断完善发展的渐进过程，同时也是一项复杂庞大的系统工程，点多面广、千丝万缕，不可能一蹴而就，需要不断地努力。虽然总站

的环境信息化建设取得了一定的进展，但仍存在着许多有待完善方面和急需解决的问题，主要体现在如下六个方面。

（1）信息化建设由单个的业务功能驱动，缺乏整体战略思考，对战略的支持意义模糊。环境监测信息系统对业务流程的变化缺乏弹性、信息架构没有统一规划，使得各种环境信息系统集成困难，IT 永远跟不上业务的需求。

（2）监测信息标准化与规范化工作严重滞后，缺乏全面完备的环境信息标准规范体系。

（3）没有统一的、稳定的环境监测数据传输网络，现有的数据传输能力难以满足环境监测管理业务的实际需求。

（4）环境信息化建设中存在着重技术轻管理、重开发轻维护、重系统轻数据等现象。

（5）环境监测数据库建设和共享研究一直没有系统地开展，部分环境监测数据分散于各业务处室中，没有统一的元数据标准，也缺乏有效的处理和加工，难以进行共享和应用。

（6）环境信息资源开发和利用不高，应用服务单一，环境监测数据不能全面反映整体环境状况。同时信息技术在环境监测业务应用的研究不充分、大多数环境监测业务数学模型还难以对实际状况作出科学的模拟。

三、环境监测总站信息化建设规划

环境监测信息化建设总体思路为“全面推进，重点突破”，以环保业务需求为导向，以应用促发展，以规范、准确的监测数据为基础，以环境监测核心业务应用系统（环境质量、污染减排等）建设为重点，以加强信息资源共享和开发利用为核心，以强化应用支撑能力和网络信息安全为保障，统筹规划，夯实基础、整合资源，深化应用，确保安全，全面提高环境监测信息化的整体水平，为建设污染减排“三大体系”奠定基础、为实现环境管理和决策信息化提供技术支持和保障。

其建设原则为“三统一”，即在环境监测信息化基础网络建设、应用系统开发、数据库建设、信息安全等方面，坚持统一规划建设、统一标准规范、统一归口管理。实现数据的良好传输、存储、交换、共享和利用，统筹规划、合理安排；统一管理，分工协作；统一标准，保障安全。实现一个中心，数据共享，业务协同。

总站信息化建设目标是“一个中心、两个平台、三个体系”建设。“一个中心”即以环境监测数据、污染源数据为主体，辅以基础地理、气象、水文、社会经济等数据构成的国家、省级分布式环境监测数据中心。“两个平台”即以国家环境信息化建设的基础支撑平台为主体、环境监测系统现有数据采集与传输基础支撑平台为辅构成的环境监测数据传输网络平台以及计算机软、硬件共同构成的“环境监测基础支撑平台”；由基于环境监测信息传输网络的数据传输系统、满足环境数据分析与评价的业务办公系统、基于多尺度 GIS 数据为基础的环境监测会商指挥系统、基于实时数据采集的自动监测实时监视系统、基于环境变化规律模型/模拟的环境监测预警系统、基于遥感与地面监测相结合的卫星遥感监测系统、为公众/科研等服务的环境监测对外信息发布系统构成的“环境监测信息资源服务平台”。“三个体系”即包括环境监测信息建设标准化体系、环境监测安全保障体系以及环境监测运行管理体系。

近期工作主要包含如下内容：

（1）制定科学统一的系统集成、数据交换、数据传输、质量评价技术的标准规范和各类环境监测要素的编码规范。

（2）开发标准化的数据采集系统，规范监测数据的填报与处理流程，提升全国监测数据传输与处理水平，实现监测业务的自动化。

（3）建设环境监测数据中心。

综合采用网络技术、安全技术、数据库技术，以 SOA（面向服务的架构）为框架，以环保、水利、建设、农林、渔业、卫生、交通等部门采集、化验分析的环境质量数据和其他行业相关的关联数据（如水文、气象）为多元环境监测数据来源，建设国家级环境监测数据中心，高效合理有序地组织环境监测数据和其他关联数据，通过数据整合、应用整合实现各个行业监测机构、各层级监测机构、各业务信息系统的数据融合业务综合联动分析，为环境质量评价及趋势预测分析提供数据管理、数据服务支持。

（4）开发建立核心业务的应用系统，为环境管理提供技术支持。

如全国城市空气质量监测信息管理系统、全国沙尘天气监测信息管理系统、全国酸雨监测信息管理系统、全国环保重点城市饮用水源地水质监测管理信息系统、全国近岸海域海水水质国控网监测管理信息系统、全国生态环境监测分析系统、全国土壤监测数据采集和传输系统、全国辐射环境监测分析系统、全国环境质量综合分析信息管理系统、全国环境监测信息共享与发布系统等。

（5）建设完善的环境信息运行管理体系。

环境信息运行管理体系为整个环境信息化建设和运行提供维护和管理服务，是保障环境信息系统正常稳定运行的重要保证。

（6）建设完备的环境信息安全保障体系。

环境信息安全保障体系主要由安全策略、安全技术、安全审计和安全管理组成，是为整个环境信息化建设和运行提供全方位安全的保障体系。

推进政务信息工作规范化建设
促进报社事业健康快速发展

中国环境报社

中国环境报是全球唯一一张国家级的环境保护报纸，为环境保护部主管的新闻机构，1984年创办，向国内外公开发行。2009年每期发行量达22万份。中国环境报主要报道中国的环境保护政策、法规、工作动态、最新事件、环保科技和产业信息以及国际环保大事。中国环境报在全国设有44个记者站，为读者提供准确、及时和全面的环境新闻服务。读者构成包括了各级政府机构、环保系统、环保产业以及各工业企业，范围广泛，因此，中国环境报在全国环保领域具有广泛而权威的影响力。

环境新闻宣传工作之所以具有广泛的影响力，离不开网络建设和编辑信息管理平台等方面信息化的支撑、服务和促进作用。

一、关于报社环境信息化工作的主要方面

（1）网站建设逐渐走上正轨。报社于2001年创建中国环境网。2007年6月，报社成立网络信息部，网站正式独立运营，并对页面进行了全新改版，取得了一些成绩。中国环境网作为中国环境报的有效补充，展示环保系统对外形象、体现环保工作发展动态、披露社会环境问题、促进环境产业发展；同时为公众提供一个与环保系统面对面交流的网络平台。

在内容方面，网站关注最新的国际国内环保焦点，第一时间推出专题报道，运用不同的表现方式，吸引受众，吸引读者。网站的内容在不断丰富，涵盖的范围也越来越广泛。

网站发展情况除了决策者之外，还需要强大的编辑和技术力量来支持。编辑方面，部门主任定期进行人员培训，手把手教导大家如何从海量信息中提取自己需要的内容、如何编辑、怎样写作。编辑人员每天浏览大量新闻内容，悉心选、编、发布，同时接受受众反馈意见建议，及时反应，调整报道方向，针对国际国内主流新闻制作专题。在技术上，大家共同探讨前沿技术，学习并尽量掌握。

（2）报社技术保障部专门负责报纸出版和计算机网络维护工作，积极努力解决因网络运行中病毒的泛滥情况和及时纠正没有按规定非正常使用网络现象，保证网

络正常运行。为报社计算机系统能够正常运行工作奠定了基础。从而保证了报纸正常的出版工作。

（3）报社把政务信息工作摆在重要议事日程，由办公室专门负责政务信息报送工作。办公室平时能做到注意收集信息、沟通情况、加强政务信息管理；切实加强对环境宣传全局情况和动态的掌握，紧紧围绕环保的中心任务和重点工作，突出重点，兼顾一般，反应灵敏，及时准确，树立勤报信息、报好信息的意识，将报社工作中有重点、有特色的工作归纳提炼成信息稿件予以报送，做到了每周都能报送若干条信息。

二、关于报社环境信息化工作的主要问题

报社环境信息化工作虽然取得了较大进展，但与环境保护部信息化发展的总体要求和环境管理工作的实际需要相比，仍然有很大差距。主要表现在：

（1）网站目前是 WCM 内容管理协作平台。这套软件在编辑、发布新闻内容等基础上，提升了网站的可扩展空间。在硬件方面，由于只拥有一台服务器，这对于一个独立的网站、一套内容管理系统来说是远远不够的。软硬件需要继续完善。需要购置新的软件以实现网站功能；配置新的硬件设备，以保证网站的正常运行；扩宽网络带宽，以支持大量受众浏览需求。

（2）报社目前信息共享程度不高，信息资源分散，没有采编信息管理平台，与其他报社信息化建设方面有十年的差距，信息基础建设发展不平衡，信息系统缺乏互联互通，缺少行之有效的绩效考核系统，缺乏媒体资源的存储和共享。

随着多年的使用，现有的生产系统已经不能满足报社日益发展的需求，采编流程应更灵活、快速地进行调整；稿件可以更方便、直观地进行调度；在社外也可以完成写稿、稿件传递、稿件审批、签发大样等工作。报社必须建立一套融合采编生产环节、图片加工环节，刊物存储环节为一体的生产管理平台，来进行日常的报纸生产、加工、存储任务。

（3）政务信息质量有待提高，深度挖掘不够，围绕中心任务服务领导决策的作用没有得到充分发挥；反映工作动态类信息偏多，调研类信息偏少。要加大约稿力度，发挥各部门的主观能动性，及时报送深度分析、趋势预测和重要建议类信息稿件。

为此，中国环境报社目前迫切要加强环境网的网站建设，达成与受众多向性的互动，并通过网络论坛、讨论区、留言板、聊天室等多种功能模块，达到“一对一、一对多、多对一、多对多”等多种方式的沟通交流，掌握民众需求，引导舆论导向，跻身一流网络媒体。还要建立一套融合能够采编生产环节、图片加工环节、刊物存储环节为一体的生产管理平台。切实加强政务信息调研工作，提高政务信息质量，不断推进政务信息工作规范化、制度化建设，促进报社事业健康快速发展。

加强信息化管理
建立数字化出版和数字化服务

中国环境科学出版社

按照环境保护部对环境信息化的总体部署和一系列要求，在上级机关的大力帮助支持下，中国环境科学出版社领导层对于加强环境信息化建设，认识到位，态度明确。通过近几年的努力，中国环境科学出版社在外网建设、电子商务、云因内部管理系统等方面取得了一定成效，为环境保护部环境信息化建设、宣传环境社、加强内部管理和提高综合核心竞争力发挥了积极作用。

一、信息化建设取得的主要成绩

（一）领导重视，措施得力

一是班子思想统一。社委、社党委高度重视环境社信息化建设，社领导多次主持召开会议，部署建设规划，提出实施要求，把环境社的信息化建设作为出版机构的“一把手”工程，作为出版机构参与市场竞争的重要平台和手段，并组织专门的力量，对内、外网的总体建设步骤、规模进行了设计论证，选调了两名业务能力强、思想意识先进的人员负责网站及信息化的建设管理，领导的高度重视成为信息化建设的重要保障。

二是经费投入到位。先后在信息化及网站建设的软、硬件方面总投入 200 余万元，购置和更换计算机 100 余台，添置新的服务器设备和软件，花费 30 万元建设云因出版管理系统，极大地提高了工作效率，改善了办公条件，有力地保障了工作的正常开展。同时，加大了网站建设的投入，在建设初期就投入了 8 万余元，对外网进行新的规划设计和推广宣传。

三是广泛参与，普及深化。在内、外网的建设管理和使用中，全体员工从不懂到熟悉，从不习惯到依赖网络信息平台，目前，大家能够自觉参与信息化建设之中，积极为信息化工作出谋献策，广大员工的认可和积极参与，使我社网络信息化建设走了规范化、制度化的良性轨道。

（二）管理到位，成效显著

1．云因系统实现内部业务信息化管理

面对经济全球化的挑战，信息资源一体化的趋势日益加强，信息化必须能够使企业有效地收集、传播和共享信息。这一方面体现在实施步骤上对整体规划、基础管理、分层应用等各环节的集成；另一方面体现在企业内部资源的优化集成，包括硬件与软件的集成、软件之间的集成、软件与业务流程的集成、信息体系与管理体系的集成等。

众所周知，出版社是一个信息量大、智力劳动强度高、工作流程复杂的机构，在图书市场竞争日趋激烈的情况下，必须加强管理，提高管理效率，在管理方法、模式、手段和工具等方面进行切实可行的改革，尽快建立计算机管理信息系统已成为当务之急，ERP 系统正是这种市场竞争的需要，实施 ERP 成为出版社自身改革和发展的内在要求。

目前，我社针对自身的实际的经营管理现状，在积累多年图书出版管理系统使用的经验，与北京云因技术有限公司采取进一步合作，由云因公司提供新版出版社管理软件并在我社实施，实施的内容有：编务系统、出版系统、发行系统。云因公司的出版社管理软件在我社运行的这几年里，为我社的经营管理工作作出较大贡献。目前已经基本实现选题资源管理的计算机化、出版进度管理的计算机化、出版物印刷与装订的现代化、出版合同、成本、质量管理的网络化、出版物创作的计算机化、稿件投递的网络化、稿件编辑加工的计算机化、图片资料处理的计算机化、稿件校对的计算机化。

我社利用信息技术，使管理流程清晰简单，事务处理效率高，真正做到向管理要效益。严格的内部控制制度，通过信息系统实现管理透明化，杜绝人为的变通，可以及时发现和解决管理过程中出现的问题，避免造成损失，实现了实时的业务处理，能够及时地看到当日的图书销售量、回款情况、图书库存情况、成书情况、未成书的进度流程和新书策划等业务状况。通过分析系统还能获得统计信息，如畅销书情况、滞销书情况、资金运转情况等。

通过此次与云因公司的进一步合作，加强出版社管理软件的使用，将使我社的经营管理更上一个台阶。

2．“中国环境出版网”为环境社的对外综合业务发挥了积极作用

我社网站“中国环境出版网”自 2007 年 5 月建成以来，各方面取得了较好成绩。截至 2009 年 7 月，外网累计访问量近 73 万人次，平均日访问量约达 1 000 人次，成为我社一个重要的对外宣传窗口，对促进出版社的全面发展，树立出版社的良好形象起到了积极作用。

一是有力加强了出版社的对外宣传，大幅提升了出版社的知名度。网站作为对外最直接的宣传窗口，通过发布图书信息、出版社新闻、环境保护知识、出版行业动态、相关环保政策等，在网上交互连接，表达自己的产品信息和服务理念，全面

接受用户的信息查询和信息反馈，为读者和我社搭建了一座沟通合作的桥梁，打造了我社在环境科学领域独特的品牌。由于每天的信息更新及时，信息量不断增加，内容丰富，网站浏览量直线攀升，已形成了一批固定的读者一直关注着网站。2008年，由新闻出版总署组织的“全国出版社网站建设工作评比交流会上”，在全国330家出版社网站评比中，我社网站获总排名的第十七位，77家专业类出版社网站排名第八位的好成绩。

二是充分运用网络的速度快、容量大的功能，开创了图书电子商务先河。网站综合性的营销工具，除将产品进行宣传外，还及时收集客户需求的反映，将经济效益和社会效益有机结合，整合数据资源，建立了图书资源数据库、读者数据库、作者数据库、管理信息系统，做到有的放矢的宣传营销模式。网站电子商务模式运用于传统的出版发行领域，建立了电子商务管理系统，实现了出版与网络的良性互动；将网上发行与传统的市场销售紧密结合，充分发挥网上书店海量存储、便捷查询、轻松消费及多样服务的特点和优势，构建公开交易的平台，降低交易成本，创造了最大可能的经济效益。

三是管理规范、维护到位。我社网站管理权限，由网站管理员兼网站编辑严格按社领导的统一要求，负责网站的设计、制作、信息的收集把关、编辑发布每日内容，确保网站的畅通。截至2009年7月，共发布信息6 500余条，没有出现过任何有损出版社形象的问题，尤其对政治性和政策性强的文章、图片等内容严格把关，对于不符合主流传播的内容一概不能上网，并对网站信息进行及时的备份、归档；网站运行两年多时间，没有发生中断情况，确保了网络内容和网络线路的双安全。

二、存在的主要问题

一是网络信息化硬件有待升级换代，有许多设备还是建设之初的配置，已经满足不了使用功能的需求（目前此项工作正在实施中）。

二是宣传力度还有待加强，出版社改为企业后，网站是对外宣传最直接、最便捷的窗口，加强网站的宣传是宣传出版社的重要途径。

三是个别同志对搞好信息化建设的认识有待提高，信息化建设涉及管理运营模式的变革，使人人都接受和使用网络信息化。

三、下一步发展打算

（1）加强云因系统的硬件升级换代，尽早实现无纸化办公，实现社内各个业务数字化管理。

（2）加强外网的综合建设，增加声、像、数字电视直播等功能，围绕环境保护部的中心工作和出版社的发展规划，抓好宣传。建立数字化管理、数字化出版、数字化学习和数字化服务，把电子商务作为出版发行的重要力量。

（3）按照环境保护部信息化建设总体部署和要求，建设一个更加适合部里要求，与时代始终同步的信息化平台。

加大投入　强化意识
积极推进南京所信息化建设

环境保护部南京环境科学研究所

环境信息化建设是环境管理工作的基础，是使环境信息得到有效利用的重要手段，是环保系统改善自身能力建设的重要内容之一。环保部南京环科所的环境信息化工作紧紧抓住信息化为环境管理提供全方位信息服务这一工作重心，以科学发展观为指导，努力提高信息化为环境管理提供服务的能力，进一步发挥信息化作用。

一、加强组织领导

信息化工作是一项系统工程，牵涉各个部门，必须统一领导，各部门密切配合。南京所领导对环境信息工作给予了高度重视，分管所领导亲自过问信息化工作，定期听取信息化工作汇报，研究信息化工作进展。同时为环境信息工作顺利开展提供必要的便利条件，主动向信息工作人员提供一些重大决策及重要会议、文件精神等方面的信息，并且购买了清华同方数据库、维普全文数据库以方便科研人员检索查询科技论文，了解最新的科技动态与成果，紧跟国际环境科学的发展前沿。

二、加强局域网建设

硬件、网络是信息化建设的基础，如果离开了硬件与网络的支持，无疑信息化建设就是空中楼阁。南京所自 1998 年建立局域网以来，历来重视硬件投入与网络建设，这两年更是不断加大信息化投入，完善硬件建设。首先，Internet 接入由原来的网通百兆共享升级为中国电信的百兆光纤专线接入；其次，防火墙由原来的 CISICO PIX FIRE 515E 更新升级为思科 ASA5540、核心交换机与主接入交换机均更新为思科系列；更换了 UPS，保证在偶尔断电的情况下也能维持网络的正常运转；并且配备了深信服上网行为管理软件来做辅助管理，建立计算机实名登记证度，全所现有计算机四五百台，每台计算机都落实到个人，外来计算机没有许可一律禁止上网。这些设备的投入与使用，极大地提高了工作效率，改善了办公条件，有力地保障了工作的正常开展。

三、做好网站建设与维护

在网站建设方面，为了针对不同的信息公开上的需要，我所分别建有对外网站（以下简称“外网”）和对内论坛（以下简称“内网”）。外网的建设为更好地展示南京环科所的形象，让更多的人知道并了解南京所提供了一个平台。南京所聘请了专业网络公司进行精心设计与构建，逐步完成了外网网站的整体改版。近日，南京所响应环境保护部的有关文件精神，申请了“环境保护部南京环境科学研究所.公益”、“环境保护部南京环科所.公益”和“南京环科所.公益”三个中文域名，为南京所知名度的进一步提升提供了新的途径。同时，为了提高办公效率，及时便捷地发布所内信息与通知，最大效率地使用电子文档，做到无纸化办公，还建立了内网网站。

在网站维护方面，建立起了一套严格的操作管理制度。由科技处负责内外网站的后台管理与日常维护，以及网站信息的编辑与审核。由专业网络公司负责内外网站的重大更改与调整。

四、建立网上科技信息

环境科技信息的发布与更新是南京所信息化工作的重点之一。在外网上专门设立了四个栏目：“研究进展”和“论文论著”两个栏目分别展示了我所的环境科技工作的进展与成果情况；“学科设置”栏目介绍了我所的具体学科结构与研究方向；“政策法规”栏目提供了我国的环境相关的法律法规。所有的信息将被分为两个部分进行发布，一部分为南京所的科研情况，将发布在外网上，起到对外宣传南京所的作用；另一部分为收集的重要环境信息，这些信息将根据需要传输到内、外网站上，让全所人员、社会人员及时了解当前信息。同时，为了确保这些环境科技信息的及时更新，南京所在所领导的支持下，建立了合理的监督与管理体制，加强了对各部门工作的追踪力度，有效保证了网站环境科技信息更新速度、数量与质量。此外，南京所的通知公告、规章制度、培训考试等信息均会以电子文稿的形式在内网的相应板块发布或转发，相应的纸质文件则在科技处或者办公室存档，初步实现了无纸化办公。

五、建立电子数据库、项目数据库

作为环境保护部直属的科研院所，南京所主持或者参与了多项国家级科研项目，现有的大气环境数据库、水环境数据库、生态环境数据库、全国自然保护区数据库、中国生态旅游数据库、中国外来入侵物种数据库和生物多样性数据库七个数据库就是这些项目的直接或者间接成果。

自 2001 年以来，南京所包括横向、纵向和外协在内的所有项目都采用数据库形式来登记管理。为了方便科研人员进行分类查询南京所历年来的项目情况，做到信息共享，在所内网专门开设了关于科研项目情况的板块，项目按照科室分类，由专人及时公布和更新项目的在研信息，追踪项目的实施状况。

六、加强电子档案建设

根据相关要求，南京所对于课题信息、重要的通知公告都采用电子稿与纸质稿并存的做法。将这些信息分类别保存，有些则做成了数据库，如项目信息以项目数据库的方式编号存档，这样有助于更好地进行信息检索，实现信息共享。

七、加强信息安全建设

依照环境保护部的保密要求，制定《南京所计算机及网络保密制度》，提高网络安全的意识。所有涉及保密信息的计算机、存储设备一律禁止上网，做到物理隔离。购买了瑞星杀毒软件企业版，由网络管理员来定期更新升级与扫描杀毒；并定期对网络设备的操作系统、应用系统软件、业务软件数据等重要数据做好备份工作，并安全存放。定期对操作系统、办公软件、数据库等软件进行更新升级，打上最新的安全补丁，减少系统安全漏洞，定期进行巡查。

八、信息化工作存在的主要问题及解决办法

一是环境信息的采集量不够。将进一步完善南京环科所内外网站建设，加强与相关网站的链接，丰富网站的内容，加快网站信息的更新速度，扩大南京所网站的影响，促进环境信息资源共享。

二是环境信息管理体制不完善。加强环境信息工作的制度化、规范化建设，是保证信息工作顺利开展，提高信息工作质量和水平的重要基础。建立环境信息工作目标责任制，进一步完善环境信息化工作网络，落实第一责任人制度，形成上下贯通、密切协作的工作体系，具体为科技处负责全所环境信息的收集、整理和发布工作，各部门指派专人负责各自环境信息工作的组织管理工作。年终，根据各部门信息工作完成数量、质量和时限等情况进行通报，并把这一指标列为对各部门年终实绩考核的重要指标，同时也作为各部门及个人评定先进的重要条件。

三是信息化工作任务重，人员少。信息化的建设需要一支高素质的专业队伍，要想做好环境信息化建设，首先要造就知识化、专业化的技术管理队伍，不断加强自身的培养和专业培训，并结合环境信息管理工作的需求，利用多种形式，逐步提高环境信息工作者的政治素质、业务素质和理论水平，增强环境信息工作者的责任感、使命感，为环境信息工作的顺利开展夯实基础，从而促使南京所的环境信息化工作再上新台阶。

四是缺乏必要的经费支持。经费的缺乏制约了工作的深入开展，应加大资金投入力度。

九、发展前景

积极推进南京所的办公网建设，逐步实现办公业务的规范化、电子化、网络化，最终实现无纸化办公。利用网络硬盘实现信息共享，减少数据的拷贝传输工作，避免数据的重复查询，方便科技人员随时查找所需科研信息。利用办公自动化系统方便领导跟踪监督工作进度情况，并提出批示意见，方便出差人员实时保持与所的沟通，提高办事效率；加快信息传递，便于全所人员之间及时沟通与联系，同时保证信息的安全性和私密性；规范办公流程，整合全所资源，通过办公自动化系统将全所的共享资源集成在一个平台上进行管理使用，便于随时查阅浏览，全面提高工作质量和工作效率，增强快速反应能力，促进管理现代化、决策科学化。继续加大信息化投入，强化服务意识，切实提高网络信息系统及其软硬件的维护、管理和应用的水平，确保环境信息网络系统的安全和正常运行。

长远规划　求真务实
全面提升华南所信息化建设水平

环境保护部华南环境科学研究所

继资金、人才、市场等多种资源之后，丰富的信息资源已成为单位一种重要的战略优势，知识创新有赖于对现有信息的充分吸收和利用，对于环保部华南环科所来说，信息资源的积累和流动质量极大地影响着各项日常管理工作、后继人才队伍培养以及政府支持和社会信任程度，知识信息资源以及信息技术化手段已成为单位生存与发展的必备条件。

一、本所信息管理发展阶段

（1）1981 年所图书资料室成立，负责全所图书、情报资料的收集、管理和利用，从建所初期的一无所有到巅峰时期积累图书资料达 10 万册。

（2）1996 年所综合档案室成立，负责全所文书、科技、会计、基建、设备等十多个门类综合档案的收集、管理和利用，结束了建所以来大量珍贵档案长期分散、兼管、零乱不完整状态，于 1997 年晋升为科技事业单位档案管理国家二级单位。

（3）2002 年所信息中心成立，负责全所网络的架设、安装，服务器维护以及网上办公管理系统的建设，2003 年咨询类科技项目网上办公管理系统及所对外网站开始试运行，迈出了本所信息资源网络技术化的第一步。

（4）2003 年所图书馆与档案室合并，负责全所图书、综合档案、电子资源的收集、采购、管理和利用，通过对纸质图书、档案、情报信息资源整合，对整合资源的数字化，对电子信息资源的扩充等一系列工作，加上图情档综合管理系统与局域网相连，使日益高涨的信息利用需求得到了有效的缓解。

（5）2005 年图书档案室与信息中心合并，负责为全所人员提供信息和信息技术支持，合理配备懂信息内容管理、会计算机信息科学技术、有行政管理工作经验的人才，可供利用的知识信息资源日趋丰富，至此本所知识信息管理的平台初具规模。

（6）2006 年局域网扩容，咨询类科技项目网上办公管理系统更新，负责全所咨询类项目的申报、审批、归档等日常管理，成熟的技术和升级的网络条件提高了工作效率，规范了咨询类科技项目的管理，同时也为开始建设研究类科技项目网上办公管理系统提供了经验，同年所对外网站更新改版。

（7）2007 年图情档综合管理系统与项目管理系统成功对接，并延伸搭建能服务于单位各项现行工作的辅助管理系统，在以后的几年中逐步完成如固定资产、公文、科研项目等辅助管理系统，作为网上办公管理系统的补充，将信息管理与单位整体工作连为一体。

（8）2008 年研究类科技项目网上办公管理系统成功运行，负责全所研究类项目的申报、审批、归档等日常管理。

（9）2009 年人事和财务网上办公管理系统开始建设。

二、本所信息管理发展的经验和教训

随着我国社会经济的高速发展，国民素质的提高，环境保护工作日渐受到国家的高度重视，环保信息利用需求大幅攀升，本所的信息化工作正是在这种时代背景下发展完善的，总结起来有以下几点经验和教训。

（1）综观本所的信息管理之路，我们可以发现，本所的信息化工作从领导决策到具体实施，体现出一种紧跟时代、求真务实、稳扎稳打、持之以恒的特色。各类信息资源与信息资源之间整合、扩充，信息资源与信息技术之间的有机结合，网络硬件和信息经费的投入逐年加大，加上多年努力不懈地经营，本所信息化的路也越走越顺。

（2）从图书、档案、信息中心三个独立的机构到今天的图书档案信息中心，从单一的信息内容人才结构到信息内容、信息技术、行政管理的综合人才队伍，合理的机构设置和科学的人才配备节约了人力成本，提高了工作效率；局域网、互联网、网上办公系统、图情档综合信息管理及辅助系统，承担着内部工作规范管理和有效信息沟通的重担，日渐完善的信息技术保障了日趋丰富信息资源的快速流动。这些变化使信息部门成为本所科研和管理工作的“及时雨”。

（3）走到今日回头再看，我们会发现本所的信息化工作在布局上还是缺乏宏观长远的眼光，如果在早期能有明确的 5～10 年的信息化整体设计规划方案，加大投资力度；如果在面对大幅增长的信息需求时，不是一味地追求机构精简，削裁人力，让工作人员疲于奔命，那么本所信息工作的信息服务质量和层次将会更高，整体协调性将会更好。

三、本所信息管理发展的前景

坚持发扬本所信息化工作的特色，注重长远规划，保证投资力度及人力资源，提高信息化工作的整体协调性和信息服务质量与层次，我们完全有理由相信本所信息化将为本所科研、管理等各方面工作带来显著的效益。

依托网站建设
推动规划院信息化建设进程

环境保护部环境规划院

环保部环境规划院的主要信息化工作主要是不断完善网站建设，及时发布我院开展的项目进展信息，扩大对内对外的交流和影响。

一、网站基本情况

1．中、英文网页

环保部环境规划院从 2001 年成立起，以“中国环境规划院”域名注册了独立的网站 www.caep.org.cn。经过多年的不断升级，目前已有一台独立的服务器运行中、英文两个版本网页，宣传我院的科研活动和重要成果，其中中文专栏 26 个和英文专栏 3 个：

中文专栏包括我院在环境规划、环境经济、大气、水环境和生态环境的相关专题的工作进展、相关资料和会议简讯，具体栏目如下：

[1]国家环境经济政策试点；[2]排污权有偿取得和排污权交易；[3]生态环境补偿；[4]绿色 GDP 核算；[5]“十一五”环保规划；[6]“十二五”环保规划；[7]国家“十一五”规划；[8]长三角环境规划；[9]青藏高原环境规划；[10]中央环保专项资金；[11]国家水专项战略与政策主题；[12]全国水源地调查及评估；[13]水环境；[14]大气环境；[15]生态环境；[16]危险废物；[17]环境战略与政策；[18]咨询与评估；[19]综合信息；[20] 科技发展与国际合作；[21]污染减排；[22]深入学习实践科学发展观；[23]环境规划专业委员会；[24]环境经济学分会；[25]绿色奥运 绿色北京。

英文专栏包括新闻、研讨会和报告。

2．中国环境经济智库 www.csfee.org.cn

2005 年以我院挂靠的“环境经济学分会”的名义注册了“中国环境经济网”，后更名为“中国环境经济智库”，收集环境经济方面的前沿信息和资料，设立了 20 个专栏，包括环境经济学的热点问题专栏和资料以及综合信息，具体栏目有：

[1]低碳经济政策；[2]排污收费；[3]环境公共财政；[4]环境税收制度；[5]生态补偿政策；[6]环境信贷政策；[7]环境责任保险；[8]绿色资本市场；[9]排污交易；

[10]绿色采购消费；[11]对外绿色投资与援助；[12]环境与贸易；[13]环境经济核算；[14]“双高”名录；[15]环境经济文库；[16]学术会议材料；[17]学会动态；[18]学会一览；[19]学术会议；[20]环境经济人物。

二、主要工作成绩

1．信息量大，点击率高

近三年来总信息基本稳定在每年 400～500 条；2008 年环境规划院的网站新信息数量约为 530 条、平均每条的点击率 454 次、点击率最高的为环境经济政策试点项目简报（3 000 次），英文信息的点击率也多为 200～500 次。

2．信息独立，更新快

网站信息基本为我院员工撰写，一般会议简讯在会议结束后次日即见诸报道。由于多数以我院原创为主，少数转载与我院业务工作相关的重要报道和领导讲话，因此信息独立，常被其他媒体关注。

3．持续改进

由于领导重视、同志们配合，近三年栏目和网站信息量持续增加，近两年增加了英文版本，聘请有丰富经验的同志对英文报道进行审查和校核，保证质量。

三、工作经验

1．领导重视，经常检查督促

网站建设由一位副院长主管，副院长亲自带头写稿，主持召开信息员会议督促此项工作，对先进部门给予奖励、对落后者督促批评；院长经常浏览网页，及时纠正错误。

2．部门设立信息员，大家积极供稿

各部门都负责管理若干相关专栏，大家积极供稿，部门领导审核，部门信息员负责检查和上传，保证信息的及时和准确。

3．制度保障

我院制定了网站管理办法，规定了流程、职责和时间要求，明确了网站正常运行的各项工作。

四、存在的问题和困难

虽然取得了以上的一些成绩，但还存在以下一些不足：

（1）网站信息目前以会议简讯为主，有深度、反映实质内容信息不多。

（2）信息的用语行文和格式规范化做得还不够。

（3）曾经开通互动论坛，作为解答问题和讨论热点话题的平台发挥过良好的作

用，但是后来因为技术和人力的原因关闭这项功能。

（4）除了对外宣传的网站外，内部资源共享和政务信息方面工作应该加强。

五、改进建议

（1）对员工进行培训，包括信息的提炼和撰写、规范用语等。

（2）强化责任管理，完善管理办法，鼓励工作管理人员的积极性。

（3）加强内网建设，进行内部信息交流和共享。

立足根本　科学规划
全面加强环评信息化建设

环境保护部环境工程评估中心

环境影响评价制度是从源头预防环境污染和生态破坏，实现经济社会可持续发展的重要制度保障。自 2003 年 9 月《中华人民共和国环境影响评价法》实施以来，环评工作在促进我国产业结构优化，推动资源节约型、环境友好型社会建设方面发挥了重大作用。

我国每年审批的建设项目约 30 万个，这些项目的环境影响报告书（表）的评价结论是否真实和科学，都和环评过程中所依据的基础数据是否完整、准确，与所采用的导则标准是否先进、科学有着密切联系。同时，开展环境影响评价的技术评估及其他相应的环境管理工作客观上也都要求有完备、准确的环评基础数据提供支持。因此，环评信息化工作的主要内容是环评基础数据库建设和相关管理和技术支撑平台（系统）的建设。

作为环保部直属单位，环境保护部环境工程评估中心主要承担环保部实施环境影响评价法的技术支持工作，其核心业务是技术评估工作，信息化工作的重点是服务于技术评估工作和环评审批决策，环评基础数据库建设、技术评估系统建设、对环评导则和专业技术培训工作进行相关技术支持是评估中心信化工作的重要内容。

一、环评信息化工作基本情况

环评信息化有一定的工作基础，特别是在环评基础数据库和相关管理系统建设方面，取得了一定阶段成果，并为实际管理工作提供了必要的技术支持。

（一）基础数据库建设

早在 2003 年 1 月，原国家环境保护总局环境影响评价司就组织成立了“环境影响评价基础数据库工作小组”，环境影响评价基础数据库建设工作正式启动。工作小组经过调研拟定了初步工作方案。后经多次讨论和修改于 2003 年 3 月完成了《环境影响评价基础数据库建设方案》（初稿），后根据专家意见对方案做了一定程度的调整和修改并完成了《环境影响评价基础数据库建设方案》。同时征求了当时国家环境保护总局 5 个司的意见，并以总局环办函[2003]208 号文形式，征求了 15

个国务院各有关部门的意见。11 个国务院各有关部门回函，各部委都表示支持系统建设，对方案总体建设框架表示认可。

评估中心在环评基础数据库建设方面已做了一些具体工作。项目评估工作中需要了解和掌握项目与一些环境敏感区（如自然保护区、饮用水水源保护区等）的位置关系，这些信息的收集整理及相关系统的建设是平时信息化工作的主要内容。

2007 年，中心建设了国家级自然保护区基础数据库，主要是通过收集自然保护区总体规划报告和自然保护区科学考察报告中的自然保护区的空间数据和属性数据，参照相应的数据库标准格式建立资料齐全、数据准确、易于维护和更新的“国家级自然保护区基础数据库”。国家级自然保护区基础数据库系统已经成为项目负责人进行技术评估的重要工具。

（二）技术评估系统建设

技术评估报告是评估中心最重要的技术文件，评估中心有一套严格的技术评估质量控制体系，而流程管理是其中的重要内容。为确保项目评估质量，所有项目必须经过技术评估系统，严格按流程完成从受理到发文的整个评估过程。

经过项目流转，项目基本信息、评估技术文件、评估人员、办理时间等信息等都被记录在系统中。同时，为严格评估时限，系统提供了红黄牌提示和项目督办功能。

除内部办公系统外，评估中心还建设了专家远程评估系统。使得 600 余名来自不同地区、行业专家可以通过系统对项目进行远程评估，提出专家意见。

（三）对环评导则技术支持方面的信息化工作

评估中心成立了专门的环境质量模拟实验室，其职责包括承担环境影响评价技术复核工作，环境影响评价基础数据库建设与维护工作，信息化建设和维护工作及承担研究与实施贯彻环境影响评价技术导则的技术支持工作和涉及评估技术的基础研究工作。实验室拥有先进的高性能并行计算机集群系统及多套国际先进的大气、水、噪声方面的模型。

有了专业队伍和一定硬件技术条件，评估中心信息化工作层次得到进一步提高。结合大气导则的修订工作，评估中心充分利用信息技术手段，编制了点源标准验算程序、环境防护距离计算程序，建立了环境质量模拟重点实验室网站（http://www.lem.org.cn/），并将环评技术导则中推荐的模式和国际上流行的模式发布到网站上，为各环评机构和各级评估中心科学评价、准确评估提供了技术支持。同时，利用环评论坛开辟了相关技术交流栏目。可以说，信息化工作已经成为评估中心实施贯彻环境影响评价技术导则工作的重要技术手段。

（四）对专业技术培训工作支持方面的信息化工作

环评专业技术培训是提高环评技术水平的有效途径。组织环评技术培训和环评人员的继续教育工作是中心的一项重要工作。环评培训工作包括组织报名、教学、组织考试、改卷、发布成绩、制作证书等多个环节，涉及全国各地众多学员，完全依赖人工组织和管理的方式很难做好相关工作。而信息化是减少工作量，提高工作效率的有效手段。

针对培训工作的特点，评估中心建立了网上报名系统，所有学员都通过网络完成注册和报名。而学员信息和班次信息由系统自动收集，学员名单和听课证也由系统自动生成。考试结束后，学员成绩也通过系统发布。证书格式文件也由系统自动生成。培训系统的建设，节约了大量材料成本和时间成本。培训系统已经成为评估中心最成功的信息化应用系统。

（五）环评信息化工作经验

根据近几年评估中心在信息化建设方面的工作看，评估中心在信息化建设方面已经形成了一定能力，并取得了一定阶段成果。

1．领导重视和支持是推进环评信息化建设进程的关键

信息化技术发展需要一定的技术、人才储备和长期的资金投入。领导的支持是这项工作持续开展的重要前提保障。重视信息化工作，通过信息化促进业务水平的提高，再由业务带动信息化工作深入开展，形成相互促进的良性循环模式。

2．和业务紧密结合是信息化得以长期生存的保障

信息技术虽然最活跃，但必须要应用在实际的业务中。脱离业务需求的“纯信息化”是没有生命力的。评估中心信息化工作立足于解决业务问题，并与相关业务紧密结合，因此，才有信息化工作的生存基础，相关工作也能比较顺利开展。

3．信息化建设要有一个规划和分批建设计划

信息技术日新月异的发展特点和持续的高投入特点，使得信息化工作必须要有科学的规划和持续的投入。按照业务管理和决策支持需要，科学地对整个信息化工作进行规划和顶层设计之后分步骤实施，持续推进。

二、环评信息化工作存在的问题

尽管环评信息化工作已经取得一定成绩，但相对实际需求还存在一定问题。环境影响评价所需要的基础数据还比较缺乏，共享制度不健全，基础数据应用平台建设不足，技术支撑体系尚未建立，相关技术力量薄弱。

2008 年，《全国人大常委会执法检查组关于检查〈中华人民共和国环境影响评价法〉实施情况的报告》中提出：“环评法检查反映出，环评所必需的基础研究和技术力量都相对薄弱，技术标准体系应当进一步完善。水文、地质、气象、海洋和环境监测等相关数据没有实现共享，要加快整合现有基础数据，逐步建立统一的环评基础数据库、环评审批数据库和污染源跟踪数据库，形成环评信息共享机制和交流平台。要尽快制定能源、交通、资源开发等领域的规划环评导则或规程，尽快制定环评质量标准考核体系，使检验环评质量和效果、考核环评机构和相关专家具有统一的标准，提高环评的客观公正性。”“建议国家加大财政投入，支持技术标准体系建设和共用共享的环评数据库的建立。”

环评基础数据库建设方面存在的问题不仅影响环评信息化工作，更重要的是影响环境影响评价工作。由于数据获取渠道不畅和费用等问题，致使个别环评单位伪造数据，严重影响了环境影响评价文件的真实性和客观性，导致环境影响评价文件结论性错误。

同时，环评审批和技术评估系统建设还相对滞后，国家、省、市、县四级系统没有建立，为环评审批综合决策带来一定困难。

三、对策建议

（一）加强环评基础数据库建设

为深入贯彻落实科学发展观，加快建设资源节约型、环境友好型社会，目前我国正全面实施节能减排政策，环保系统也正在探索和实践源头控制、全方位防范、以环境优化经济增长的中国特色社会主义环境保护新道路。为了适应保增长、保民生和经济发展与环境保护并重的历史性要求，科学发展观和新时期环保新道路对环境影响评价管理工作提出了预测更加准确、管理更加科学的新的更高的要求，而持续、翔实、可靠的基础数据既是环境影响评价管理工作深入贯彻落实科学发展观，从过于单纯注重环境问题向综合关注环境、健康、安全和社会影响转变，促进节能减排工作顺利开展的重要基础，更是环境影响评价管理更加科学的重要前提。节能减排除了要削减存量，也要控制增量。面对我国经济高增长目标，节能减排的关键是要控制增量，重点任务是要采取控制高耗能、高污染行业增长过快，加快淘汰落后生产能力，以及积极推进新能源的发展等措施。动态变化的项目和行业发展基础数据是做好控制工作的重要基础。加强环境影响评价基础数据库建设，提高对环评管理和决策的支持力度，对提高环境执政能力和推进环保历史性转变具有积极意义。

（二）加强相关技术支持中心建设

建立技术支持中心，加强环评技术支撑能力建设才能形成长期环评技术保障力量，适应环评管理发展要求。技术支持中心将围绕国家环境影响评价管理需要，为管理部门提供具有区域、行业特点的数据分析报告，并通过发展和研究与环境影响评价技术数据有关的技术方法和环境影响评价的复核验算体系，为环境保护部加强环境影响评价管理、项目审批决策提供科学依据和技术支撑。技术支持中心重点研究内容包括环境影响评价法规模式应用研究、环境影响评价技术复核，以及与建设环境影响评价基础数据库相关的技术研究。

（三）向提供综合决策支持系统方向发展

提高环评基础数据的利用效率和管理维护的水平，从一般信息系统建设向综合决策支持系统建设方向发展。综合决策业务系统有助于提高基础数据的应用水平和对环评管理决策的支持力度。

立足环境保护事业发展的全局
扎实推进环境信息化建设

环境保护部信息中心

环境保护部信息中心是环境保护部环境信息化工作和电子政务建设的技术支持和技术管理单位，主要职责是为环境管理和决策提供环境信息技术支持和服务。自1996年成立以来，在原国家环境保护（总）局和环保部的直接领导下，信息中心站在环境保护事业发展的高度，注重加强基础，不断深化应用，扎扎实实开展环境信息化建设，努力促进环境信息化科学发展，在信息化基础设施建设、电子政务、环境管理业务应用、环境信息资源开发利用和环境信息服务等方面取得了显著成效，全面改善了环境保护工作的条件，大大提高了管理工作效率，为科学决策提供了支撑条件，也为环境信息化发展奠定了基础。特别是“十五”及“十一五”前期，通过一系列重大建设项目的实施，环境信息化建设快速得到推动。

一、工作进展

（一）信息传输网络建设初具规模，基础网络系统安全稳定运行

2005年底，由原国家环境保护总局主持，信息中心组织实施，连接全国各省级环保厅（局）和计划单列市环保局的全国环境保护电子政务外网建成，视频会议系统覆盖了环保部、31个省（自治区、直辖市）环保厅（局）、新疆生产建设兵团环保局和5个计划单列市环保局，初步实现了环境保护部与省级环保厅（局）之间的较为先进、快速、安全的IP广域网络互联、视频会议与应急指挥。其中部分省份的网络已连接到地市、县级环境管理部门，有些省份环境信息网络已延伸到监测数据采集站，实现了大气、水质自动监测和污染源在线监测数据采集站的联网。2004年，机关大楼进行了智能化综合布线，构建了千兆局域网网络系统，实现了内外局域网物理隔离，从根本上改善了部机关的基础网络条件，信息化基础支撑能力显著提高。2008年，实现了国务院视频互联、应急指挥视频联网，建立了海事卫星视频会议系统，环保部财务监管网络系统扩容联网到12家京外直属单位。2008年，对部机关互联网出口进行了扩容，进一步改善了互联网应用条件。

在网络建设的同时，信息中心不断加强基础网络系统的运行维护与管理，确保

基础网络系统安全畅通。同时加强信息安全建设，通过采取技术措施和管理手段，不断提高部机关信息安全应对能力。注重做好部核心机房和保密机房的管理和维护工作，确保机房安全和保密通信要求。

（二）核心业务信息化建设取得积极进展

2004 年，信息中心开展了反恐应急指挥中心网络基础设施建设、反恐应急广域网络系统建设以及应急指挥视频会议系统建设。完成了“国家生物物种资源数据库平台”系统的开发与建设，建立了生物物种资源共享服务门户网站。完成了自然保护区信息管理系统的设计、开发与测试，实现了部分国家级自然保护区数据资料入库发布。完成了全国污染物总量减排调度系统、全国持久性有机污染物调查数据分析系统、全国地下水环境质量调查数据分析系统、全国湖泊水库调查数据平台、全国乡镇饮用水水源地调查数据采集和审核软件、环境技术管理信息系统、环保部出国（境）任务审批管理等系统的开发工作，为环境管理工作提供技术支持和信息服务。开展了全国城市环境综合整治定量考核管理系统、污染治理设施运营资质管理系统（二期）建设工作。完成了全国土壤污染状况调查数据集成与分析应用系统运行相关硬件设备的采购、临时机房的建设、办公室网络布线等工作。参与了国家级和省级固体废物管理中心建设项目申请和实施工作。开展了公益项目“污染源自动监控信息交换机制与技术研究”工作。开展了环境数据中心和应用支撑平台建设，为应用系统建设与资源整合共享提供了基础。

开发建设了全国污染源普查信息系统，建立了各类重点污染源档案和各级污染源信息数据库，综合利用普查工作成果，为进一步确定我国污染预防和控制的重点、完善环境管理和制定相关政策提供依据。利用信息技术，支持污染源普查数据分析、数据核查、数据整合等工作，完成了第一次全国污染源普查重点污染源空间数据库及管理平台建设和污染源普查数据与环境统计数据对比分析工作。

（三）电子政务建设稳步推进，信息服务得到明显加强

2002 年，信息中心组织开发建设了环保部电子政务综合平台，初步形成了集环境管理业务应用、信息资源共享与信息服务于一体的应用环境，全方位支持政府办公、政府监管、管理决策、资源共享、信息服务等工作，为环境管理和决策提供了有力的支持。2006 年建成并部署了内网数据中心，初步收录了近年来的环境质量、环境统计和生态数据，为环境数据集中管理，信息资源共享提供了基础平台。近年来，信息中心组织对综合平台进行了升级改版，功能进一步增强。该平台获得 2005 年度环境保护科学技术三等奖。

信息中心建设并维护的环境保护部政府网站现在已经成为环境保护部环境管理工作不可或缺的信息门户。通过网站，为社会公众提供了权威性、综合性、规范性的信息服务，促进了政务公开，提升了政府形象。网站在信息量、时效性、影响力、功能性等方面不断增强，社会公认度不断提高，已连续几年被评为优秀政府网站。

仅 2008 年，全年新增文章 9 215 篇，月访问量超过 100 万人次，月访问页面数接近 1 500 万页，较 2007 年有较大增长。2008 年 11 月，在中国社科院信息化研究中心等主办的“第三届政府网站群建设与运营评选活动”中获得“政府网站群管理进步奖”。

2007 年，信息中心组织启动了全国环境保护专网政务信息交换平台建设。依托环保专网，实现了环保部与 31 个省（自治区、直辖市）、5 个计划单列市和新疆生产建设兵团的联网贯通，为信息交换、协同工作创造了条件。已建成信息交换平台门户，实现了环保部与地方环保部门信息资源的共享和交互，同时完成了非涉密文档传输系统的建设，实现了公文、简报等政务类信息的传输和交换。

（四）环境信息标准与规范研究编制工作不断向前推动

“十一五”以来，信息中心加大了环境信息化标准体系建设工作力度，组织开展了多项环境信息化标准规范编制研究工作，完成《环境信息化标准指南》等数据、应用、网络方面的 9 项标准编制并获发布，完成了《环境信息能力项目建设规范》等 10 项技术规范的编制，完成《全国环境系统河流代码》等 3 项标准征求意见稿。同时，围绕重大专项的多项环境信息化标准和技术规范编制工作正在开展。这些标准规范在全系统的宣传贯彻和推广应用，可以有效地增强对环境信息化建设统一指导，为实现互联互通、信息共享，解决“信息孤岛”和“数据烟囱”提供了技术基础支撑。

（五）环境信息化规划和研究工作取得实质性进展

2007 年下半年开始，结合中国环境宏观战略研究项目，信息中心组织开展了环境信息化保障战略研究，在分析我国环境信息化现状与问题的基础上，提出了环境信息化体系建设的建议和环境信息化发展的战略。2007 年，结合污染物减排、污染源普查等重大项目建设的需求，在《国家环境信息化“十一五”发展规划》的基础上，组织开展了《国家环境信息化 2008—2015 年总体发展规划》编制工作。这一中长期规划，阐明了未来一段时期环境信息化建设的目标与任务，确立了“以环境信息化管理体制和机制创新为动力，以队伍和制度建设为根本，以信息网络基础设施和能力建设为基础，以环境保护电子政务和业务应用系统建设为重点，以提高信息服务质量和应用效能为核心，统一规划设计、统一规范标准、统一归口管理”的指导思想，以及“加强领导，统一规划；归口管理，协调一致；需求为本，应用主导；整合资源，协同共享；服务决策，保障安全”的全国环境信息化发展思路，提出了构建“数字环保”的战略目标。

（六）完成《国家环境信息与统计能力建设项目》前期工作

《国家环境信息与统计能力建设项目》是环境保护部实施“三大体系”能力建设的一项战略性建设工程，主要任务是构建覆盖国家、省、市、县（四级三层）的环境信息网络传输系统，项目建成后形成的能力是污染物减排工作的重要支撑条件，也是环境信息化整体推进的重要基础。前期工作启动后，信息中心组织编写了项目建议书，并先后组织完成了可研报告和初步设计的编制工作，并经国家发改委审批。为做好项目实施的准备工作，草拟了项目管理办法、资金管理办法和项目招标方案，并征求了地方、机关相关司局和直属单位的意见，同时，有关项目招标准备和设备厂商的调研工作也在同步进行。

（七）指导地方环境信息中心建设与发展，注重发挥龙头作用

“十五”以来，信息中心在强化自身建设的同时，积极促进地方环境信息机构和队伍建设，不断加强对地方环境信息化工作的指导。2001 年始，通过每年不定期组织召开全国环境信息化工作主任座谈会的形式，提高各地思想认识，交流工作经验，总结、部署建设工作。为加强各级环境信息中心基础地位，2006 年制定出台了《全国环保系统环境信息机构规范化建设指导意见（暂行）》，大大推动了全国环境信息机构规范化建设。2000 年开始连续五年，通过日本无偿援助中国环境信息网络系统建设项目的实施，面向全国举办了 14 个技术专题的培训，参加培训的人员达到 1 000 多人次。通过培训，在全国培养了一支相对稳定的技术队伍，使各级环境信息中心基本具备了开展环境信息技术支持和服务的工作能力。

上述富有成效的工作，为环境信息化发展奠定了良好的基础，十多年来为开展环境保护工作提供了重要支撑，在环保事业发展中发挥了不可替代的推动作用。

二、存在的问题

多年来，信息中心在推动环境信息化建设不断深入的同时，逐步认识到，我国环境信息化发展目前还存在很多制约因素，面临比较突出的问题。

（一）认识不足，重视不够

环境信息化在推进环保历史性转变中，在“两大体系”建设和减排工作中将发挥越来越重要的作用，但一些部门和地方对环境信息化在环境保护中具有的重要推动作用和战略意义认识不足，环境信息化尚未全面进入环境管理核心业务领域，传统的管理方法和工作方式难以转变，环境信息化工作仍存在“边缘化”的倾向。

（二）环境信息化工作机制尚未理顺

环境信息化“统筹规划、归口管理、资源共享”的工作机制尚未建立，各部门在环境信息化工作中的分工、职责不够明确，信息化建设各自为政、低水平重复现象严重，“信息孤岛”“数据烟囱”仍然存在，应用系统无法满足协同工作的实际需求，数据资源尚未得到有效整合，环境信息资源的开发利用受到严重制约。

（三）环境信息化基础能力仍显薄弱

环境信息化基础能力仍显薄弱。基础网络覆盖面不足、传输能力偏低；安全保障体系明显滞后，信息系统存在不容忽视的安全隐患；标准规范建设不能满足发展的需要；机构不健全，人员的数量和素质有待提高。

（四）网站的功能和工作机制有待于完善

虽然环保部网站建设取得了一定的成绩，但主要体现在信息公开方面。目前网站的功能还不完善，网上服务、交流互动还未正式启动，网站信息发布的机制和程序也需要进一步规范，英文网站的方向需要进一步明确。

三、今后主要任务

（一）全力组织做好环境信息与统计能力建设项目实施

《国家环境信息与统计能力建设》项目是“三大体系”能力建设的重要组成部分，是“三大体系”能力建设的难点和关键，信息中心作为项目具体实施单位，将把项目摆在整个环境信息化工作的重要位置，明确环境信息与统计能力建设的具体目标，实现整体构建，系统融合。同时，站在环境信息化的全局高度，以发展的眼光和创新的思维实施项目建设，为环境信息化工作奠定坚实的基础。

（二）抓紧完善环境信息化标准规范体系

标准规范体系是环境信息化发展的重要保障，是网络互通、系统共融、数据互联、信息共享的重要基础。标准规范是信息系统遵循的“技术法则”，对于指导、规范环境信息化建设具有先导性作用。信息中心将把标准规范编制和执行作为信息中心的重要工作，将环境信息化标准规范编制纳入工作规划，重点推进。优先制定环境信息与统计能力建设的标准规范，同时加大标准执行力度，力争发挥实效。

（三）进一步推动地方队伍建设

推进环境信息化，人是关键因素。目前，在全国特别是地方环境信息化工作的人才队伍存在很大缺口，尤其是国家环境信息与统计能力建设项目即将形成能力，环境信息传输网络系统的运行维护需要大规模的管理与技术保障力量，队伍建设成为当务之急。信息中心将把推动并加强地方队伍建设作为一项重要任务，采取措施，整体推进，促进人员素质的不断提升，切实提升保障能力，最大限度地发挥建设效益。

（四）做好网络和信息系统安全工作

网络与信息安全保障系统是环境信息化基础设施的重要组成部分，信息中心将按照国家有关要求，结合环保系统实际情况，加快完善网络与信息安全保障系统，确保环境信息网络与信息系统在安全及保密防护方面达到相应安全防护级别的要求。

（五）继续加强政府网站建设

一是进行网站安全建设，对网站进行安全加固，使网站达到国家等级保护的要求。二是要切实提高网上办事能力，贴近公众需求，向公众提供满意的服务。三是建设网站数据中心，为环境科研管理和社会公众提供数据服务。四是继续开展网站绩效评估工作，积极推动网站建设，提高服务水平。

（六）强化运行管理保障措施

运行维护工作是保障系统正常运行、项目发挥效益的关键。下一步信息中心要在充分认识运行维护工作重要性的基础上，制定管理制度，明确岗位、落实责任、定期检查、实时维护；要做到运行维护工作流程清晰，故障处理响应及时；建立有效的应急机制和预案，确保在发生特殊情况时，最大限度地保证系统正常运行。

（七）继续开展环保重点业务应用系统技术支持和科研工作

信息中心将根据环保部重点工作要求，完成国家二噁英类 POPs 重点源信息动态管理系统建设等技术支持工作，继续开展生物物种资源调查、土壤普查、自然保护区信息管理系统等项目工作，继续开展科技公益项目《污染源自动监控信息交换机制与技术研究》、水专项课题“流域水环境风险评估与预警平台构建技术研究”等研究工作。

加强环境卫星应用系统建设
稳步推进环境遥感信息化工作

环境保护部卫星环境应用中心

为提高我国环境与减灾监测能力，实现大范围、全天候、全天时、动态的环境和灾害监测，2003 年，国家批准建立由多颗光学小卫星和雷达小卫星组成的环境卫星星座系统（以下简称“环境卫星”）。按照国家有关批复，环境保护部卫星环境应用中心（以下简称“卫星中心”）主要承担卫星遥感技术在环境领域的应用、研究与开发，以及卫星环境应用系统的建设和管理工作。因此，卫星中心的信息化工作主要围绕环境卫星环境应用系统建设展开。

一、工作进展

根据国家发展改革委批复的环境卫星环境应用系统项目可行性研究报告，环境卫星环境应用系统建设内容主要包括：图像处理与专题产品生产、数据管理与用户服务、业务运行管理、生态遥感应用、地表水环境遥感应用、环境空气遥感应用、地面数据采集、计算机业务支撑平台 8 个分系统。目前各个分系统的建设工作正在稳步开展。8 个分系统主要内容如下：

1. 业务运行管理分系统

该分系统是环境应用系统的中枢，也是环境应用系统与卫星地面运行管理系统的接口，主要负责环境应用系统中各类生产计划的制订和任务调度、控制各分系统之间的业务流程与数据流程，以及网络监控管理；实现环境应用系统与环境卫星运行管理系统间的业务联系。根据各类用户的任务订单，制订环境卫星数据接收计划，安排数据产品的生产计划、调度系统资源完成各级产品的生产并进行质量控制。

2. 数据管理与用户服务分系统

该分系统主要是对环境卫星数据进行分级、分类有序管理，为用户提供便捷的检索和获取数据平台，为数据的共享和增值应用提供基础。该分系统将建立以环境卫星数据为主的综合数据管理平台，形成对海量数据的集成、存档、管理与共享能力，满足常规业务化生产与应急生产对数据快速获取的要求，形成数据产品共享与发布的信息服务能力，满足国家环境管理需要。

3. 图像处理与专题产品生产分系统

该分系统是以环境卫星数据为主要数据源，兼顾其他卫星数据，进行数据产品生产。系统包括常规和应急两种运行模式。在常规模式下，对标准数据产品进行加工处理，生产各种环境专题产品，供生态、水环境质量、环境空气质量等业务化运行系统使用；在应急模式下，当环境污染事故发生时，能够在第一时间快速获取环境卫星原始数据直接进行图像处理和专题产品生产，为环境应急提供空间信息服务。

4. 生态遥感应用分系统

该分系统是发挥环境卫星数据效益的关键所在。以环境卫星数据为主要数据源，主要开展全国生态状况监测与评价、自然保护区动态监测与评价、大型工程/区域开发项目的生态环境影响监测、国家生态建设区域效果综合评估、重要生态功能区监测与评价、城市环境遥感应用、区域生态与环境灾害遥感应用、土壤生态遥感监测、固废遥感监测、全球环境变化监测与评价遥感应用等工作。

5. 地表水环境遥感应用分系统

该分系统是针对我国地表水环境污染监测的实际需求，以环境卫星数据为主要数据源，对地表水环境污染信息获取、分析、处理和应用，实现地表水环境污染主要指标的动态遥感监测，快速、客观、准确、全面地反映地表水环境污染状况及其变化特征，提高地表水环境监测与管理的技术水平。

6. 环境空气遥感应用分系统

该分系统是针对我国环境空气污染监测的实际需求，以环境卫星数据为主要数据源，确定环境卫星星座监测空气污染物的反演方法和计算模式，建立定量描述空气质量的遥感监测指标体系，实现对部分空气污染物、污染排放源的动态监测，为提高我国环境空气监测与管理水平提供了实用化信息平台。

7. 地面数据采集分系统

地面数据采集分系统是提供野外调查数据采集、环境光谱采集、生物物理参数信息获取、环境理化指标监测等方面的地面监测设备，以满足数据产品的真实性检验和生态遥感应用分系统、地表水遥感应用分系统、环境空气遥感应用分系统对地面数据的需求，保证各分系统开展综合试验、实验的需要。

8. 计算机支撑系统

计算机支撑系统是环境应用系统的基本支撑与运行平台，是环境应用系统正常、稳定、安全可靠运行的重要保障。计算机支撑系统负责为环境应用系统的数据管理、数据处理、数据分发等环节提供系统资源与运行环境，为应用软件的设计提供计算机、网络、存储、数据库管理等系统资源。计算机支撑系统包括应用系统需要的网络环境平台、主机及存储设备、软件支撑平台、信息资源和数据库访问及管理服务的配置，以及计算机支撑系统运行需要的安全与运行维护体系。

二、存在的问题

多年来，我国一直存在“重卫星发射、轻卫星应用”的思想，导致许多卫星虽然在轨运行，但地面应用系统未建成或尚不健全，应用系统建设的滞后导致卫星业务化应用程度较低，严重影响了卫星社会经济效益的发挥。

经过多年的环境遥感应用基础研究和应用示范，环保系统初步形成了一套环境遥感监测与评估的业务流程，但业务化程度不高，距离环境遥感监测业务化运行尚有较大差距。具体表现为：缺乏统一业务调度、任务驱动的功能，不能满足环境卫星数据接收、处理、应用、服务一体化管理的需求；缺乏对遥感数据几何精纠正、正射校正、自动化配准、图像镶嵌、融合自动化处理功能，不能满足对多源、多载荷遥感数据进行规模化快速处理的需求；缺乏对已研究的模型、算法集成的软件系统，不能满足快速、规模化生产土地利用分类、生态系统分类、生物物理参数、地表参数等环境专题数据产品需求，不能满足对数据产品进行质量分析和真实性检验的需求；缺乏对已研究的环境特征信息提取模型、算法建立的软件系统，不能满足快速、批量化生产环境遥感应用产品的需求；缺乏数据产品制作和发布系统，不能满足用户对数据产品的快速检索和获取的需求。

三、对策措施

1. 构建环境遥感资源信息共享平台

针对国家环境空间信息资源共享和利用的迫切需求，吸收国内外有关空间信息资源共享和利用的先进经验，依托环境卫星相关项目，建设环境要素齐全、时间序列长、多源、多类型、多尺度的海量遥感数据资源库，建立国家环境遥感信息资源目录组织和数据产品体系，建立国家环境遥感信息基础设施政策法规、标准与质量体系和共享服务管理机制，建立有特色的国家环境遥感信息服务模式，建设国家环境遥感信息服务平台，提供多层次、全方位的环境遥感信息服务，促进环境卫星数据的应用，提高各级环境管理部门的综合决策能力、监管能力和公共服务能力。

2. 建立多元化投入机制

积极争取国家财政对环境一号卫星后续星立项的支持。加强与国家发展改革委、财政部、国防科工局等部门的沟通和协调力度，全力推进环境一号卫星后续星立项，落实环境卫星应用系统、资源信息共享平台等建设经费；注重中央环境保护部门投入，环境保护部每年从中央环境保护专项、环保公益性行业科研专项资金中拿出一定比例用于支持环境遥感信息化工作；充分利用国际资金或基金，积极拓展外资投入渠道。按照互利互惠的原则，充分吸纳国外资金用于环境遥感信息化。

3. 加强机构和人才队伍建设

针对环境遥感技术不断进步、环境遥感业务不断扩展的发展形势，大力引进和培养环境遥感信息化专用人才，不断增强卫星中心信息化建设能力，同时加强对省级和地市级专业技术人员环境遥感应用技术的培训，使省级和地市级环境监测与科研单位具备从事环境遥感应用技术的专业人才，分层推进环境遥感信息化工作，充分发挥环境卫星的社会、经济和环境效益。

总结过去　展望未来
着力推进全国固体废物管理信息系统建设

环境保护部固体废物管理中心

固废中心自成立以来，随着固废管理工作的不断深入和国家对固体废物管理工作要求的不断提高，固废管理信息化需求逐渐增长，信息化工作也随之推进和展开。

一、单机版废物进口登记管理软件

在成立之初，为了更好地完成废物进口登记管理工作，及时、准确、便捷地管理有关废物进口的大量数据，提高工作效率，固废中心建立了废物进口企业单机版的管理软件。该软件能够实现基本的废物进口企业申请情况的录入、修改、查询功能，能进行简单的数据汇总，并可根据打印形式的不同，打印出各种表单。

二、与海关联网数据交换系统

2005 年，为了加大对全国固体废物进口的监管力度，防范伪造、变造、涂改和买卖审批证件的违法行为，促进国家对外经济贸易健康发展，中华人民共和国海关总署和国家环境保护总局共同签署了《海关总署、国家环境保护总局关于加强管理实现联网数据交换合作备忘录》，双方同意在不改变各自业务流程的前提下，以中国电子口岸公共服务平台为依托，实现固体废物进口审批证件电子底账的数据传输和联网核查。

主要实现的业务功能包括：

（1）固废中心将电子底账通过中国电子口岸传输给海关总署。

（2）海关通过电子口岸向固废中心传输废物批准证核销、结案数据。

（3）废物进口利用单位向固废中心查询审批状况信息；向电子口岸查询本单位实际进口情况信息。

（4）海关通过 H2000 系统实现对废物批准证电子数据及核销情况的查询、统计、监控、分析等操作。

三、固废中心网站

为了加强固废中心对外的宣传力度，让固体废物管理工作者、从事固体废物经营的相关企业以及关心关注固体废物管理的广大公众及时了解全国固体废物管理工作的新进展，固废中心在环境保护部网络域名下建立了固废中心网站。

随着业务工作的增加，固废中心网站的板块也在最初的公示每批废物进口申请情况和总局批准情况的基础上，增加了国家有关固体废物管理政策法规、标准规范、通知通告和管理工作动态板块，内容涉及进口废物、危险废物等目前开展的固体废物管理工作。

四、全国固体废物管理信息系统

随着固废管理工作的不断深入，固废中心工作不仅限于废物进口登记，工作职能不断增加。出现了固体废物管理数据收集困难、信息无法得到统计、分析和共享，影响固体废物有效管理的情况，急需建立能够支撑固体废物管理工作新要求的信息系统。

2008 年 9 月，为了提高我国固体废物管理水平和管理能力，加强全国固体废物管理中心的能力建设，国家发改委批复了“国家级和省级固体废物管理中心建设项目”可行性研究报告（发改投资[2008]2396 号）。项目建设总投资 4 650 万元，其中 3 366.1 万元用于建设全国固体废物管理信息系统。

通过开展了大量的需求调研和业务梳理工作，该项目目前已基本完成了初步设计，正在准备评审。下面将“全国固体废物管理信息系统”的建设内容作简要介绍：

（一）“全国固体废物管理信息系统”建设的必要性

近年来我国固体废物特别是危险废物污染环境问题日显突出，固体废物和危险废物管理工作量日益增加。然而目前我国各级固体废物管理基础薄弱，管理能力严重不足，缺乏基本的业务管理和现场监管软、硬件条件，急需加强。作为固体废物管理支撑功能的信息系统尚未建立，固体废物管理有关数据收集困难、信息无法得到统计、分析和共享，影响固体废物有效管理。

（二）“全国固体废物管理信息系统”建设的可行性

目前，国家级和省级固体废物管理中心全部成立，并已承担大量固体废物管理工作。国家和地方政府对固废中心的建设已有一定的投入，这些都为全国固体废物管理信息系统的建设提供有力的行政和硬件的保障。

在环境保护部统一规划下，覆盖国家、省两级的基础网络已经初步建成，为项目建设提供了网络保障。全国固体废物管理信息系统是上述规划的具体组成部分。

国外固体废物管理具有很多可供借鉴的管理经验，为全国固体废物管理信息系统的建立提供参考。

（三）“全国固体废物管理信息系统”需求

全国固体废物管理业务涉及固体废物的收集、储存、运输、利用和处置等各项业务，对固废全生命周期分别采取的不同的管理方式，从对固废产生源进行申报管理、转移过程的转移计划管理和转移联单管理、经营过程的许可证管理、进出口过程的审批和核准管理。

建设内容具体包括固体废物产生源管理，危险废物转移管理，危险废物经营许可证审批和备案管理，危险废物出口核准管理，危险废物事故应急管理和废物进口许可证管理六项业务。

1. 固体废物产生源管理

固体废物产生源管理首先是通过危险废物申报登记，作为进一步管理的基础。危险废物申报登记是按照《中华人民共和国固体废物污染环境防治法》中相关规定开展的一项工作，其主要内容是产生危险废物的单位，必须按照国家有关规定制订危险废物管理计划，并向所在地县级以上地方人民政府环境保护行政主管部门申报危险废物的种类、产生量、流向、贮存、处置等有关资料。医疗废物作为一种特殊的危险废物，应依法进行申报登记，申报的流程相同，申报的数据不同。

2. 危险废物转移管理

危险废物转移，是指以贮存、利用或处置危险废物为目的，将危险废物从移出单位的厂区或者场所移出、交付运输并移入接收单位的厂区或场所的过程。根据《中华人民共和国固体废物污染环境防治法》规定，危险废物转移包括危险废物转移计划审批和转移计划批准后领取转移联单实施危险废物转移的行为。

3. 危险废物经营许可证审批和备案管理

危险废物经营许可证审批管理是指，县级以上人民政府环境保护主管部门依照《危险废物经营许可证管理办法》的规定，负责对在中华人民共和国境内从事危险废物收集、贮存、处置经营活动的单位进行危险废物经营许可证的审批颁发与监督管理工作，负责对许可证审批信息发布的网络化管理工作。危险废物经营许可证备案管理是指，对危险废物经营单位的备案统计管理和对危险废物经营单位监督检查情况的记录管理。

4. 危险废物出口核准管理

危险废物出口核准管理是指环境保护部根据《控制危险废物越境转移及其处置巴塞尔公约》《危险废物出口核准管理办法》的规定，对中华人民共和国境内产生、收集、贮存、处置、利用危险废物的单位向中华人民共和国境外《巴塞尔公约》缔约方出口危险废物活动进行的行政许可管理，以及环境保护部、省级环境保护部门、设区的市级环境保护部门、县级环境保护部门对危险废物出口活动全过程的跟踪监督管理。

5．危险废物事故应急管理

建立危险废物管理应急预案指南数据库、危险废物特性数据库、国内外危险废物污染事故应急和处理信息数据库、专家库以及应急资源库组成。

6．废物进口许可证管理

为加强对废物进口的管理，有效防止境外有害废物和生活垃圾污染我国环境，根据《中华人民共和国固体废物污染环境防治法》《关于坚决控制境外废物向我国转移的紧急通知》（国办发[1995]54 号）、《废物进口环境保护管理暂行规定》（环控[1996]204 号）等法律法规的规定，我国建立了由环境保护部牵头，各单位、各部门依据职责分工进行监督管理的废物进口管理机制。根据废物进口种类分为限制进口类和自动许可类。

（四）“全国固体废物管理信息系统”建设方案

1．总体设计原则

全国固体废物管理信息系统的设计原则是在借鉴国内外相关项目建设成功经验的基础上，充分利用现有先进和成熟技术，统筹规划，建设先进而实用的信息系统。

2．项目建设目标

建立全国固体废物信息管理系统，实现全国固体废物信息获取、传输、处理和共享的功能，满足我国固体废物的信息化管理需求，提高固体废物环境管理水平和决策能力是本系统的建设目标。

3．项目建设规模

建立覆盖国家和省（自治区、直辖市）的固体废物管理计算机网络系统平台，建立覆盖国家和省（自治区、直辖市）的固体废物管理安全系统平台，建立覆盖国家、省（自治区）、地市和县（区）的 4 级固体废物管理信息系统。

4．项目建设内容

建立依托国家环境保护专网的固体废物管理计算机网络系统平台；建立覆盖国家和省的固体废物管理安全系统平台；建立覆盖国家、省（自治区）、地市和县（区）的 4 级固体废物管理信息系统，包括固体废物产生源管理信息系统、危险废物转移管理信息系统、危险废物经营许可证审批和备案信息系统、危险废物出口核准管理信息系统、废物进口业务管理信息系统、危险废物事故应急管理信息系统、综合业务信息门户平台、固体废物信息发布平台。

五、存在的问题

虽然固废中心已开展了一些信息化工作，但目前的信息化水平仍不能满足快速增长的业务工作的需要。

基于 Lotus Notes 开发的单机版软件随着固体废物进口管理工作的不断深入和废物利用企业进口申请数量的逐年增长，已无法高效地为管理工作服务，具体表现为：

（1）在系统运行不稳定，时有发生数据混乱，打印错误的情况；

（2）统计分析无法自动完成，只能采用系统检索数据和人工统计分析结合的方式，这种方式时间长、效率低，不能高效地完成上级交办的任务；

（3）可扩展性差不能满足逐年增长的数据需要；

（4）对海关电子口岸反馈回来的数据出现漏接和冗余现象，导致统计数据缺乏精确性；

（5）系统的支撑环境（Lotus Notes）已不能满足大数据量的要求；

（6）单机版的软件系统不能满足协同合作工作要求；

（7）目前数据库没有整合，检索数据较为困难。

随着全国固体废物管理信息系统的投入实施，固废中心信息化建设也将进入前所未有的发展阶段，同时我们也认识到这也将给固废中心带来新的挑战。在项目的实施过程中，固废中心得到了环境保护部规划司、污防司、信息中心以及环境卫星中心的指导、支持和帮助。希望在环境保护部相关部门的继续支持和固废中心人员的共同努力下，全国固体废物管理信息系统建设能够取得成功，为全国固体废物管理工作提供强有力的支持。

突出重点　讲求实效
把政务信息工作推向新阶段

中国环境新闻工作者协会

几年来，环境记协根据环境保护部的要求，紧紧围绕环境保护部的中心工作部署和重大决策，努力适应新的形势和新的发展要求，本着求真务实、实事求是的原则，及时、准确、有效地上报信息。经过加强对政务信息工作的组织领导，努力提高政务信息的报送质量，切实为领导科学决策提供时效性、针对性强的信息服务。现将我单位政务信息工作情况汇报如下。

一、加强组织领导，细化措施，夯实政务信息工作基础

（一）领导重视

记协领导班子历来高度重视政务信息工作，领导对部发的信息刊物每期必看，经常了解信息工作情况，签批重要信息，适时为信息工作出题目、定目标、交任务、提要求、压担子、授方法。将信息工作列入重要议事日程常抓不懈，并作为年终考核的重要依据。

（二）明确任务，落实责任

针对记协的领导干部职工，将具体的政务信息工作任务细化分解，责任到人。要求所有各部门都要提供信息资源。由信息员整理上报。做到人人有任务，个个有指标。从而提高了信息工作的重视程度，营造了一种人人收集信息、编写信息的工作氛围，有效地提高了撰写信息的自觉性。

（三）健全制度，强化管理

在政务信息工作的管理上，我们始终坚持用制度去管人，靠制度来促进工作，制定了政务信息撰写制度、信息通报制度、信息报送奖惩制度及重大信息报送工作机制，健全了管理体系。通过信息奖励，有效地激发了工作人员撰写信息的积极性，提高了信息撰写质量，通过信息工作制度的不断健全，形成了政务信息工作与其他工作齐头并进、协调联动的工作局面，有效地提高了政务信息工作水平。

二、突出重点，准确把握信息报送要点

（一）抓住全局性工作部署开展政务信息工作

我们始终围绕环境保护部的中心工作开展信息报送工作。这也是贯穿于环境记协全年度工作的重要内容。我们紧紧围绕政务信息报送要点这一中心工作，深入挖掘本部门、本单位有特色、有价值的内容，及时反映我们工作的进展情况，存在的问题及解决的方法措施。

（二）抓住阶段性重点工作，开展决策信息服务

我们根据各部门的不同情况，在信息报送上力争体现自己的特色，又对工作起到启迪和借鉴作用，对在不同时期开展的环保公益活动及时总结上报，使部领导能及时掌握我们的工作重心，及时给予指导和帮助。

（三）抓住群众关心的问题，及时反馈社情民意

我们根据群众举报和部领导的批示，及时深入基层进行新闻调查采访工作。尤其着重反馈部领导批办件的落实情况以及调查采访情况，把基层群众的呼声以信息报送方式及时反映给领导，为领导决策提供依据。

三、讲求实效，提高信息报送质量

（一）提高质量，树立“精品”意识

我们根据信息工作的特点，多方捕捉信息，选好角度，精心筛选加工，力求有新意、有特点、有价值、有效应，正确处理好数量与质量的关系，剔除大话、套话和空话，做到一事一报，简明扼要，在内容和文字的提高上多下工夫，创造一些精品信息。

（二）讲求时效，确保信息的快速传递

突出“新”字，狠抓“快”字，多了解、多掌握上级关注和急需知道的重要事项，快了解、快上报，早发现、早上报，努力提高信息的利用率，便于领导尽快掌握最新的动态。

（三）实事求是，确保信息的准确性

信息报送讲求实际，有喜报喜，有忧报忧，克服了报喜多、报忧少或与工作事实不符的现象，切实把转变工作作风，改进工作方法落实到信息工作中来。

四、存在的问题

由于环境记协是社会团体组织，受其职能所限制，与其他业务部门相比，报送的信息数量少且有局限性。只能围绕环保公益活动、落实部领导批示以及环境宣传工作进行报送。

五、今后工作打算

在今后的工作中，我们将扬长避短，明确工作新思路，不断采取新举措，进一步完善制度，加强检查与督察，把政务信息工作推向新的阶段。

推进管理信息化　提升发展软实力
全面深化单位文化建设

中国环境文化促进会

中国环境文化促进会始终把信息化工作与部里交办的重点任务放在同等重要的地位，强调信息化工作是为党中央、国务院和部领导了解情况、科学决策提供依据的重要工作，也是我会增强信心、展示形象、交流经验的重要平台和“软实力”。长期以来，尤其是 2009 年以来，我会根据环境宣教工作特点和我会实际情况，大力推动政务管理信息化和业务工作信息化，在组织领导、制度规范、硬件优化、内容提升等方面做了大量工作，取得了一定的成效；通过总结反思，也明确了下一步改进的方向和措施。

一、主要工作

（一）强化组织领导

领导班子对信息化工作高度重视，实行“一把手”负责制，“一把手”亲自抓，亲自管，多次召开秘书长专题工作会研讨信息化工作；2009 年 3 月，我会调整充实了信息工作组，由办公室牵头抓总，各部门配备专门人员负责，加强内部信息开发和采集，确立了信息化工作的重要地位，为深入开展信息化工作奠定了组织保障。

（二）推动信息工作制度化运转

健全中国环境文化促进会信息工作相关制度与规范，制定了《中国环境文化促进会计算机管理规定》《中国环境文化促进会政务信息工作暂行办法》《中国环境文化促进会网站信息管理规定》及信息保密制度等一系列工作制度。同时，在岗位职责条款中，将政务信息工作纳入年度工作考核内容，定期督察，年终总评。

（三）优化硬件设施

办公局域网建设是信息化建设的基础工作。2006 年 10 月我会办公场所搬迁，我们对新办公场所的局域网进行扩容改造，满足了百兆带宽到终端桌面的需求，并实现“人手一机”；2009 年 5 月，我会为有特殊需要的岗位和人员配备了专业电脑与笔记本电脑，为保密岗位配置专门电脑，大大优化了我会信息化工作的硬件设施。

（四）加强门户网站建设

中国环境文化促进会官方网站开通于 2002 年，原名为“家园网”，域名为 www.tt65.net，2005 年改名为“天天 65 网”。网站经过 7 年的发展，在 2008 年经历了重大改版，在栏目上进行了丰富，内容上进行了充实，版面上进行了改换，更加有利于信息传播与交流。

（五）推动品牌杂志《绿叶》的信息化

《绿叶》杂志作为环境文化领域的高端期刊，具有很强的理论性、前瞻性。《绿叶》在加强理论探索的同时，也不断提升自身信息化程度。2009 年开始，《绿叶》更加重视国内外环境信息热点，汇集前沿理论信息，选编对策性文章；同时，该刊大力推进理论成果信息化，在国内主要门户网站开设博客，加大与国内外政策研究机构和信息情报中心的交流力度，推动资源互补、信息共享。

二、主要成效和体会

中国环境文化促进会信息化建设成效明显，到目前为止，硬件设施相对齐备，完全能够支撑目前信息化工作的需求；政务信息畅达，自政务信息系统开通起，我会已向环境保护部上报政务信息累计 92 条，其中 5 月 8 日，我会报送关于学习周生贤部长“两个重要报告”的信息，在第一时间被《环境保护部直属机关党委信息交流》（第 69 期）摘录；门户网站初具规模，历经多次人员变动和版面革新，始终围绕“弘扬生态文明、传播环境文化”的宗旨和我会中心工作，坚持维护管理、促进信息交流，已成为中国环境文化促进会的信息窗口和信息化工作的重要平台。

总结过去，着眼未来，中国环境文化促进会在推动工作信息化建设方面，有着如下几方面体会：

（1）领导重视是做好环境信息化工作的重要前提。正是我会领导班子的高度重视，将其视为科学决策、政务公开、公众参与的必要手段，我会的信息化工作才得以在政策、资金、技术等方面获得了重要的支持。

（2）加大资金投入是做好环境信息化工作的重要保障。信息化工作是“费钱”的事，信息设备需要投入，网络建设需要投入，信息化软件需要投入，信息化人才队伍建设也需要投入，没有必要的资金保障，信息化工作将无从谈起。

（3）加强队伍建设是做好环境信息化工作的关键。信息化工作是一项技术含量高、综合性强的工作，做好这项工作需要高素质的复合型人才，不仅仅是技术型人才，更是思想型和文化型人才。因此推动信息化建设一个最好的切入点就是提升信息工作人员的综合素质，打造一支过硬的信息工作队伍。

三、存在的问题

中国环境文化促进会信息化工作虽然取得了较大进展，但整体上还处于信息化建设初级阶段，与环境信息化工作总体要求和管理业务工作实际需求相比仍然有一定差距。主要表现在：

（1）信息网络覆盖能力不强，与部里其他单位和信息系统没有实现直接互联，不能完全满足信息传输与资源共享的需要；

（2）信息平台的开发不够，维护能力还需要进一步提高，门户网站比起同类网站仍显落后，还不能适应工作形势的发展需求；

（3）信息资源建设薄弱，信息采集及加工处理能力不强，信息资源尚未得到全面有效开发；

（4）管理和业务工作信息化不够深入，信息化还没有贯穿整个工作流程的始终；

（5）信息化人才队伍素质还需要进一步提高，信息知识普及不够，信息技术跟不上时代步伐。

四、下一步工作设想

针对存在的突出问题，我们准备从以下几个方面不断改进环境信息化工作：

（1）进一步提高对环境信息化工作重要性的认识。信息化是管理工作的重要组成部分，也是提高管理及业务工作水平、创新工作模式的需要，它能有效推进现代化管理和科学决策。全体人员要进一步把握信息化工作的内在本质，摆脱信息化仅是一种辅助手段的片面认识，转变传统思想观念和工作模式，把信息化工作贯穿到管理和业务工作的方方面面，切实提高管理和业务工作的效率。

（2）进一步加强信息化工作的制度化、规范化管理。要进一步完善信息化管理机构，逐步实现规范化管理；完善信息化工作规章制度，建立合理的运行约束机制，促进信息开发、资源共享，保障信息安全。

（3）进一步加强信息化专业人才队伍的建设。创建吸引人才的良好机制，加大信息化专业人才的培养和引进力度；加大保障经费投入，开展全员信息化培训，建立信息化人才梯队。

（4）加快管理和业务工作信息化进程。将行政管理信息化和业务工作信息化相结合，把信息化工作的重心由管理信息化向业务工作信息化转变，充分利用现有的信息资源和技术，积极引进优秀人才、技术和经验，在改造管理及业务流程的同时，加强信息、知识和技术对所有资源的整合和提升。

（5）进一步抓好信息资源的建设和开发利用。努力拓宽信息来源，强化信息采集能力，为管理和决策提供充足、有效的信息；增强信息加工处理能力，加强信息数据库建设，确保信息完整，形成规模效应；加大信息共享力度，加强内部联网和对外的网络互联，信息及时上网，在确保安全的前提下，使其最大限度地为我会环境文化工作服务。

（6）进一步加强门户网站建设。加大人力、资金和技术投入，加强对网站管理人员的专业培训，充分发挥“tt65 网”作为信息窗口和信息化工作平台的作用，全面反映我会工作进展，针对重点项目和热点问题，制作专题栏目，做好专题宣传；建立和完善在线办公功能，为公众提供在线环境信息服务；增强网站的公众参与功能，加强网上互动，让更多的社会公众参与“弘扬生态文明、传播环境文化”的环境宣教事业。

以环境案件信息库建设促联合会信息化工作

中华环保联合会

一、中华环保联合会网站

（一）网站发展方向

联合会网站发展目标是，把联合会网站办成一个环保政策及成果的宣传平台、环保企业信息沟通及产品展示和交流的平台、联结政府与社会公众的信息交流平台。力争利用三年左右的时间，把网站打造成环保领域最具公信力、最具影响力的群团组织网站。

（二）具体措施

要实现发展目标，当前必须以提高网站的点击率、公信力，同时宣传联合会、提高联合会的社会声望为主导思想，制定改进措施。前期应以相关企业为重点目标作为突破口。

一是以活动带动网站发展。以联合会组织的大型品牌活动为依托，通过在网站上展示并互动，吸引更多的人对网站的关注。如环发论坛、环展会等，以各种可能利用的形式和方法，增强与网站的关联度，促进网站公信力和点击率的提高。

二是整合并充分利用联合会的资源优势，围绕法律维权、企业环保正反典型等企业和公众关注的热点问题，在网站上突出造势，增加网站对企业和公众的吸引力，打造网站品牌。如登载环保先进企业排行榜，对污染严重企业曝光（需谨慎、准确）等。

三是增强对企业的服务功能。设定专栏为相关产业上下游企业提供信息及产品交流平台，通过牵线搭桥为上下游企业之间创造商机等。

四是调动联合会会员企业的网站参与积极性，有计划地为会员企业进行宣传。

五是开展国际交往，利用联合会的品牌优势，吸引外企或组织机构对网站的关注。

（三）网站已改进的几项内容

1．更改网站名称

将网站名称由“中华环境公众信息网”改为“中华环保联合会”，解决在百度搜索“中华环保联合会”时显示“中华环境公众信息网”的不对应问题，这样一方面可以方便寻找联合会网站；另一方面也可增加联合会名称在网上的显露频率，提高联合会的网络知名度。

2．开设先进环保企业推介专栏

在此栏目每月公布 10 个或若干先进环保企业名单，为其宣传推广，并以品牌推出，增强联合会及网站对企业的吸引力。结合发展中心的友好企业、功勋企业，以及公益活动合作企业等展开。

3．开设环保反面典型企业曝光专栏

由法律中心提供内容，对典型企业及案例进行跟踪曝光，并联合媒体宣传。这样既可以建立一种联合会与媒体的长期、稳定交流机制，增加了媒体宣传联合会的概率，又可以通过媒体的宣传增加联合会的社会公信力和影响力。

4．开通网站视频

网站视频具有形式新颖，内容生动、直观的特点，开通网站视频可增强网站的吸引力。

以上新开设栏目的内容，一定要经过认真、严格的审查，以免出现问题，造成负面影响。

二、国家环境案件信息库概况

国家环境案件信息库是在环境保护部有关领导以及江平、吕忠梅、孙佑海、王利明、王树义、朱苏力、蔡守秋、肖乾刚等 30 位法学和环保专家建议下，环境保护部立项、财政部拨款、中华环保联合会组织建设的环境案件基础数据库项目。该项目以环境保护部各个业务司局的业务数据为基础，以国家司法途径处理案件为辅助，通过收集、整理、分析全国各类环境案件数据信息，为环境保护立法、司法、执法和理论研究提供翔实而有价值的数据支持。

（一）国家环境案件信息库建设整体架构

根据国家环境案件信息库的特殊性，拟定该数据库由四部分组成。

（二）环境案件信息库自动化办公系统

主要功能是环境案件数据及各种辅助数据库信息的录入及数据的采集加工平台，也是未来工作人员的主要工作平台，是未来整个环境数据库的主要数据来源。

（三）国家环境案件信息库网络信息平台

建立以环境案件为中心，以环境案件发展进程为主线，以环境标准库、环境政策法规库、动态信息库、律师库、律所库、法官库、终端受众群的交互平台和 31 个省市网上数据的采集系统为辅助的环境案件库网络服务体系。

（四）国家环境案件信息库决策支持系统和应用管理系统

主要功能是根据网络信息平台受众群的需求，从数据库中抽取数据，生成满足需要的应用数据光盘及数据报告，再通过应用系统对抽取数据进行相应的数据操作服务。

（五）国家环境案件库行政管理服务体系

该系统主要针对环保系统不同的数据源和不同的数据统计需求定制的数据服务体系。该系统要经过一系列的变量的定义，通过不同数据模型的运算及选择，形成需要的数据统计表或者数据视图。

第六部分　新闻报道

周生贤：到2015年建立适应需要的环境信息化管理机制

（中国新闻网　2010年1月5日）

2010年1月5日，第一次全国环境信息化工作会议在北京友谊宾馆召开。环境保护部党组书记、部长周生贤在会上表示，到2015年，将建立适应新时期环境保护工作需要的环境信息化管理体制，基本构建“数字环保”体系。

周生贤指出，环境信息化建设的总体目标是：到2015年，建立适应新时期环境保护工作需要的环境信息化管理体制，形成合理顺畅的工作机制，环境信息网络系统覆盖全国，环境信息基础设施整体完善，环境信息化与环保业务紧密融合，重点核心业务全面信息化，环境信息资源得到合理开发和广泛共享，环境信息服务覆盖环保业务全流程，实现环境业务管理信息化、管理信息资源化和信息服务规范化，基本构建“数字环保”体系。

周生贤强调，要实现上述目标，就要紧紧围绕实现环境信息化的“四个转变”，着力强化“三种能力”，完善“三个体系”，抓好一个重点工程。

第一，实现四个转变，继续深化对环境信息化建设的认识。一是从重环境管理业务建设轻环境管理信息化建设，向环境管理业务建设与环境管理业务信息化建设并重转变，在建立先进的监测体系和完备的执法体系的同时，建立全面的信息化支撑体系。二是从环境管理业务与环境信息化脱节分离，向环境管理业务和环境信息化有机融合转变，加快实现环境管理业务信息化。三是从各业务板块自成系统，向整体推进和业务协同转变，在统一规划的原则下更好地兼顾和统筹环境管理核心业务信息化建设。四是从数据重复采集、不能共享向环境信息一数一源，一源多用，数据共享转变，减少工作量，提高工作效率。

第二，强化三种能力，进一步提高推进环境信息化水平。一是强化统筹规划能力。既立足当前又着眼长远，既突出重点又兼顾全局，确保环境信息化建设的科学性、前瞻性和可行性，使信息化建设有序推进。二是强化基础能力建设。完善网络设施，扩大网络覆盖范围，提高信息传输能力；丰富采集内容，增强采集时效；提高系统利用效率，满足环境管理业务应用的信息需求。三是强化资源开发利用能力。建设环境信息资源目录体系和互通平台，形成统一管理、分布存储、合作共建、资源共享的工作布局。

第三，完善三个体系，不断健全环境信息化服务保障机制。一是完善业务应用信息体系。实施环境管理业务信息化工程，促进信息化与环境管理核心业务融合，推进各业务应用板块的优化和协同，提高环境管理效能。二是完善标准规范体系。加强标准规范的先导和基础地位，将环境信息化标准规范体系纳入环保科技标准体系，按照急用先行、全面推进的原则，尽快建立健全。三是完善信息安全保障体系。研究建立适用有效的环境信息安全等级保护制度，积极利用先进技术手段建设网络信任体系，制定环境信息安全应急处置预案。

第四，抓好一个重点工程，夯实环境信息化建设基础。国家环境信息与统计能力建设项目是环境信息化建设的一项重大基础工程，将为国家、省、市、县四级环保部门信息化基础网络和部门的应用系统服务，不仅是完成污染减排目标的重要基础，也是今后信息化整体推进的重要支撑，在环境信息化建设进程中占有重要位置。项目的实施是深入推进环境信息化建设的突破口，将对环境信息化水平的全面提高产生重要影响。各级环保部门要切实加强对项目实施的领导，做到领导到位、责任到位、资金到位、措施到位、监管到位，注重廉洁自律，确保项目建设顺利进行，如期完成。

据悉，这次会议的主要任务是，总结环境信息化建设经验，分析环境信息化建设面临的新问题，研究部署当前和今后一个时期环境信息化建设工作，进一步提高环境信息化服务水平，为探索中国环保新道路提供重要支撑。

周生贤：5年内构建“数字环保”体系

（科技日报 2010年1月6日）

2010 年 1 月 5 日，第一次全国环境信息化工作会议召开。环境保护部党组书记、部长周生贤在会上表示，到 2015 年，将建立适应新时期环境保护工作需要的环境信息化管理体制，基本构建“数字环保”体系。

周生贤指出，环境信息化建设的总体目标是：到 2015 年，建立适应新时期环境保护工作需要的环境信息化管理体制，形成合理顺畅的工作机制，环境信息网络系统覆盖全国，环境信息基础设施整体完善，环境信息化与环保业务紧密融合，重点核心业务全面信息化，环境信息资源得到合理开发和广泛共享，环境信息服务覆盖环保业务全流程，实现环境业务管理信息化、管理信息资源化和信息服务规范化，基本构建“数字环保”体系。

周生贤在第一次全国环境信息化工作会议上强调深入推进环境信息化建设加快构建先进完备“数字环保”体系

（中国环境报　2010 年 1 月 5 日）

第一次全国环境信息化工作会议于 2010 年 1 月 5—6 日在京召开。环境保护部部长周生贤出席会议并讲话。他强调，要充分认识当前形势下加强环境信息化建设的重要意义，主动顺应信息化发展的潮流，采取有力措施，加快构建先进完备“数字环保”体系，为探索中国环保新道路提供重要信息支撑。

周生贤说，随着信息技术的飞速发展和广泛应用，信息化日益成为推动生产力发展、促进生产关系变革的重要力量。环境信息化是国家信息化建设的重要组成部分，深入推进环境信息化建设是全球信息化发展的客观要求，是建设服务型机关的重要手段，是实现环境管理科学决策和提升监管效能的基本保障。我国的环境信息化工作起步于 20 世纪 80 年代中期，20 多年来，环境信息化工作同环境保护事业一道，走过了一条不断探索发展的道路，环境信息化建设取得明显成效：发展规划和管理制度不断完善，先后制定了“九五”“十五”“十一五”环境信息化建设规划、指导意见和管理办法等文件；组织管理体系不断健全，基本形成了国家、省、市三级环境信息机构；信息网络基础设施不断发展，初步建成了涵盖全国各环保厅（局）的广域网系统；组织开发了环境质量监测、污染源监控、环境应急管理、排污收费、污染投诉、建设项目审批、核与辐射管理等一批业务应用系统，环境管理业务应用系统形成规模。但也要看到，环境信息化建设还存在重视程度不够，工作机制不顺，基础能力薄弱，机构队伍不够健全等问题，必须立足现有基础，创造条件，加快解决。

周生贤指出，环境信息化建设要紧密围绕环境保护的主要任务，服务和推动环境保护事业的科学发展，为环境保护优化经济增长、服务中心工作提供更好平台。当前和今后一个时期，环境信息化建设的指导思想是：以邓小平理论和“三个代表”重要思想为指导，深入贯彻落实科学发展观，紧密围绕环境保护中心工作，实施“信息强环保”战略，加快推进信息化与环境保护业务工作相融合，以信息网络设施和能力建设为基础，以环境保护电子政务和业务应用系统建设为重点，以提高信息服务质量和应用效能为核心，坚持统一规划、统一规范、统一建设、统一管理的原则，全面整合、广泛共享和充分利用环境信息资源，提升环境保护监管体系的信息化水平，构建先进完备的“数字环保”体系。到 2015 年，力争建立起适应新时期环境保护工作需要的环境信息化管理体制，形成合理顺畅的工作机制，建设覆盖全国环境信息网络系统，实现环境业务管理信息化、管理信息资源化和信息服务规范化的“数字环保”体系。

周生贤指出，要实现上述目标，重点要做好四个方面工作。第一，实现四个转变，继续深化对环境信息化建设的认识。从重环境管理业务建设轻环境管理信息化建设，向环境管理业务建设与环境管理业务信息化建设并重转变；从环境管理业务与环境信息化脱节分离，向环境管理业务和环境信息化有机融合转变；从各业务板块自成系统，向整体推进和业务协同转变；从数据重复采集、不能共享向环境信息一数一源，一源多用，数据共享转变。第二，强化三种能力，进一步提高推进环境信息化水平。要强化统筹规划能力，确保环境信息化建设的科学性、前瞻性和可行性，使信息化建设有序推进；要强化基础能力建设，完善网络设施，丰富采集内容，提高系统利用效率，满足环境管理业务应用的信息需求；要强化资源开发利用能力。建设环境信息资源目录体系和互通平台，形成统一管理、分布存储、合作共建、资源共享的工作布局。第三，完善三个体系，不断健全环境信息化服务保障机制。要完善业务应用信息体系，推进各业务应用板块的优化和协同，提高环境管理效能；要完善标准规范体系，按照急用先行、全面推进的原则，尽快将环境信息化标准规范体系纳入环保科技标准体系；要完善信息安全保障体系，研究建立适用有效的环境信息安全等级保护制度，积极利用先进技术手段建设网络信任体系，制定环境信息安全应急处置预案。第四，抓好一个重点工程，夯实环境信息化建设基础。要抓好国家环境信息与统计能力建设这一重大基础工程，为国家、省、市、县四级环保部门信息化基础网络和部门应用系统做好服务工作。

周生贤强调，环境信息化建设是一项重要任务，也是一项复杂的系统工程，各级环保部门要高度重视，加强组织保障，健全工作机制，加大资金投入，强化人才队伍建设，切实做好环境信息化建设的组织领导和保障工作，不断开创环境信息化工作新局面，为探索环保新道路、推进环保事业大发展作出新的贡献。

环境保护部副部长周建在会上全面总结了近年来环境信息化工作成就，并对当前和今后一段时期的重点工作，特别是对加快推进国家环境信息与统计能力建设项目的实施进行了部署。

工业和信息化部副部长杨学山出席会议并致辞。

环境保护部党组成员、办公厅主任胡保林主持会议。

本次大会还向获得“全国环境信息化工作优秀集体和优秀个人”称号的代表进行了表彰和颁奖。

本次会议采取电视电话会议的形式，国务院办公厅、国家发改委、财政部等单位有关同志应邀出席了会议。各省、自治区、直辖市环境保护厅（局），解放军环保局，新疆生产建设兵团、计划单列市和副省级城市环保局，环境保护部机关、派出机构和直属单位代表共计 220 余人参加了会议。全国环保系统的干部职工在分会场收看了会议。

我国加快构建“数字环保”体系

（新华网　2010 年 1 月 6 日）

环境保护部部长周生贤近日指出，环境信息化是国家信息化建设的重要组成部分，深入推进环境信息化建设是全球信息化发展的客观要求，是实现环境管理科学决策和提升监管效能的基本保障。要进一步提高环境信息化服务水平，加快构建先进完备的“数字环保”体系。

记者从此间举行的“第一次全国环境信息化工作会议”上获悉，服务于环保管理决策以及公共服务的环境信息化体系建设已经取得积极进展，投资 5.8 亿元，被称为“数字环保一期工程”的国家环境信息与统计能力建设项目，将为国家、省、市、县四级环保部门信息化基础网络和部门的应用系统服务。

周生贤说，环境信息种类繁多、数量巨大，只有通过深入推进环境信息化建设，实现环境信息采集、传输和管理的数字化、智能化、网络化，才能从大量繁杂的信息中发现趋势、把握重点，使环境管理决策体现时代性、把握规律性、富于创造性，提高环境管理决策的水平和能力，推动各类环境问题的有效解决。

同时，他表示目前环保部门政务公开领域还不够广，网上办事能力还不够强，服务相对滞后。“数字环保”将力图解决数据重复采集、不能共享等问题，向环境信息一数一源，一源多用，数据共享转变。到 2015 年，我国将建立适应新时期环境保护工作需要的环境信息化管理体制，形成合理顺畅的工作机制，环境信息网络系统覆盖全国，环境信息基础设施整体完善，环境信息化与环保业务紧密融合，重点核心业务全面信息化，环境信息资源得到合理开发和广泛共享，环境信息服务覆盖环保业务全流程，实现环境业务管理信息化、管理信息资源化和信息服务规范化，基本构建“数字环保”体系。

一期投资 5.8 亿元
“数字环保”提升环境管理决策水平

（人民网　2010 年 1 月 6 日）

轻点鼠标进入“江苏省太湖流域水环境信息共享平台”，太湖流域各监测断面的实时数据乃至三维图像一目了然，这只是全国环境信息化成果的一个缩影。记者从今日闭幕的第一次全国环境信息化工作会上获悉，服务于环保管理决策以及公共服务的环境信息化体系建设已经取得积极进展，投资 5.8 亿元，被称为“数字环保一期工程”的国家环境信息与统计能力建设项目，将为国家、省、市、县四级环保部门信息化基础网络和部门的应用系统服务。

环境保护部部长周生贤表示，环境信息种类繁多、数量巨大，只有通过深入推进环境信息化建设，实现环境信息采集、传输和管理的数字化、智能化、网络化，才能从大量繁杂的信息中发现趋势、把握重点，使环境管理决策体现时代性、把握规律性、富于创造性，提高环境管理决策的水平和能力，推动各类环境问题的有效解决。

据介绍，经过多年努力，环境信息化建设取得明显成效。信息网络基础设施有较大发展，环境管理业务应用系统形成一定规模，环境质量监测、污染源监控、环境应急管理、排污收费、污染投诉、建设项目审批、核与辐射管理等一批业务应用系统已经开始发挥实效。

未来，“数字环保”将力图解决数据重复采集、不能共享等问题，向环境信息一数一源，一源多用，数据共享转变。到 2015 年，环境信息网络系统覆盖全国，环境信息基础设施整体完善，环境信息化与环保业务紧密融合，重点核心业务全面信息化，环境信息资源得到合理开发和广泛共享，环境信息服务覆盖环保业务全流程，实现环境业务管理信息化、管理信息资源化和信息服务规范化，基本构建“数字环保”体系。

“十二五”期间我国将建全国环境信息网络

（科技日报　2010年1月9日）

陕西渭河漏油污染黄河引起公众重视。打开环保部网站“陕西渭南潼关吊桥水质自动监测站”，公众只能看到在2009年12月9日上午8点公布的数据：渭河（入黄河前）水质溶解氧指标为劣五类，站点处于“采水故障”状态，最新环境信息不能实时更新。

在2010年1月5日举行的“第一次全国环境信息化工作会议”上，环境保护部部长周生贤指出，离开环境信息化，势必影响环境管理决策科学化，制约环境监管的效能和水平。遗憾的是，“环境信息化建设存在不少问题，如各自为政，资源不能共享，基础能力薄弱，网络覆盖面不足，传输能力偏低，机构队伍不够健全，全国还有三分之二的市级环保局、环保部门没有信息中心。”

周生贤表示，我国环境信息化建设总体目标是，到2015年，环境信息网络覆盖全国，环境信息基础设施整体完善，环境信息化与环境业务紧密融合，重点核心业务全面信息化，环境信息资源得到合理开发和广泛共享，环境信息服务覆盖环保业务的全流程，实现环境业务管理信息化、管理信息资源化、信息服务规范化，基本构建“数字环保”体系。

加快推进信息化与环保业务相融合

（中国环境报　2010年1月7日）

编者按

第一次全国环境信息化工作会议近日在北京召开。环境信息化建设20多年来走出了一条不断探索发展的道路，环境信息化建设取得明显成效。与会代表就环境信息化建设如何围绕环保主要任务、为服务中心工作提供平台、推动环境保护的历史性转变建言献策。本报今日特摘登部分代表发言，以飨读者。

提高办事效率促进信息公开

北京市环境保护局

近几年来，北京市环保局按照环境保护部和市委、市政府的要求，大力推进环境信息化建设。北京市环保局制定建设规划，明确阶段性建设目标和重点建设任务，努力创造条件，抓好规划落实。2001年以来，共投入4亿多元，逐步建设完善信息化基础设施和环境监测、污染源监控、电子政务等系统。环境质量自动监测系统覆盖全市各县区，污染源在线监控能力明显增强，环境管理核心业务基本实现信息化支撑。

为确保信息化系统在环保工作中充分发挥效益，我们一方面通过建立信息化系统应用考核机制，鼓励各部门充分运用信息化系统开展工作。另一方面，信息化管理部门也注意在应用中根据需求完善系统，不断提高信息化系统的实用性，使信息化系统切实发挥作用，特别在奥运会和庆祝新中国成立60周年环境管理中发挥了显著作用。

例如，北京市环保局建设的12369信访应用系统，将群众通过来信、电子邮件、传真、电话等渠道反映的环境信访事项信息进行统一采集，通过系统转交各承办单位，实现了网上交办、回复和自动提醒、督办、考核，做到了“立传立接、瞬间到达”，并对处理全过程进行监督，大大提高了信访事项办理效率。

环境信息化建设将信息技术与环境监管业务紧密结合，切实推动了监管方式的转变，提高了监管水平；同时，方便了群众办事，将和群众关系密切的各项环保业务集成，打造不受空间、地域限制的高效便捷的网络服务平台；还促进了环境信息公开，有利于充分利用网络平台的优势，广泛动员公众参与。

激活基础数据建设智能环保

重庆市环境保护局

重庆市环保局大力实施环境信息化战略，对传统的业务流程进行梳理、规范和再造，从数字环保向智能环保转变，建设支撑科学决策、统一监管、宏观调控、公共服务的信息化平台。

重庆市环保局抓住三大关键，一是强化空间数据，构建“数字环保”一张图；二是瞄准智能环保，为环境管理提供数据采集智能渠道；三是立足信息共享，通过多方信息资源共享，节约数据采集成本，提升数据资源价值。

为切实保障信息化建设顺利推进，我们建立信息化建设工作推进机制、管理机制和动态更新机制，将信息化建设工作纳入系统目标考核，并注重工作过程和工作结果相结合，确保各项任务有序推进。建立业务系统审批成果更新、污染源自动监测实时更新系统，形成了完备有效的数据管理和更新机制，真正让环境数据“活”起来。

此外，我们还积极建设四大平台，促进数字环保向智能环保的转变，建设基础数据管理平台，提升环境数据支撑能力；建设核心业务管理平台，提升环境行政管理能力；建设环境监控预警平台，提升环境风险防范能力；建设环境应急管理平台，提升环境应急处置能力。

打造数字环保推动自动监控

山西省环境保护厅

“十一五”以来，山西省累计投资 11.7 亿元致力打造“数字环保”，推动监控系统建设，不仅有效提升了全省环保部门的信息化能力，而且推进了污染减排、蓝天碧水工程的落实和全省环境质量的改善。

山西是全国的能源大省，煤炭、电力、冶金、化工、焦化等超重型工业污染严重。面对严峻的环境形势和落后的环境监管水平，山西省委、省政府把信息化能力建设作为加强环境保护工作的重要内容，全力推进自动监控系统建设，先后制定出台了一系列法律法规文件，对环境监管能力建设提出了明确规划与要求，尤其在2007年出台的《山西省重点工业污染源监督条例》地方性法规中规定，环保部门有权通过污染源自动监控系统对企业排污实施监管，对超标超量排放执行行政处罚。这为污染源自动监控系统远程执法提供了法律保障。

环境自动监控系统是政府的监管手段，同时也是污染治理和防治设施的一部分，是节能减排的重要抓手。山西省各级政府对此高度重视，从建设和运行资金方面大力支持。在建设过程中，山西省将污染源自动监控系统建设和信息化应用纳入各级政府目标责任制考核内容，打破了过去“管理靠经验，污染靠眼看，收费靠估算，处罚凭感觉”的格局，全面打造了监控、监视和控制三位一体的监控量化执法体系。

结合新形势下信息技术的飞速发展和环境管理要求的不断提高，山西省下一步将推进环境监控信息整体化建设。通过整合现有监控和网络信息资源，不断完善系统服务功能，建立集在线监控、监控信息发布、公众参与和环境执法等多功能于一体，多部门联动的综合机制，提高环境管理和环境执法水平。

建设政府网站突出服务公众

广东省环境保护厅

加强政府网站建设是我国推进政府管理方式创新，建设服务型政府的重要举措。广东省高度重视环保政府网站建设和管理，以关注民生、畅通民意、公众参与、政民互动为重点，努力将公众网站建设成为政务发布窗口、在线办事平台、交流互动桥梁、公益服务门户。

广东省环境保护公众网站自 1999 年正式开通运行以来，紧密结合广东环保工作实际，以面向公众、服务社会、政务公开为宗旨，较好地实现了公开信息、联系群众、为民服务的网站功能。

在服务公众、突出互动功能方面，广东省环保厅注重把握政府网站发展的新形势，突出以人为本、服务公众的理念，体现由管理型政府向服务型政府转变的特点。在整合资源、推进“一站式”服务方面，我们整合省市环保网站资源，保障了大量业务信息的更新与同步。

目前，广东省环境保护公众网已与环境管理的空气质量在线监测系统、粤港珠江三角洲区域空气质量系统、主要江河水质自动监测监控系统、环境质量管理系统等 10 多个业务系统连接，确保了环境业务信息的及时发布，丰富了公众网站的信息资源。

太湖平台奠基础环境管理上台阶

江苏省环境保护厅

江苏省委、省政府高度重视太湖的环境综合治理，制定了“铁腕治污、科学治太”的方针。江苏省环保厅把太湖流域环境信息化管理作为重要突破口，开展了太湖流域水环境信息共享平台（以下简称“太湖平台”）建设，在流域水环境管理与决策中发挥了巨大支撑作用。“太湖平台”建设也为全面推进江苏省环境管理信息化奠定了坚实基础。

江苏省在太湖治理实践过程中认识到，要治理好太湖，必须构建上下游相互协调、各部门密切协作，横向到边、纵向到底的合作体系，形成治污合力；必须依靠环境信息化手段的支撑，建立流域环境一体化监管体系和环境信息共享机制，充分发挥环境信息化在流域环境管理中的作用。在实践中，我们认识到，先进的环境信息采集与传输技术是科学治太的基础；跨部门数据资源共享是提高流域管理效率的有效途径；基于海量数据的蓝藻应急综合分析模型为科学治太提供了技术支撑。

为此，江苏省务实创新，以一流的标准建设太湖流域水环境信息共享平台，规划高起点，建成覆盖江苏太湖全流域的 180 个水环境自动监测站，建设蓝藻预警监测系统，建成 50 个省、市、县和区域四级重点污染源监控中心并实现联网；设计高标准，利用多种数字交互技术的集成，搭建流域水环境信息展示与应急指挥平台，实现对流域水环境监控信息的集中控制和各种信号源画面的实时显示。

下一步，我们将乘势而上，以平台建设提升流域水环境一体化监管水平，以平台建设带动环境信息化建设理念的转变，以平台建设推进全省环境信息一体化建设进程。

健全信息机构加强队伍建设

安徽省环境保护厅

近年来，随着环保事业的蓬勃发展，环境信息化建设在推动污染减排和加强环境监管中的作用日益突出。安徽省委、省政府对环境信息化建设高度重视，将信息化建设作为建设数字安徽的重要组成部分，切实加以推进。

建立健全环境信息机构，是确保环境信息化工作正常开展的重要前提和组织保障。2006 年底，安徽省编委会批准省环境信息中心由无级别、自收自支的事业单位，改为正县级建制的全额拨款事业单位，核定编制 12 人，为全省环境信息机构建设起到了引导和示范作用。与此同时，安徽省环保厅主动作为，切实加强对市级环境信息机构建设的指导和督促，将环境信息机构标准化建设与环境监察、环境监测机构标准化建设，一并纳入省政府与各市政府签订的“十一五”环保目标责任书，要求各市政府分批完成。

安徽省信息机构找准工作的切入点，充分利用信息技术手段，着力打造信息技术服务平台，不断提升信息队伍整体水平。一是把环境监控中心建设作为重中之重，使信息队伍真正进入环保工作的主战场。二是把环保门户网站建设作为重要窗口，使信息化队伍在稳定中得到提高。三是把环保专网建设作为重要基础，使信息化队伍不断跟踪先进技术。

建设集成系统提升管理水平

深圳市人居环境委员会

近年来，广东省深圳市人居环境委员会（原深圳市环保局）积极开展环境信息化工作，全力推进“数字环保”建设，不断提升环境管理和公众服务水平。

深圳市环境信息化工作起步于 20 世纪 90 年代。从 2007 年初开始，深圳市启动了“数字环保”项目建设，项目总投资 4 300 万元。经过近 3 年的开发建设，深圳市已经建成一套集科学决策、业务管理、自动监控、应急管理、公众服务于一体的环境信息化集成系统。

“数字环保”项目的建设和应用提高了环境管理工作效率，提升了环境管理工作水平。

在建设过程中，我们也积累了一些经验：领导重视是环境信息化工作的关键；起点规划是做好环境信息化工作的前提，坚持高起点规划和总集成管控模式，把好项目需求关、信息共享关、开发质量关和运行维护关；标准化工作是推动环境信息化工作的基础。我们建立的标准体系覆盖了信息化项目建设的全过程，使“数字环保”建设的每个环节都有章可循，有据可依。

开创环境信息化工作新局面

（中国环境报　2010 年 1 月 7 日）

一场不期而遇的冰雪使隆冬的北京裹上了一层厚厚的银装，但这并没能阻挡前来参加全国第一次环境信息化工作会议的代表们热情的脚步。

北京友谊宾馆，会场里激昂的发言，热烈的掌声，都在传递着一种声音：作为一项重要的基础性工作，信息化日益成为推动生产力发展、促进生产关系变革的重要力量。正如环境保护部部长周生贤在讲话中所说：环境信息化建设要始终紧紧围绕环境保护的主要任务，服务和推动环境保护事业的科学发展，为环境保护优化经济增长、改善民生提供更好平台。

第一次环境信息化工作会议的召开，正是要回顾历史，总结成绩，谋划未来，一张信息化建设的美好蓝图即将铺开。

总结经验，谋划未来

我国的环境信息化工作起步于 20 世纪 80 年代中期，20 多年来，环境信息化工作同环保事业一道，走过了一条不断探索发展的道路。进入新世纪以来，互联网、移动通信技术的快速发展为环境信息化应用提供了外部条件，各级环保部门对环境信息化工作重要性的认识逐步提高，建设资金投入逐年增加，建设进程明显加快，特别是近年来一系列重大项目的实施，使得环境信息化建设取得了明显成效，为推进环境保护历史性转变，实现“数字环保”奠定了良好基础。

北京、山东、江苏、福建、广东、深圳等省市进行了“数字环保”探索实践，率先开展了“数字环保”工程建设，通过建立环境管理业务数字化模型和环境信息综合应用平台，逐步向数字化环境管理转变，实现环境数据标准化、业务管理一体化、环境监控可视化、综合办公自动化、绩效评估规范化、环境服务公众化、环境决策科学化。

在此次会议的分组讨论中，代表们交流经验，共享信息化发展的成果。大家纷纷表示，会议的起点非常高，准备得也非常充分，2010 年是“十一五”的收官之年，是“十二五”的谋划之年，在某种程度上也是启动、准备热身的时刻，在这样的时期召开环境信息化工作会议，充分体现出环境保护部对环境信息化建设的重视程度。

很多代表不约而同地表现出坚定信心。“有史以来第一次召开信息化工作会议，对信息化工作者是一次很好的鼓舞。”上海市环境信息中心主任贾益刚这样说。“此次会议，对以往的信息化工作做了一个比较全面的总结，对今后的工作提出了一个科学的规划和要求，明确了今后工作的定位、目标和任务。与此同时，把信息化能力建设工程作为一个重点工程来抓，有一个切入点，不是天马行空，而是落在实处。会议把以往在信息化工作中反映出一些问题提出来，如组织体系、工作机制、资金的投入、人才队伍的建设，这些问题都是我们长期从事信息化工作感觉到的，也是下一步应该明确做的事情。”

有所思、有所得、有所获，这是代表们普遍的心声。江西省环保厅副厅长陈荣表示，此次会议周生贤部长和周建副部长很好地总结了已经开展的工作和取得的成绩，表彰了环境信息化工作优秀集体和个人，对当前环境信息方面工作存在的一些问题也做了很真实、恰如其分的描述，尤其对当前环境信息存在多头、分散，没有形成统一的系统等问题进行了分析。

对信息化工作，尤其是“十二五”信息化工作，目标非常明确。从原来单项的推进到现在资源的整合提出了要求，要把所有的系统都归纳起来作为总体发挥作用，今后在统一平台上了解情况、掌握信息，做出科学的决策和判断，这十分有利。

信息化工作会议为代表们提供了一个思想交流的平台。来自不同省份、不同基层的参会代表在这个平台上将规划与实际工作有机结合，不仅将为各地信息化工作提供丰富的实践支撑，也将为科学决策和政策的制定提供多维的角度与宽阔视野。

这次会议最大的创新，是将会议在中央人民政府网站和环境保护部网站上进行现场直播，并通过环境保护部和各省建设的视频会议系统，向全国环保系统直播，很多地、市、县也在同步收看会议的现场实况。利用信息化手段传递会议内容，不仅是前所未有的创举，也体现出了信息公开、透明的原则。充分利用现代信息技术手段方便快捷的优势，第一时间将会议的情况传送到环保系统，并向全社会发布。

同时，有 24 个省、自治区和直辖市在会场外设置了展板和展台，展示了各地方在环境保护核心业务领域开展信息化建设的成果。

理顺机制是关键，业务应用是核心

推进环境信息化建设，领导重视是前提，理顺机制是关键，业务应用是核心。

出席会议的福建省环保厅副厅长陈宁建议说：“信息化建设要重视协调发展，在今后几年工作中要高度重视，首先是体制问题，其次是机制问题，这两个问题都要很好地解决。我了解到，一些省市很多工作都是信息中心做，要协调各部门、各单位还很困难。如果不在体制和机制方面进一步加强的话，我们再好的计划都会落空。此外，部门之间、上下之间要真正统一起来，使整个信息变成流动的、实时的，这样，我们的目标才能实现。”

谈及信息化系统的应用，浙江省环保厅副厅长史济锡也表示：“‘十一五’期间建立的污染源在线监控体系，当时浙江走得比较早，但这部分工作没有信息化作支撑，实际上相关成果的运用、工作的价值是难以体现的。所以，我们也越来越感觉到，环境监测手段科学化必须以信息化为基础，必须实现一体化。浙江省已经开始在这方面做出谋划和投入，编制“数字环保”3 年行动计划。总体上讲，本级投入大概接近 4 000 万元，其中 2010 年要投入 1 000 多万元。”

史济锡建议，要加强环境信息化的应用，在制度规划的安排上多听一些环境管理和信息化专家的意见，并从基层角度综合考虑，要与基层的实际情况有所对接。同时，信息化建设这项工作落实到省、市等各级部门要有相应的机构，要有专人、有专门的经费。往往越到基层，这方面就越弱，但是最基础的工作恰恰在基层，所以在实施规划当中，在经济、政策、资金安排导向上，还是要向基层倾斜。

来自陕西、深圳、海南、重庆、湖南等地的代表们畅谈着自己的观点，会议室里处处涌动着交流、讨论的热潮……

思想的火花在碰撞中闪现，行动的共识在讨论中形成。近年来，党中央、国务院把环境保护摆在更加突出的重要位置，提出建设生态文明、推进环境保护历史性转变、让江河湖泊休养生息、探索中国环保新道路等一系列新理念，把环境保护作为生态文明建设的主阵地和根本措施，进一步明确了新时期环境保护的战略地位，对环境保护提出了更高要求，也为环境信息化建设带来新的机遇和挑战。

会后代表们表示，在深受鼓舞的同时，也深感责任重大，要清醒地看到工作的差距和不足，将以此次会议为新起点，深刻领会部领导的重要讲话和大会精神，充分利用国家环境信息与统计能力建设的重大历史机遇，认真做好项目实施；认真学习借鉴其他省区市的先进经验，乘势而为，勇于创新，大胆实践，为提高我国环境保护工作科学化、现代化水平作出更大贡献。

我国2015年将实现“数字环保”

（中国企业新闻网　2010年1月6日）

环境保护日益成为人们关注的焦点与共识，环境信息公开便于公众监督的呼声日渐强烈，环境保护部部长周生贤在1月5日召开的第一次全国环境信息化工作会议上指出，全面整合、广泛共享和充分利用环境信息资源，提升环境保护监管体系的信息化水平。到2015年，构建先进完备的“数字环保”体系，为探索中国环境保护新道路提供坚实保障。

工业和信息化部副部长杨学山表示，工业和信息化部将积极配合、全力支持，对环境信息化工作的开展作出努力，并指出，信息技术的普及应用、信息化的发展，是应对金融危机、在危机后经济和社会发展转型的重要方向。互联网、传感器的结合使我们经济和社会的工作效率进一步提升，手段进一步加强，新的技术和传统的产业结合在一起，进一步提升传统产业发展的进程，为经济结构的调整起到重要的推进作用。

周生贤提出，党中央、国务院一直非常重视信息化工作，把信息化提升到国家战略的高度，作为促进生产力跨越式发展、增强综合国力和国际竞争力、维护国家安全的关键领域，作出以信息化带动工业化、以工业化促进信息化、走新型工业化道路的战略部署。

会议提出，环境信息化建设的总体目标是：到2015年，建立适应新时期环境保护工作需要的环境信息化管理体制，形成合理顺畅的工作机制，环境信息网络系统覆盖全国，环境信息基础设施整体完善，环境信息化与环保业务紧密融合，重点核心业务全面信息化，环境信息资源得到合理开发和广泛共享，环境信息服务覆盖环保业务全流程，实现环境业务管理信息化、管理信息资源化和信息服务规范化，基本构建“数字环保”体系。

第七部分　成果展示

北京市空气质量预报业务平台简介

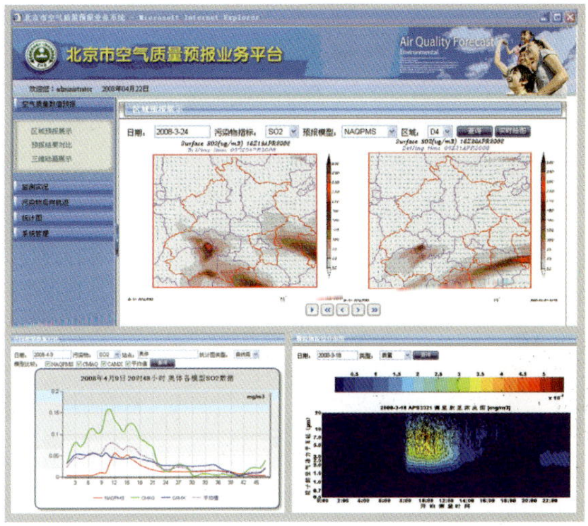

北京市空气质量预报业务平台综合运用气象预报技术、空气质量集合预报技术、计算机网络、人工智能等先进技术，实现了空气质量预报的智能决策，提高了空气质量预报业务效率及准确性。

本系统包括空气质量数值集合预报模式集成系统、空气质量预报辅助决策平台、空气质量预报远程会商及发布系统。平台集成了包括NAQPMS、CMAQ、CMAx、ARIA、AQMDSS等预报模式在内的集合预报模式，实现了气象观测探测数据、空气质量监测信息、气象及空气质量预报数据的集成、处理与科学展示，给预报员提供了预报辅助决策平台，方便预报结果的生成与管理，并实现了空气质量预报产品的制作和发布的管理。系统通过空气质量数值集合预报模式及数据分析管理平台，实现了预报业务流程的优化、效率的提高、预报的准确性，充分发挥了环境监测中心空气质量预报的能力，为保障奥运期间北京市空气质量做出重要贡献。

北京市机动车排放I/M制度监管系统简介

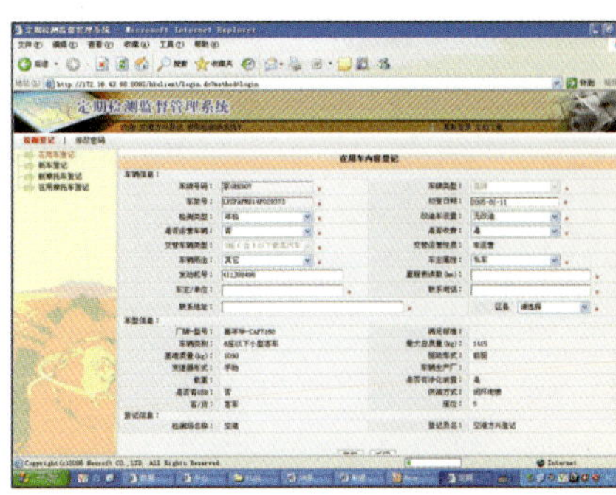

北京市机动车排放I/M制度监管系统具有8个子系统、11项监管功能，于2009年9月17日通过验收并正式投入运行，这标志着北京机动车污染控制进入新的科技监管阶段。

I/M制度（检查和维修）是指通过加强车辆排放检测来促使超标车辆及时维护保养，确保稳定达标排放。北京市机动车I/M制度监管系统采用先进的检测过程和检测数据跟踪技术，以及先进的RFID读写技术，与配套的视频监控等系统组成了集远程在线视频监控、数据分析处理等功能为一体的管理平台，对全市42家检测场209条检测线的参检车辆进行实时监控，实现了从参检车辆进场到检测合格后发放环保标志的全过程监控，有效提升了机动车排放监管的科技含量。

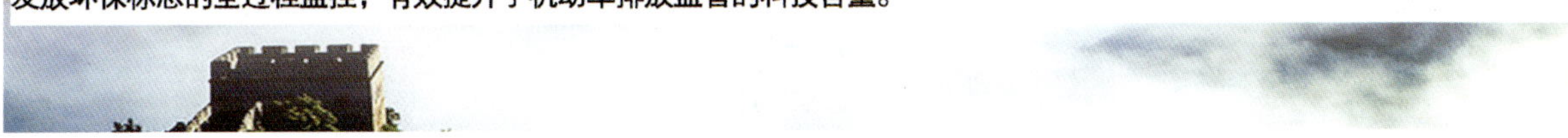

河北省环保厅行政许可网上审批系统简介

该系统实现了省厅 18 项行政许可事项的外网受理、内网办理、外网反馈的功能。系统主要功能模块：

1．外网受理大厅。具有用户注册、申报事项、查询办理进度等功能。反馈审批结果。办理吸纳各企业用户通过互联门户网站申报待办事项，查询办理进度。

2．内网审批门户。实现大厅受理—经办人—处长—厅长—大厅的内部流转审批。考虑到部分用户不能上网，增加了大厅代办功能，即替企业申请待办事项。具有起草、打印审批文件、查看审批意见、审批流程等功能，内部流转通过短信通知。

3．实现制式审批文档的电子化存档。包括行政许可申请书、行政许可受理通知书、行政许可送达回证、行政许可决定审批表、验收报告书、验收报告表、报告书、报告表、审批事项的相关资料等。

4．具有监察统计功能。查看每个审批事项的审批明细、统计每类审批事项、任意时段的按期办结、超期办结、已按期未办结、未超期未办结情况，并可以导出 excel 报表。

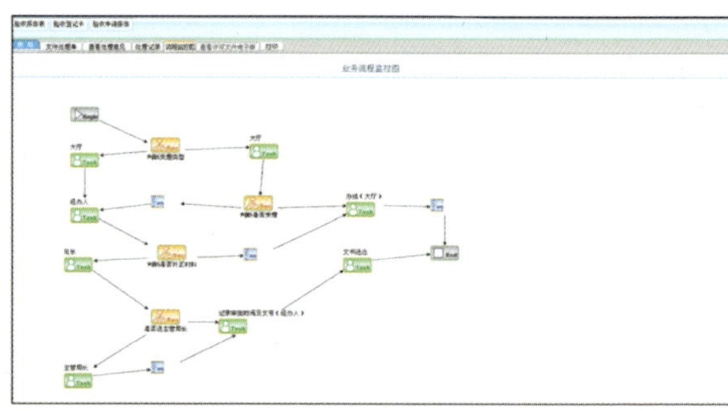

山西省环境保护厅行政许可项目审批系统简介

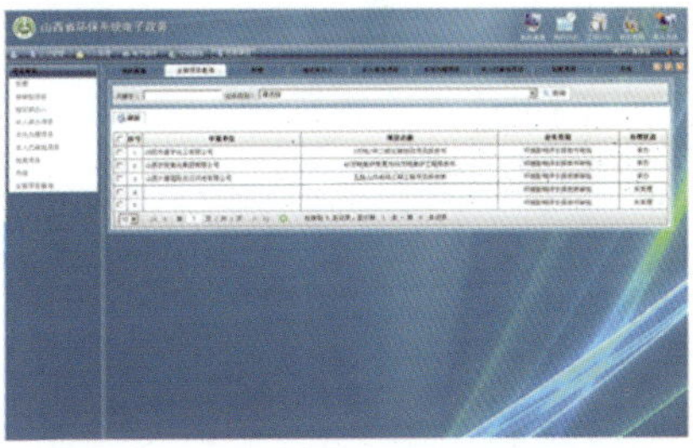

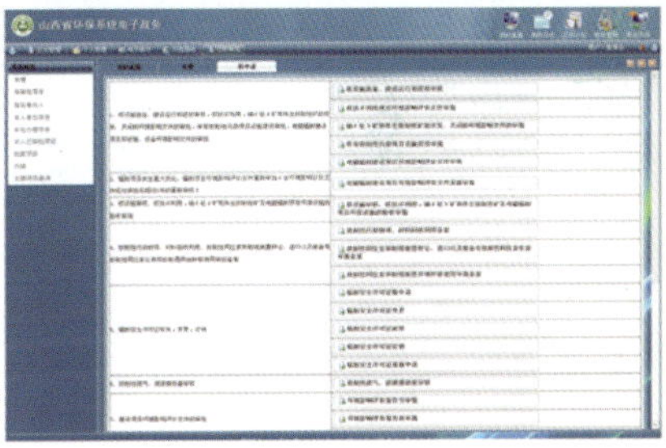

一、解决了以下主要问题

基于山西省环保系统电子政务平台整体规划的省市县三级共用的《山西省环保电子政务综合平台》，整合现有相关的信息资源，梳理了现有行政许可审批事项，实现了“大 OA”的设计思路，使系统自觉接受纪检、监察部门的电子监察。

二、具备以下主要功能

核心功能有：公文流转、行政审批、邮件系统、数据中心以及与环保部、山西省政府、山西省监察厅、山西省人民银行以及地市环保局的数据接口等;

辅助功能有：个人助理（站内消息、日志、工作计划）、内部论坛、知识库（资料库、影像图库、图书库）、政务信息数据库（政策法规库、制度办法库、文件档案库）等。

三、有以下一些显著的特点

1. 轻松定义流程，体现了“5W”原则：
   Who 谁发起以及谁审核
   When 什么时候发起、什么时候审批
   What 审批的事由
   Where 目前流转到什么环节了
   Which 目前那些审批事项具备电子审批的条件
2. 智能的用户中心，统一组织机构、用户角色、权限、用户组定义，为其他系统提供接口（未来的系统可以调用她的相关接口，实现用户管理，减少开发量），从而轻松实现单点登录；
3. 集成短信通知功能，可以在第一时间提醒相关人员；
4. 集成手写板功能，高仿真笔迹，提高领导的工作效率；
5. 用户登录通过数字证书（EKey），提高安全性。

内蒙古自治区环境保护系统简介

内蒙古自治区重点污染源自动监控项目以重点污染源自动监控系统为切入点，全面提升内蒙古自治区各级环境管理部门的信息化水平，建设一套全国一流的监测预警、监督执法、交流共享和决策支持环境管理综合平台。该平台实现对重点污染源的实时监控，提供科学准确的污染物排放量数据和污染源现场视频图像，预防污染事故，打击各类违法行为，加大环境监测预警和监督执法工作力度，提高环境监管能力。

其中，为了更好地落实总量减排政策，也为了更好地对本地区总量减排任务做规划，内蒙古自治区结合国家针对总量管理的最新方针和政策建设总量减排综合管理系统。总量减排综合管理系统是自治区各盟市上报污染物减排数据的窗口，系统规范企业上报工作，简化各盟市主要污染物核算工作，针对污染物减排目标制定减排方案并跟踪减排状况进展，使自治区环保厅能够及时有效的制定减排措施以完成总量减排任务；系统根据区域环境容量、排污申报年审数据、环境统计数据、环境监测数据、排污收费数据分配区域污染物排放总量和污染物允许排放量，真实准确的对盟市减排任务的完成情况进行考核评价，为领导进行决策分析提供准确、清晰的辅助依据。该系统的建成有效推进了内蒙古自治区总量减排工作，提高了自治区的监管工作，为自治区优美环境的保持和改善创建提供了基础支持。

内蒙古自治区污染源自动监测监督管理系统主要目的是实现在线监控设备验收、在线监控数据有效性审核和比对监测的信息化管理工作，建立全区所有在线监控设备信息数据库，在线监控数据有效性信息数据库，在线监控数据监督性比对信息数据库。通过有效性审核的污染源自动监测数据，是环境保护主管部门进行排污申报核定、排污许可证发放、排放总量核算、环境统计、排污费征收和环境执法等环境管理行为的依据。污染源自动监测监督管理系统将验收合格、日常运行定期考核合格、工况数据正常且通过环保部门审核的污染源自动监控设施获取的自动监测数据认定为通过有效性审核的污染源自动监测数据；在此基础上，依据相关技术规范处理缺失和异常数据形成完整有效的污染源自动监测数据库，并提供数据共享、数据查询、数据统计、数据分析、决策支持等功能。通过污染源自动监测监督管理系统保证在线监测数据的有效，实现在线监控数据的综合应用，保证自治区环保厅监控中心与各盟市环保局监控中心以及环保局其他业务科室实现自动监控数据的科学、系统、高效的交互，为预防污染事故、加大环境监测预警和监督执法工作力度提供依据，提高环境监管能力。

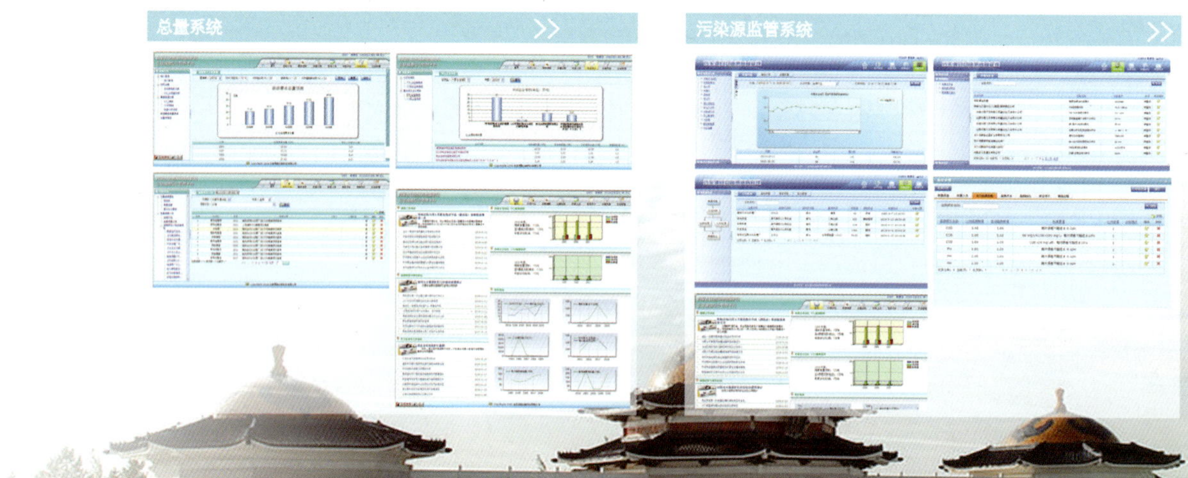

辽宁省环境在线监控系统简介

为了强化对污染源的环境监管，实时掌握全省环境变化情况，提高全省环境管理部门应对突发环境事件的应急反应能力，辽宁省环境信息中心认真落实环境保护部要求，在省环保厅的领导下，以服务于环境管理为宗旨，以创新思维为主线，建成了辽宁省环境在线监控系统。

目前，全省已有 68 个空气自动站、8 个河流自动站、300 个大气重点污染源、117 个重点水污染源、23 个城市污水处理厂、2 个放射性自动站，共 518 个监控点向省厅实时传输在线监控数据。2007 年成为国控污染源建设全国示范省，2008 年在全国率先实现向环境保护部的数据传输。

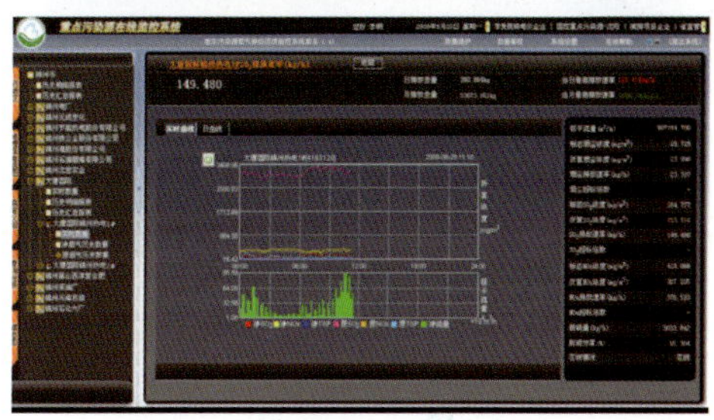

吉林省资源环境监测系统地表水子系统简介

吉林省地表水环境动态监测系统是《吉林省生态环境与资源动态监测系统的研究与开发》项目的子系统。主要目标是：提供一个基于GIS平台的地表水动态监测体系，为环境管理部门及公众提供一个全省地表水质量、水环境容量、主要控制断面的污染物总量及排放量等动态变化的可视化信息系统，并包括全省地表水环境在不同时期的变化规律，把图形处理、水质模型、数据采集与处理、评价以及预测等功能集于一体的动态监测系统。

本系统分成三个功能模块：断面监测模块、水功能区划模块和监测数据处理与使用模块。

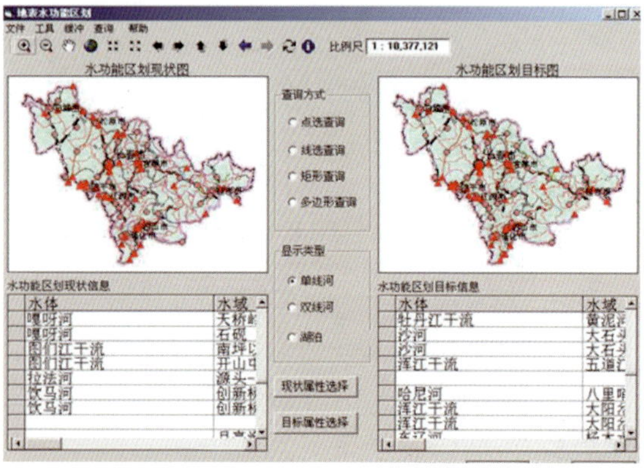

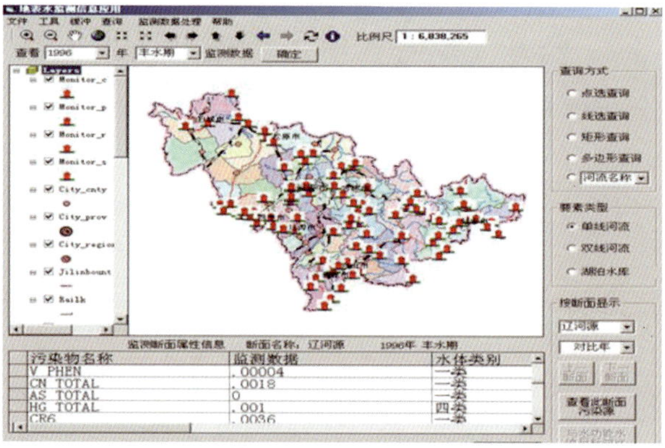

黑龙江省环保厅综合信息平台系统简介

黑龙江省环保厅综合信息平台建设于 2008 年 6 月，属于黑龙江省环保系统内部协同在线办公软件，为推动黑龙江省政务信息公开工作而建设。我们本着简单、实用的原则，开设了工作新闻、文稿传输、文稿审阅、重要工作、日常工作、工作日程、信息公告、影像信息、在线论坛、软件下载、电脑报修等功能区，有效的提升了环保厅及各市地环保局的电子办公能力，同时也解决了黑龙江环境公众网信息采集难的问题。达到提高工作效率，转变工作方式，促进政务公开的目的。投入使用至今，基本达到了总体设计要求，同时也根据各级领导和部门反馈的意见，逐步调整功能模块，使平台更加适应工作需要。

上海市建设项目环保审批管理信息系统简介

上海市建设项目环保审批管理信息系统诞生于 2003 年，是一套专门为规范环保项目审批业务、提高行政办事效率服务的电子化行政许可审批软件。

该系统基于 J2EE 体系架构，采用 ORACLE 数据库，实现了建设项目审批（环评、试生产、竣工验收）的全过程控制管理，具有流程控制、信息关联、多方式查询、汇总统计、环评单位及从业人员考核、重点项目随访、试生产超期查询、年报季报表输出、时限设置及提醒、电子档案导出等功能；通过总量控制模块，实现了在项目审批过程中对区域 SO_2、COD 变化情况的动态跟踪；通过总控模块，实现了对区县项目审批号的集中管理和项目审批结果的有效监管；配合政务公开，实现了审批阶段网上查询、审批结果网上公示等公众服务功能。

六年来，该系统积累了上万条审批数据资源，已成为建设项目环保审批日常工作中不可或缺的有效工具和环境管理、环境决策有力的辅助支持手段。

上海市全国第一次污染源普查数据分析和成果开发

为了对污染源普查数据进行全面、深入、系统的开发应用，最大限度发挥普查数据的使用价值和社会效益，上海市环保局启动了《上海市全国第一次污染源普查数据分析和成果开发》工作项目。

该项目在国家污普办下发的“普查数据处理软件”的基础上，基于关系型数据库原理，对污染源普查数据库结构进行重新设计，为污染源普查数据的管理和分析提供了一个结构良好的数据库系统；基于 B/S（Browse/Server, 浏览器 / 服务器）软件体系架构，利用先进的计算机技术和网络技术，开发了污染源普查数据编辑、查询、统计和汇总分析软件；利用 GIS 技术，对重点污染源进行了空间定位，实现污染源的空间可视化，并开发污染源 WebGIS 区域统计分析模块，对上海市第四轮环保三年行动计划重点整治区域、保留工业区以及其他敏感区域的污染源空间分布情况进行统计分析。

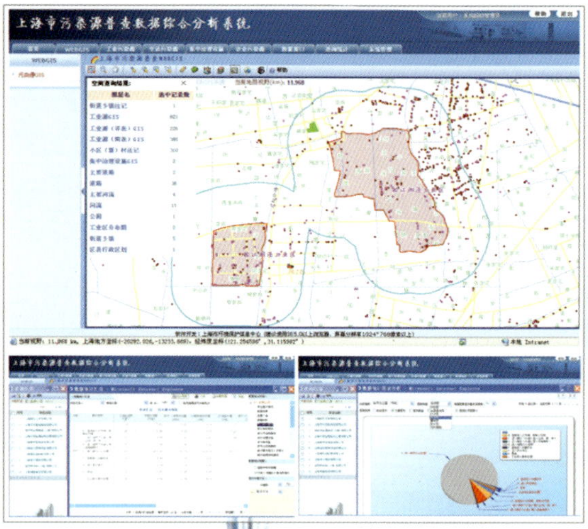

江苏省太湖流域水环境信息集成与共享平台简介

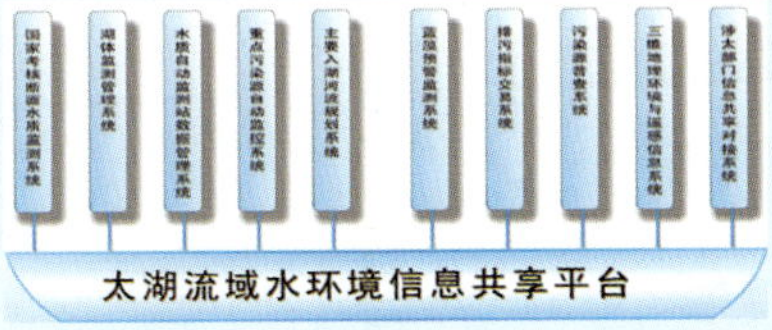

采用世界最先进的虚拟实境、视频监控、通讯组网、数据分析、卫星通讯等技术集成建设太湖流域水环境信息共享平台。

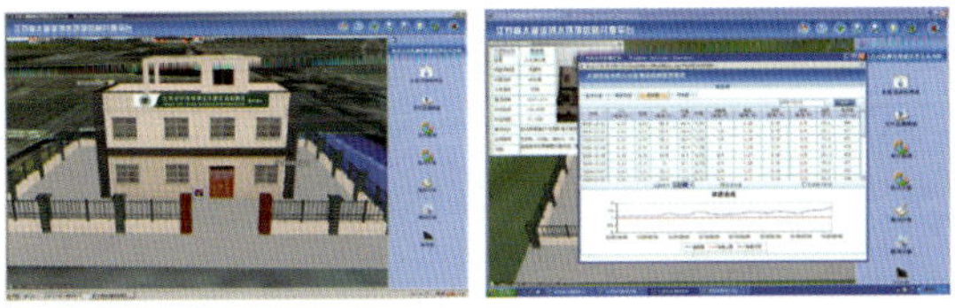

水质自动监测站数据管理

接收已建的 75 个水质自动站的最新监测数据和水面及站房内的实时视频，可对指定时间段的日平均和月平均数据进行查询分析，可在电子地图上显示站房的三维模型和全景照片。

重点污染源自动监控系统

利用标准数据交换协议，实时接收 282 家国（省）控重点污染源自动监控系统的监测数据，包括 137 家工业废水污染源和 145 家污水处理厂，主要功能包括：污染源信息查询、监测数据查询、实时视频监控、企业三维模型、全景照片和 360 度视频展示、排污口阀门远程控制。

蓝藻预警遥感监测系统

根据蓝藻遥感影像，生成和查看蓝藻爆发频率分布图，查看每个月度的蓝藻爆发区域，也可查看每天的遥感影像和全年蓝藻面积的变化趋势。

浙江省环境自动监测与信息管理系统简介

“浙江省环境自动监测与信息管理系统”是我省自主开发的环境质量和重点污染源监测监控的管理平台，2007 年完成至今已在省、市、县环保系统稳定运行三年，系统具有以下特点：

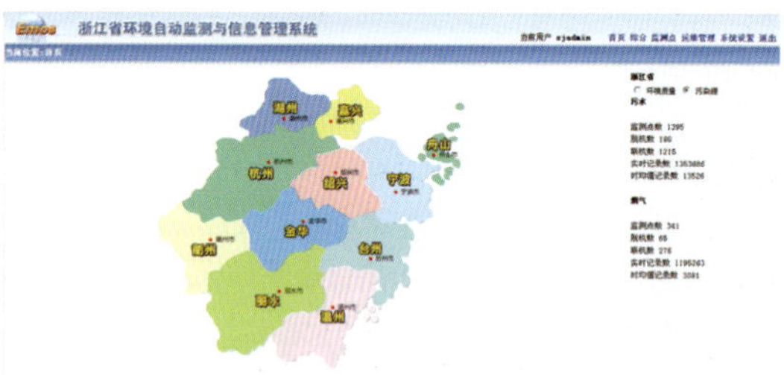

数据视频叠加

采用数据和视频叠加技术，解决了数据采集仪与视频编码器的数据获取、传输等问题。将视频与监测数据结合起来，在一个画面呈现，方便运维监控。

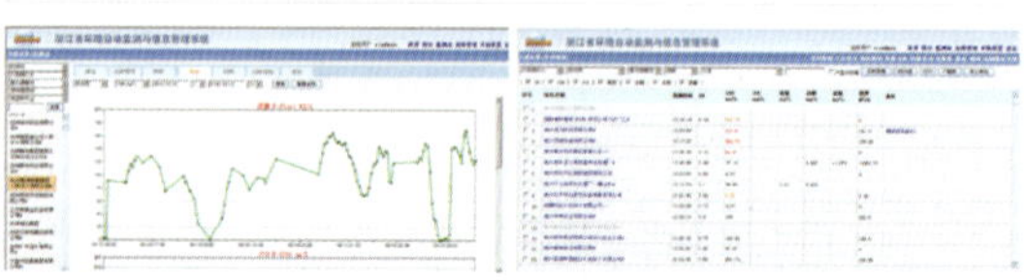

超大数据量支持

中心端平台实现了海量数据库的管理能力，目前数据量已达到每月 5 亿条记录。

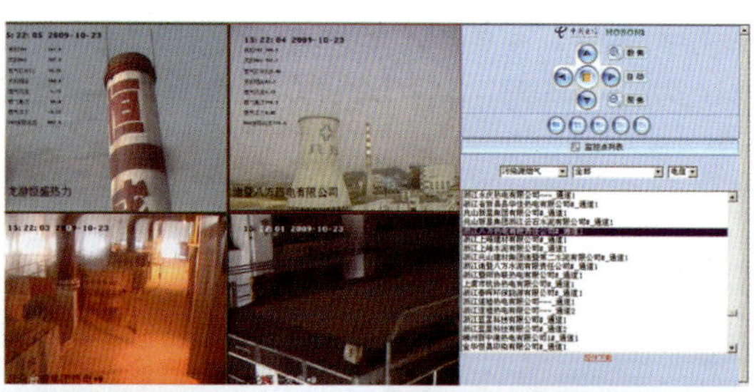

系统在线运维功能

可以在中心端管理平台上进行系统的远程运行维护管理，在第一时间记录各站点和系统的运行情况、维护情况、监督管理情况，充分发挥计算机自动化管理的优势，做到明确责任，科学考核，有效促进运维管理工作。

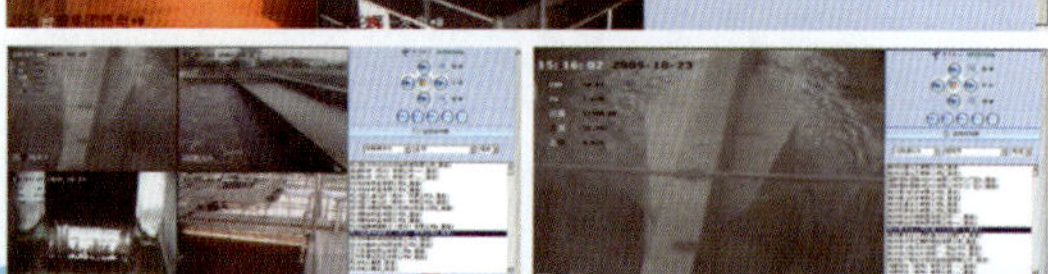

安徽省环境监控管理平台系统简介

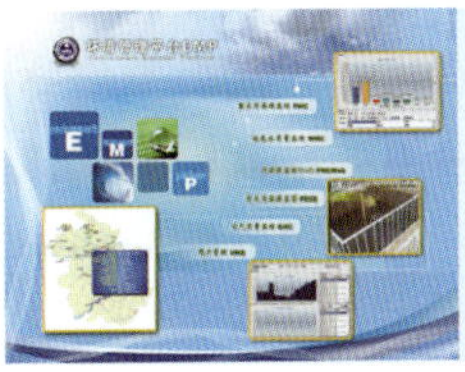

安徽省环境管理平台由重点污染源监控系统、环境质量监控系统等 6 个子系统组成，实现对安徽省国（省）控污染源、长江（淮河）流域地表水和 17 个城市空气自动监测站的在线监控，其中污染源监控 WEB 发布系统为企业提供数据查询通道。该平台为安徽省环境管理和环境决策提供了第一手数据资料，为企业实时掌握自身排污情况提供了便捷的信息化技术手段，全面服务于污染减排工作。

火电厂脱硫全过程信息监控管理系统简介

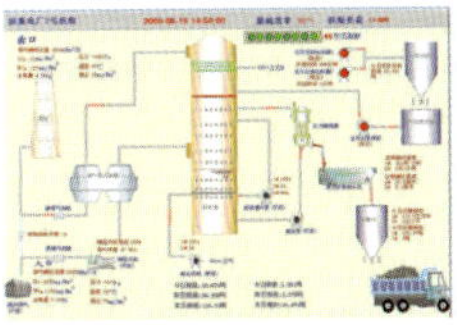

火电厂脱硫全过程信息监控管理系统实现了对火电厂烟气排放的全过程、全天候无人值守监控，从源头上杜绝了不法排污行为的产生，并实现烟气的总量控制、总量削减和排污收费，最终实现烟气的排污权交易。通过该系统，实现了对电厂的防控一体化，为开展烟气污染减排工作提供了先进技术。

安徽省环保厅综合信息管理平台系统简介

安徽省环保厅综合信息管理平台由内网综合办公平台、安徽省环境热线网站和生态安徽网站组成。内网综合办公平台为全省环保系统内部办公自动化的入口，为部、省和市三级以及信息直报点的信息网上报送服务，为各类互动服务提供统一处理流程定制，最终实现“一站式”受理和反馈系统，加速安徽省环境信息资源的整合与共享。

“安徽环境热线”和“生态安徽”网站作为服务安徽省环境保护和生态省建设的社会窗口，现已由信息发布型网站过渡到为公众服务型网站，对环保政务信息进行主动公开，同时通过网站为社会公众提供资料下载、信息咨询、网上申报等服务，并将重点污染源在线监控信息在网上发布，为重点排污企业和市县环境管理部门提供了网上在线监控结果适时查询，实现了“信息公开、在线办事、公众参与”。

福建省环境自动监测监控系统

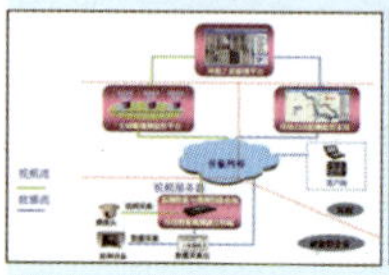

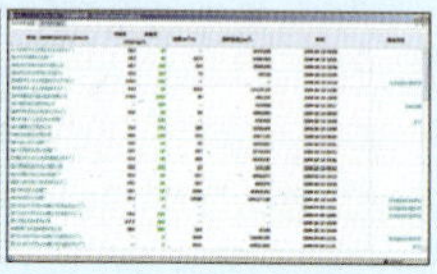

“十一五”以来福建省环境信息化建设主要有：福建省环境自动监测监控系统、环境综合管理系统（外网网站、内网综合管理平台、总量管理系统、应急管理系统）、环境行政执法移动信息平台等。主要业务应用系统为：

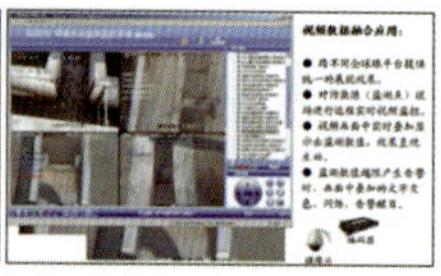

福建省环境自动监测监控系统对全省重点流域水环境质量和重点城市环境空气质量进行实时、在线的动态监测，对重点排污单位实行实时在线监测监控，并实现排污异常和设备运行异常报警、数据处理和发布环境信息等功能。通过分布在全省范围内的监测监控点位的环境监测监控仪器，将数字信号采集到工控机，数据通过 ADSL、GPRS 等通讯传输方式传输到省、市环境监控中心，对数据分别进行处理和汇总统计，实现环境管理和发布功能。

经过六年多的努力，目前已取得阶段性建设成果。福建省环境自动监测监控系统监控的电厂 SO2 排放、污水厂 COD 排放，作为物价部门收费的依据。

首创滚动式显示方式大大方便了环境管理人员“监控数据的日调阅”。

在 GIS 地理信息系统基础上建设环境自动监测监控系统，并嵌入视频监控，使得环境监控更全面。

福建省环境自动监测监控系统是环保部门的“千里眼，顺风耳”，环保工作人员在足不出户的情况下，可以清晰地看到省内重点排污单位的排污情况、重点流域水质质量和城市环境空气质量状况；同时，依靠稳定的传输网络，充分实现信息通畅、资源共享，全面提高福建省环境管理科学化、自动化和信息化水平。

环境行政执法移动信息平台

环境行政执法移动信息平台是福建省环保厅为改进环境行政执法模式，提高环境行政执法效力，增强环境业务管理能力而建设的专业信息系统。

执法人员应用该系统可灵活查询污染源监管信息，实现执法信息现场录入，智能判定行政处罚尺度，高效、规范、透明地进行环境监察执法工作，实现“环保执法随身行”。

该系统突破了传统监察执法工作模式，应用效果显著：现场执法高效化，通过固化监察执法程序，实现监察取证导向性操作和执法文书打印；行政处罚规范化，灵活应用自由裁量权细化标准，依据案件情节、造成后果等“模糊”数据智能判断处罚尺度；内部管理明确化，对执法人员工作进行绩效评估；指挥调度合理化，通盘掌握人员任务安排状况，科学进行任务分派。

山东省环境信息化应用平台建设系统简介

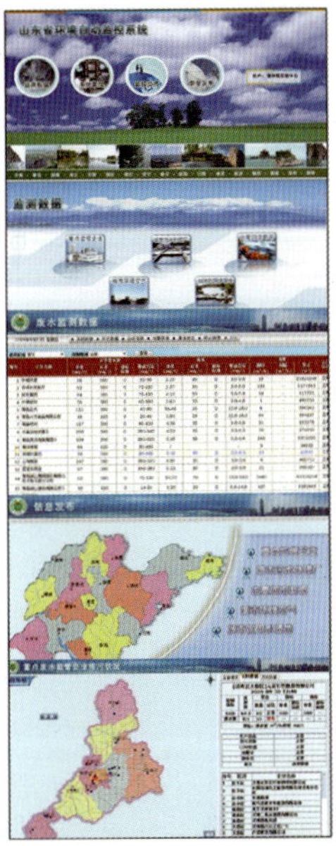

山东省环境自动监控系统是我省环境管理的重要平台，由省环保信息中心和环境监控中心组织软件公司进行设计开发，经过不断的升级与完善，现已形成省市县三级统一的监控平台。该系统具有实时数据监控、数据查询、数据统计分析、监控信息交流、系统管理、信息发布、质量控制、数据审核和视频监控等功能；监测数据同时传输到省市县三级监控中心，实现了自动监测数据的统一采集、统一传输，全省省控以上自动监测站点联网达到 1725 套，实现了重点污染源和环境质量在同一平台上的监控管理。建立了省市两级环境数据库，实现了全省环境自动监控数据的集中与分散式存储、共享与应用。目前该系统日均采集数据量630余万个。

目前自动监测数据已用于全省环境统计、总量减排、定期通报、以奖代补等重要的环境管理工作中，为环境执法提供证据，为排污收费提供依据。

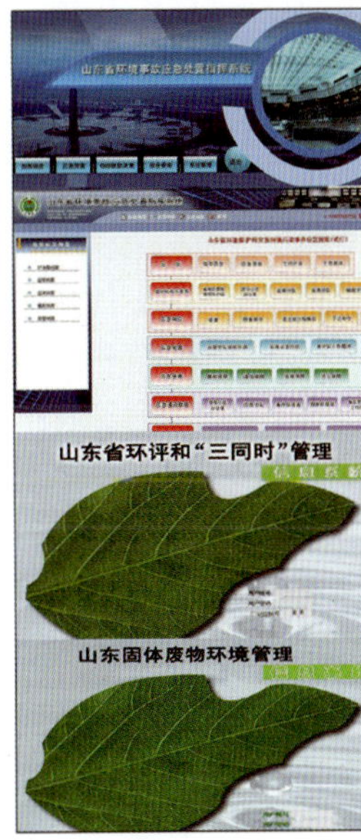

开发完成了的山东省环境事故应急处置指挥系统、山东省环评和“三同时”信息管理系统、固体废物环境管理信息系统。

山东省环保系统视频会议网络已覆盖省、市、县三级环保部门。图为在省厅主会场召开视频会议。

为进一步加强山东省环保系统政务和业务管理的信息化，利用现有省、市、县三级环保部门组成的广域网，结合环保部电子政务系统建设经验，我省已经启动内网升级为电子政务综合平台，外网建设交换平台的工作。图为正在建设中的山东省环境保护电子政务交换平台和山东省环境保护厅电子政务综合平台。

河南省环境自动监控综合查询系统简介

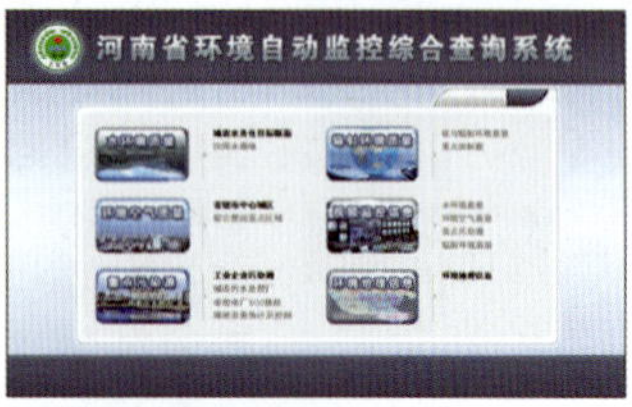

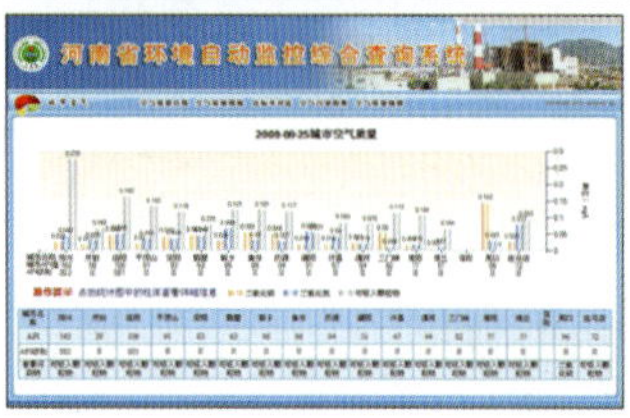

"环境自动监控综合查询系统"是结合各类环境自动监控系统，通过汇总各类环境自动监控系统的监测信息，形成反映环境质量及污染源总体情况的综合信息。系统集成视频监控功能、环境地理信息系统，信息的展现方式以图表显示为主，直观性强，操作简便，安全可靠。

系统包括以下功能：

重点污染源

基本信息查询、连通情况查询、排放量统计、监测均值查询。

城市空气质量

空气质量日报、周报查询，达标率对比，空气污染指数查询、空气质量级别查询。

水环境质量

自动站连通情况查询、数据查询、均值查询、水质日、周报查询。

城市污水处理厂自动监控系统简介

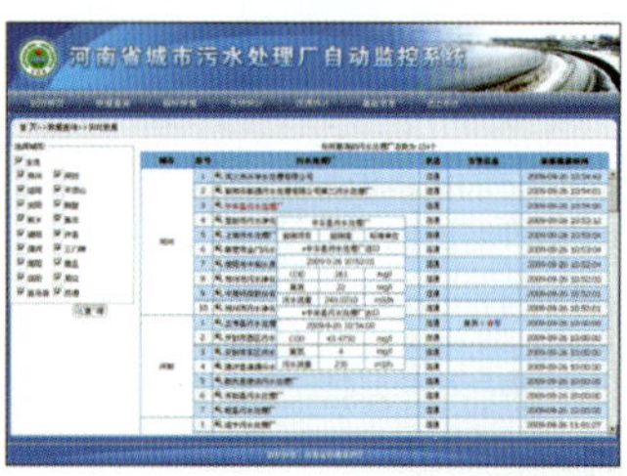

"城市污水处理厂自动监控系统"以城市污水处理厂为监控对象，结合环保监管工作的实际要求而开发的自动监控系统。系统监测的项目主要包括COD、氨氮、流量等。系统视频监控功能，实时掌握污水处理厂进、出水口运行情况；对污染物的超标排放及异常情况提供报警功。

主要包括以下功能：

数据查询

实时数据查询、历史数据查询、视频查询。

超标数据管理

超标数据报表、超标次数统计。

在线统计

实时统计污水处理厂连通情况。

连通统计

连通详情查询、连通情况汇总。

基础信息管理

基础信息管理、监测点源管理、监测项目管理。

湖北省环境污染源在线监控系统简介

近年来，在环保部信息中心的业务指导下，在省电子政务办的大力支持下，在省环境保护厅领导的高度重视下，在全省环保系统的共同努力下，湖北省环境信息化建设以环境信息化（电子政务）重点项目建设为支撑，积极争取国家和省财政经费，建设完成了全省污染源在线监控系统、省环保厅综合信息平台、省环保厅数据中心、地理信息系统、省市两级污染源监控中心、环境质量查询系统等，信息化水平显著提高。武汉市、荆门市等市（州）环保局也分别建设了“武汉市污染源基础数据采集系统”和“环保 e 通”等信息化应用系统，市州环境监管执法的信息化支撑能力不断加强。

武汉市污染源基础数据采集系统作为湖北省电子政务一期工程的试点项目，在湖北省环境信息中心的指导下于 2006 年建设完成，用于武汉市环保局的排污申报和统计年报工作，系统包含 2000 — 2009 年工业、污水处理厂、医院、三产等 4000 余家套企业相关数据，可供各级领导和管理人员实时查询武汉市（包括区管企业）的污染源状况，获取统一的污染源基础台帐和各种分析数据。

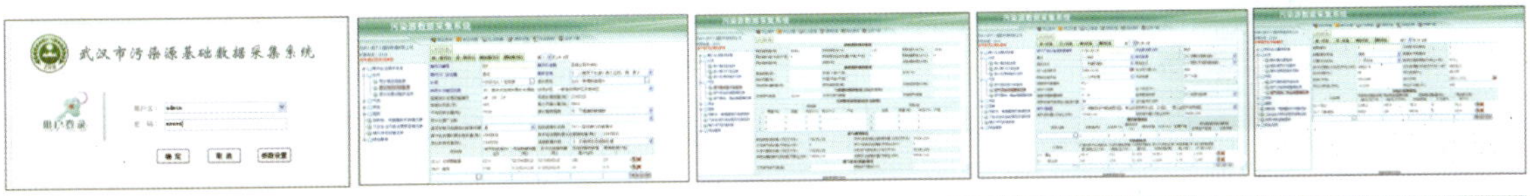

荆门市环保局环保 e 通系统是利用中国电信的电话网、移动网、互联网融合优势，为环保部门提供数据视频融合应用系统和移动应用系统，对污染源进行视频监控，并实现监测数据与监控视频的融合应用和移动监测监控、移动监察执法等功能。

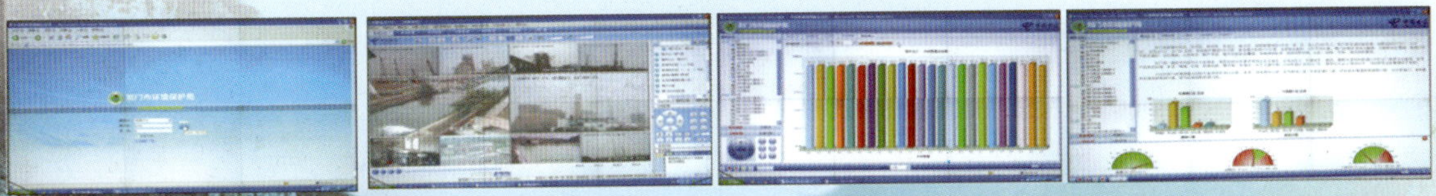

湖南省行政审批和办公自动化平台系统简介

行政审批和办公自动化平台集OA、行政审批与开发平台于一体，具有强大、快速、简单的二次开发能力，可以灵活定制，可打破模块限制，可提供用户随心所欲可自定义的操作界面，做到“用户主控，随需而变，全局规划，整体集成”，代表了新一代管理软件体系和开发模式的新成就。

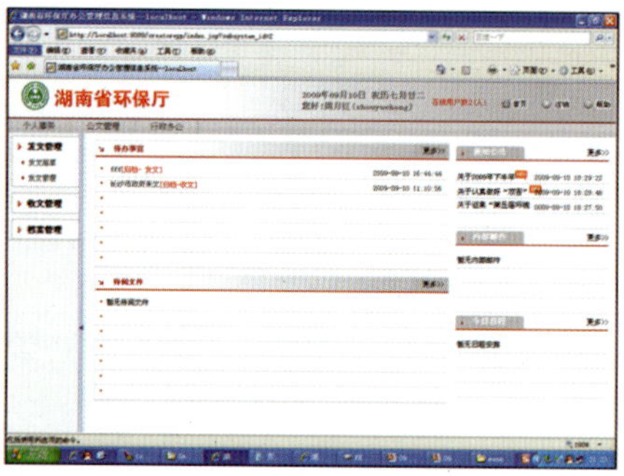

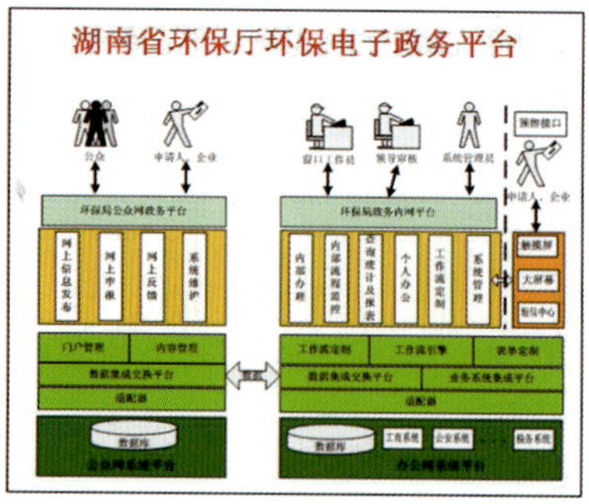

湖南省污染源普查数据分析系统

湖南省污染源普查数据分析系统，是湖南省环保厅在第一次全国污染源普查数据成果的基础上，一体化集成了4S(MIS管理信息系统，GIS地理信息系统、RS遥感、GPS全球定位系统）技术所开发的一套数据挖掘分析系统。系统独创的点－线－面－域综合查询，结合空间地理信息数据的直观表现，为湖南省提高对污染源普查数据的决策支持分析水平做出了独特贡献。

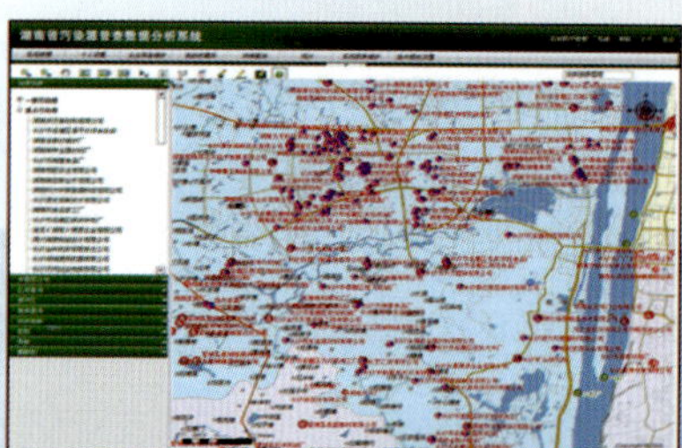

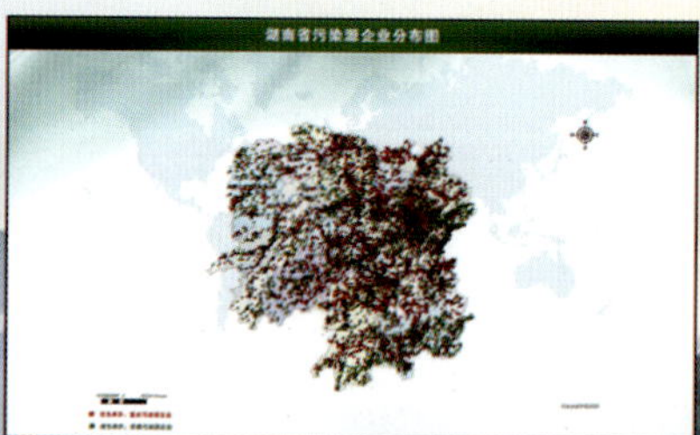

广东省建设项目环境保护综合管理信息系统简介

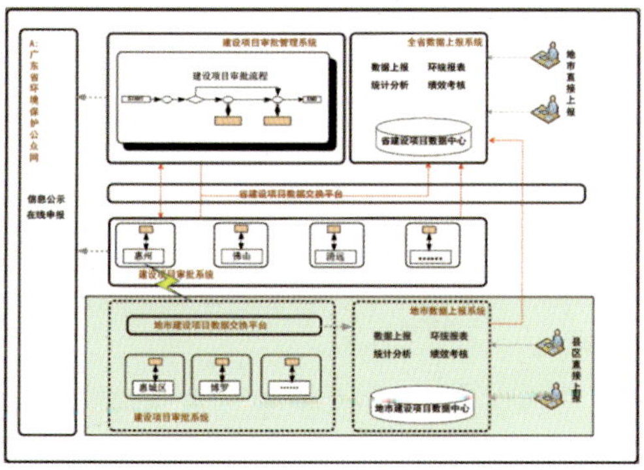

广东省建设项目环境保护综合管理信息系统是基于广东省省、市、县三级环境管理建设项目环保行政审批业务开发的大型综合信息管理系统。系统实现省级审批项目的网上受理、窗口办理、省环保厅内部全过程的电子审批流程电子化，实现省、市、县建设项目审批的数据上报与交换。系统采用大型数据库、空间地理数据库建设，建立了全省的建设项目数据中心，使广东省建设项目环境管理业务网络化、一体化、信息化迈上了新的台阶。

系统主要功能特点：污染物总量前置审批，建设项目环评、验收管理与校核，污染源综合管理与地理信息系统无缝集成；省、市、县多级审批和数据上报，对建设项目审批工作全程监控。系统基于 SOA 的流程可视化设计工具、可视化自定义表单工具开发，实现了多维数据统计和分析功能，为环境管理提供及时可靠的信息化服务支撑。

广东省环境基础空间地理信息平台简介

平台以“服务集中、应用分散”的指导思想下构建，建设覆盖全省的基础地理信息服务。 业务系统通过统一的接口规范在统一的基础地理信息平台上表现、分析其专业的环境专题信息，在实现基础地理数据共享的同时，也满足了业务部门对自身业务数据保密的需求。

平台采用 ArcSDE 为空间数据库引擎，目前已完成入库的空间数据，覆盖全省 SPOT 卫星数据，高分辨率的珠三角航空遥感数据及城市高分辨率卫星遥感数据等，同时在同一坐标系下构建了 1：2000 至 1：100 万多分辨率线划数据，基本满足了全省环境管理的需要。

系统提供二维客户端和三维客户端服务，提供地图浏览、基础空间信息查询、业务数据聚合、专题图生成、专题空间分析、空间数据编辑维护、地域 / 应用权限管理等服务、制图输出等功能。三维客户端提供三维浏览，三维飞行以及地面高程查询等功能。

目前已建设完成的环境要素涉及环境监测、环境规划、污染源管理、饮用水源管理、生态规划与管理、建设项目环境影响审批、核与放射性应急、环境预测与应急模拟等应用。

海南省国土环境资源厅办公自动化系统简介

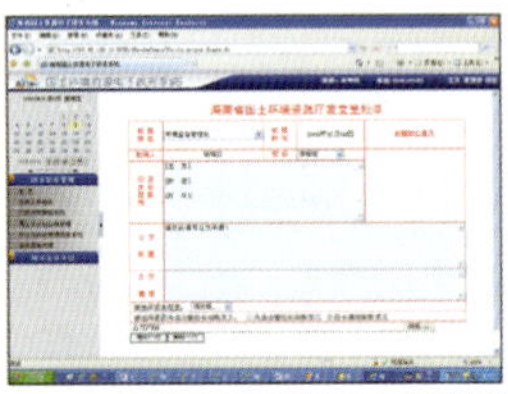

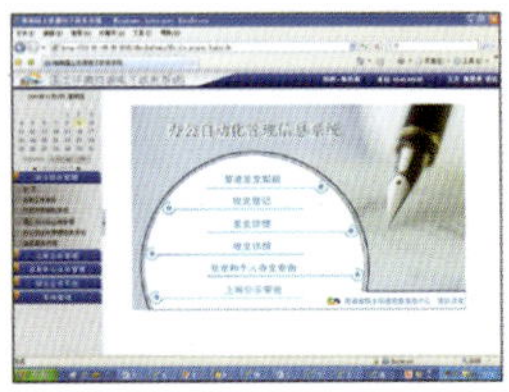

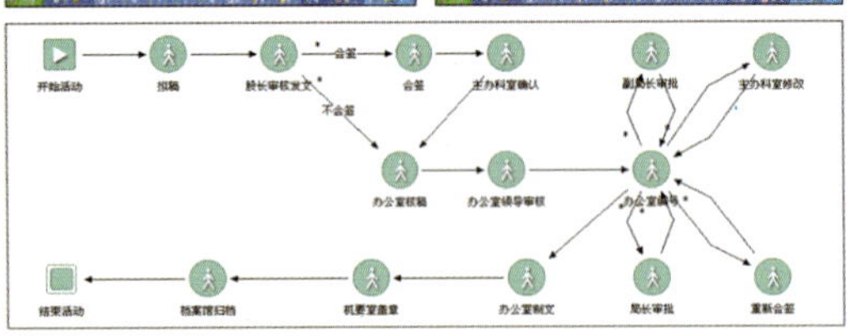

该系统由信息中心自主设计开发，于 2001 年建成使用，经过多年的应用完善及系统升级，2007 年，我中心对系统进行了全面改版，新系统基于 SOA、J2EE 等技术架构，包括发文管理、收文管理、借阅管理、查询管理、安全管理等子系统模块，具有公文收发及流转、公文传输、电子签章、查询借阅、邮件分发、短信通知等功能。该系统的投入使用，实现全厅公文收发及查阅、文件传输全电子化处理，实现了全厅机关的无纸化办公，有效提高了工作效率。

海南省国土环境资源厅行政许可审批系统简介

信息中心于 2008 年自主开发了“海南省国土环境资源厅行政许可项目审批系统”，该系统涵盖了所有环保审批事项，具有项目受理、审批、发文、后台管理四大功能模块。实现行政许可审批业务从项目受理、项目审批、发文或发证全过程电子化、流程化处理。大大地提高了行政审批效率和工作透明度。

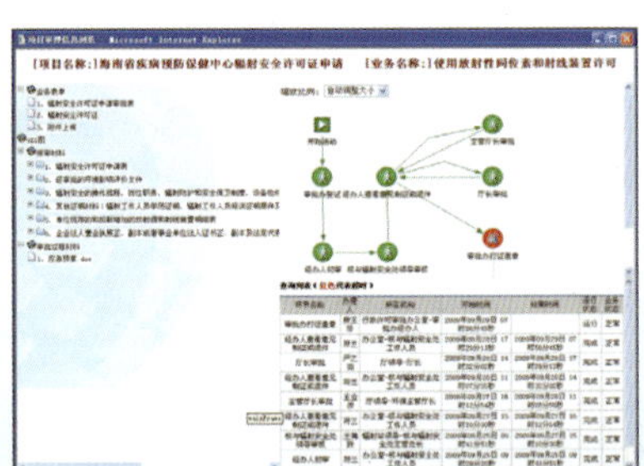

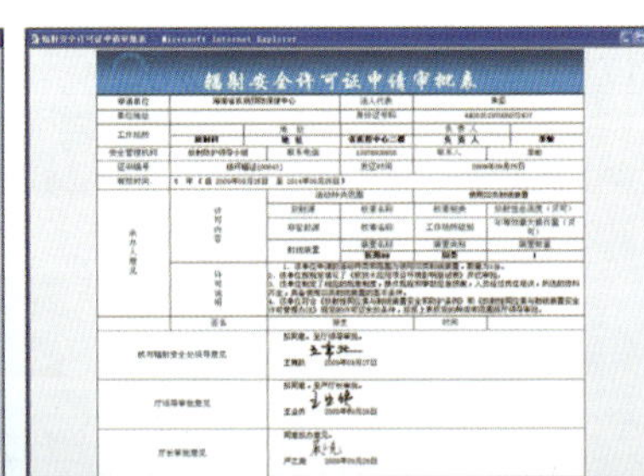

重庆环保信息系统成果简介

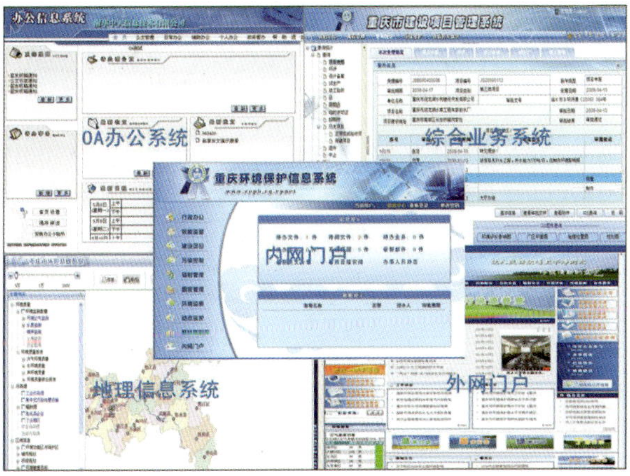

环境管理综合业务系统

建立以污普数据为基础的环保基础数据库，实现以“图表融合、信息集成、带图运行”为特点的“数字环保一张图”信息应用模式。

全面整合环保政务、行政审批和环境监管业务流程，涵盖建管、污防、监察、监测、辐射与固废等主体业务，实现“统一门户、部门协同、效能监管”。

“一站式服务”的环保公众信息网在2008年度名列重庆市政府网站考评第一名。

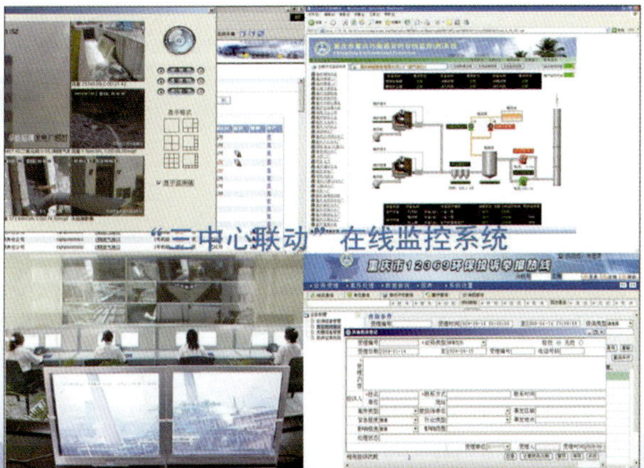

“三中心联动”在线监控系统

集成12369中心、污染源在线监控中心、突发环境事件应急指挥中心业务系统，实现“平战结合、三中心联动”的实时运行模式；为高效处理环境投诉、监管排污者行为和可视化应急指挥提供平台支撑。

建立污染源在线监测数据三级质量控制体系，实现数据过滤、审核、补全、发布全流程化管理和监测、监控、视频等多手段监控。在线数据已成为行政执法和排污收费的可靠依据。

四川省“十一五”总量减排数据库管理系统项目简介

四川省环境信息的总体思路是：构建“省为龙头、市为骨干、县为基础”的三级联动网络，形成“一头两翼”的环境信息网络体系，强化省局环保业务信息综合信息平台这个“头”，健全环境监测、环境监察信息体系“两翼”。监察向监测融入，监测向监察延伸，实现资源整合、信息共享、协同运行、整体推进，建立环境保护长效机制和统一高效的环境管理体制。按此思路，四川省环境科学院研发出了是一个开放式、面向管理和决策层的可视化动态信息管理数据库平台《总量减排数据库管理系统》。该系统将四川全省的燃煤电厂、城市污水处理厂、减排工业企业以及新建工业企业等的污染物排放数据直观、适时、准确地传输展示出来。并能直观显示分析出全省总量减排的目标、现状、追踪污染物的来源、增减等动态变化趋势，对企业环保设施运行情况实行动态监管。满足了各方对数据信息的申报、统计、测算、预测、监控、报警等需求。

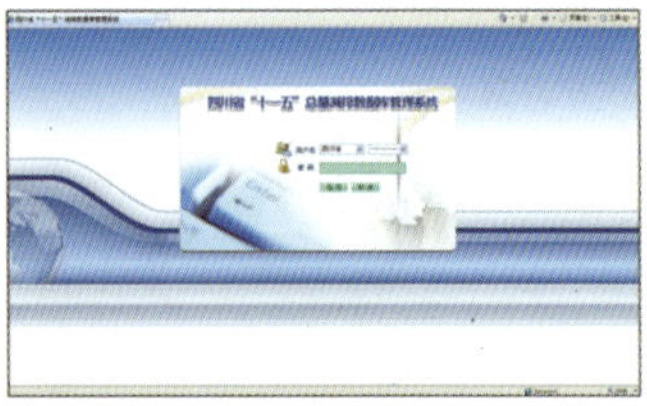
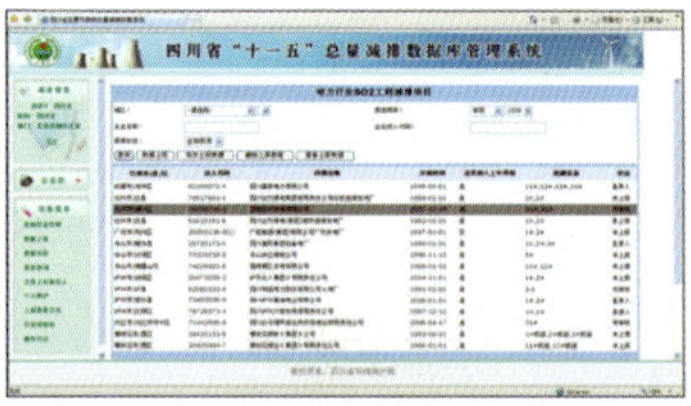
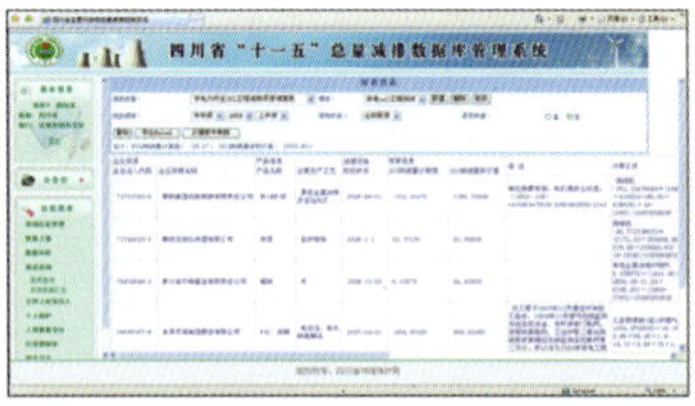

成都市环境监测业务软件系统简介

成都市环境监测业务软件系统是一套适用于一、二、三级环境监测站的业务工作软件系统。系统根据各级环境监测站的工作特点和业务流程设置软件工作环节，提供全面的数据自动处理、报告自动生成、结果自动评价、数据统计分析、业务动态管理等功能，实现了环境监测全程序业务管理自动化。系统融入动态质量保证（控制）理念，提供了丰富的数据质量动态控制手段。系统攻克了管道气监测的 7 层金字塔结构数据处理以及监测要素、监测因子、监测方法相互交错的多态复杂构造等多个技术难题，建立了内容全面、处理效率高、扩展性强、安全性好的环境监测数据平台。系统提供了数据存贮、传输与共享的现代化手段，具有广阔的应用前景。

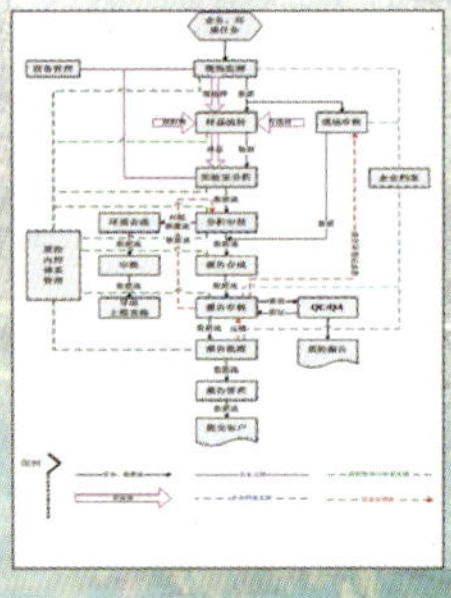
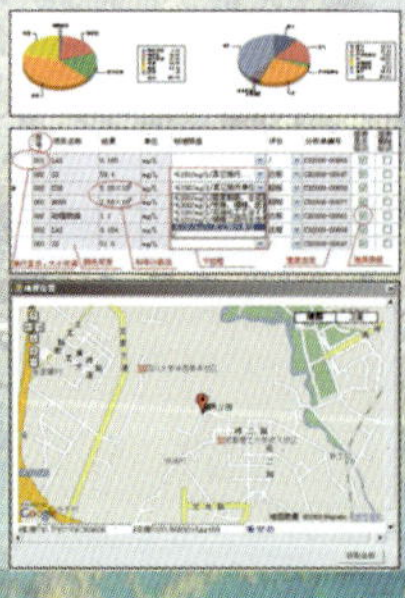
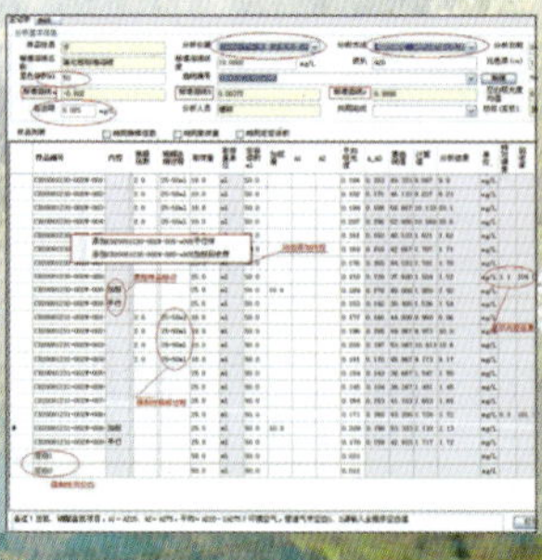

贵州省重点污染源自动监控系统简介

“贵州省重点污染源自动监控系统” 建成于 2006 年 3 月，目前已实施自动监控的企业有 200 余家，监控点位 300 余个。并依托网络平台资源，在各级环境管理部门之间形成畅通的信息交流和共享。该系统的建成，实现了我省对重点污染源的实时监控，为环境监管提供了科学准确的污染物排放量数据、污染治理设施运行状况数据和污染源现场视频图像，提高我省环境监测预警和监督执法工作力度。

近年来，贵州省环保局电子政务中心结合本省环保工作的实际情况，开发建设了“贵州省环保厅协同办公平台” “贵州省重点污染源自动监控系统” “贵州省突发水环境事件辅助决策系统” “贵州省放射源管理数据库”等等环保业务应用系统。同时，在贵州省环保厅和科技厅的大力支持下，还进行了基于“数字贵州”大平台下的多个科研项目的研究，如：“3S 环境决策支持系统” “3S 环境影响评价支持系统” “毕节地区重点污染源及生态环境动态监控关键技术研究及应用”等项目，通过对这些环保业务系统和科研项目的探索研究、开发建设、推广应用，积极地促进了我省环境信息化的发展。

云南省污染源在线监测监控管理信息系统简介

该系统综合利用地理信息技术，结合无线通讯技术、视频技术和计算机网络技术等，采用先进成熟的软硬件技术开发而成，符合国家环保部有关标准、规范。本系统由核心业务管理系统、GIS 与 GPS 系统、通讯服务器系统与数据库服务器系统四个部分组成。现场端监测数据通过数采仪以无线方式定时发送至服务器端，同时在服务器端也能以 GPRS 方式调取瞬时监控数据。数据库服务器采用双机热备方式确保数据安全。

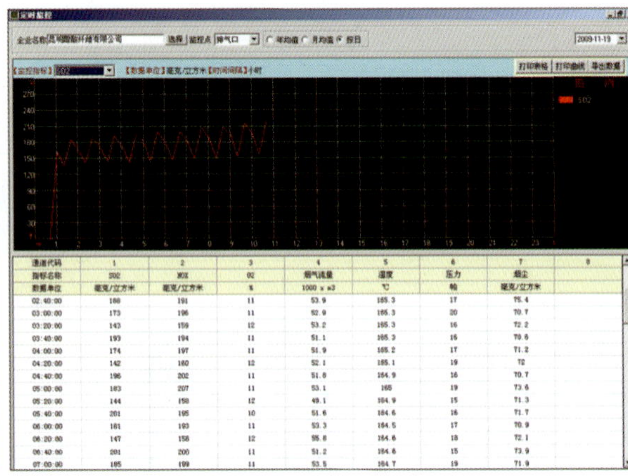

昆明市环境监控系统和噪声监控系统简介

昆明市环境监控指挥中心数据框架、系统框架及应用实例（环境监控系统和噪声监控系统）

昆明市环境监控指挥中心系统建设的特点主要体现在系统的数据框架和系统框架上，该框架是一种围绕污染源、环境及环境管理三个环境核心要素建立数据模型的方法，强调抽象 3 要素的逻辑关系，建立的模型与具体业务无关，具体业务通过业务表现层与数据交互。这样在数据层面很大程度上满足了日异变化的环保管理业务的要求。尽可能做到历史的复用，避免不必要的重复开发。

通过详细分析业务系统的功能，尽可能拆分业务，使业务功能粒子化，通过 ORACL SOA Suite 装配成为具体应用。当业务发生变化或者某功能需要升级的时候，不会影响到全局应用。

陕西省环保厅行政许可网上审批系统简介

陕西省环境监控管理系统是陕西省环保厅为进一步加强环境监管、环境应急和环境信息能力建设，建立的一个科学、高效、快速、覆盖全省的综合信息管理系统。

“系统”以陕西电信、移动、联通为通信网络；以统一的核心数据库为基础，以地理信息系统为应用平台，采用以省环保厅为中心，市级环保局为子系统的动态分布式数据库管理体系；包括 10 个子系统，集环境管理、监测、监察、12369 投诉、GPS、视频等环境信息资源为一体。具备实时采集省内重点企业各类污染物的排放数据、空气和水质环境质量数据、监控污染治理设施的运行状况、监测环境质量状况，并进行存储、分析等功能；通过系统还可以掌握环境质量动态变化，了解全省及各市区县的环境污染物排放总量，并实现总量控制。

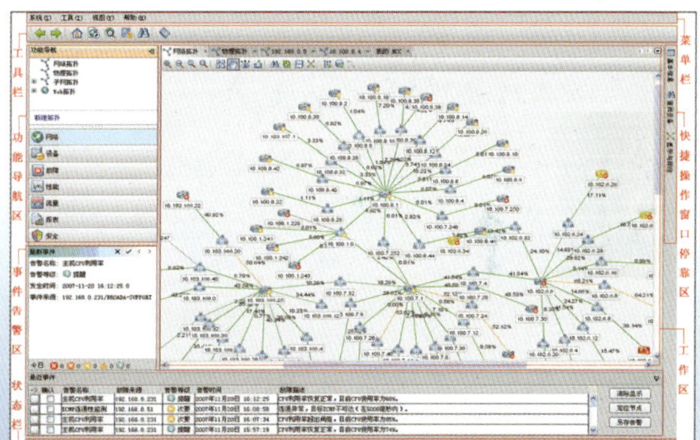

青海省三江源生态监测数据中心

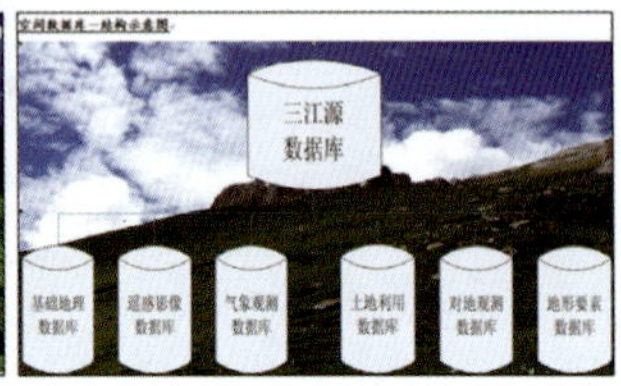

从2006年开始搭建三江源数据库，2007年7月安装运行三江源数据库系统。该系统是一个综合性的数据库系统，数据库存储数据包括空间数据和地面监测数据等。

青海省环境保护厅门户网站

青海省环境保护厅门户网站于2003年建立，至今进行了三次改版，由建站初期单纯的信息发布转变成为集政务信息发布、在线办事、公众互动交流为一体的平台。2008年在国家环保部组织开展的省级环保局（厅）政府网站绩效评估工作中综合排名十三。同时，门户网站也被评为2008年度青海省优秀政府门户网站。

青海省环保局门户网站首页－2004年　青海省环保局门户网站首页－2006年　青海省环保局门户网站首页－2008年　青海省环保厅门户网站首页－2009年　西宁市环保门户网站　海西州环保门户网站

各州（地、市）环保局相继建立了政府门户网站，实现了政务公开、信息网上发布。